人工智能
与大数据：
采煤机智能制造

刘兴高
徐志鹏 ｜ 著

化学工业出版社

·北京·

内容简介

本书系统阐述了采煤机智能制造的自动化与智能化核心瓶颈生产难题与科学前沿问题：面向采煤机智能制造优化控制系统的研究与开发。通过对采煤机智能制造各环节的研究，阐述人工智能与大数据相关技术及其在采煤机智能制造中的应用。针对采煤机智能制造生产实际问题和实际生产数据，本书系统阐述了该领域国内外研究现状，特别是笔者近十年来，包括所指导的数名硕士生、博士生、博士后从事该领域实际生产研究的相关思路、方法与成果，使读者近距离全面了解人工智能与大数据方法在采煤业智能制造中的实际应用情况。

本书可作为高等院校自动化、控制科学与工程、控制系统工程、计算机科学与技术、数学与应用数学、化工工程、材料科学与技术、能源与动力工程、机械工程、经济学、管理学等相关专业的教材，也可作为有关研究人员和工程技术人员的参考书。

图书在版编目（CIP）数据

人工智能与大数据：采煤机智能制造 / 刘兴高，徐志鹏著 .--北京 ：化学工业出版社，2024.9. -- ISBN 978-7-122-46023-3

Ⅰ. TD421.6

中国国家版本馆 CIP 数据核字第 2024F4F592 号

责任编辑：廉　静　　　　　　文字编辑：罗　锦　师明远
责任校对：边　涛　　　　　　装帧设计：王晓宇

出版发行：化学工业出版社
　　　　　（北京市东城区青年湖南街 13 号　邮政编码 100011）
印　　装：河北延风印务有限公司
710mm×1000mm　1/16　印张 17½　字数 275 千字
2024 年 10 月北京第 1 版第 1 次印刷

购书咨询：010-64518888　　　　　售后服务：010-64518899
网　　址：http ://www.cip.com.cn
凡购买本书，如有缺损质量问题，本社销售中心负责调换。

定　　价：88.00 元　　　　　　　版权所有　违者必究

　　制造业，作为国民经济的主体，乃立国之本、兴国之器、强国之基，在国民经济诸多领域承担着不可或缺的作用。开启工业文明四百多年来，中华民族的奋斗史、世界强国的兴衰史一再证明：没有强大的制造业，就没有国家和民族的强盛。打造世界一流的制造业，是提升综合国力、保障国家安全、建设世界强国的必由之路。新中国成立后，我国制造业持续快速发展，在改革开放后更是步入了高速成长时期，逐渐形成了门类比较齐全、相对独立、相对完整的产业体系。然而，我国制造业一直大而不强，与世界先进水平相比，在自主创新能力、资源利用效率、产业结构水平、信息化特别是智能化程度、生产品质效益等方面差距明显，迫切需要转型升级，实现跨越发展。随着世界产业竞争格局的不断演进，我国在新一轮产业发展中面临巨大挑战。为了抵消国际金融危机造成的不良影响，发达国家纷纷实施"再工业化"战略，重塑制造业竞争新优势，加速推进新一轮全球贸易投资新格局。而部分发展中国家也在加快谋划和布局，积极参与全球产业再分工，承接产业及资本转移，拓展国际市场空间。面对发达国家和其他发展中国家"双向挤压"的冲击，我国制造业放眼全球、加紧战略部署、着眼建设制造强国，固本培元、化挑战为机遇、抢占制造业新一轮竞争制高点，迫在眉睫、刻不容缓。

　　其中，采煤机作为现代综合机械化采煤成套装备的主要组成部分，提高了生产效率，增加了煤炭产量，减少了重大恶性事故的发生，其智能化、自动化、安全化水平是实现综采工作面"无人化""无事故化""少人化""少事故化"的关键因素，因此，通过采集采煤机信息对采煤机截割模式进行识别，对采煤机实现自动化、智能化、安全化具有重要意义。"十四五"规划明确指出"深入实施智能制造和绿色制造工程……推动制造业高端化、智能化、绿色化""改造提升传统产业，推动石化、钢铁、有色、建材等原材料产业布局优化和结构调整"。因此，"采煤机记忆截割和自适应控制技术"是今后的重要研究内容。当前国内外主要通过煤岩界面识别方法来识别采煤机截割模式，以解决采煤机的自动截割和自适应控制问题，但当前的采煤机截割模式识别技术准确度低，且适应性差，难以满足对采煤机截割模式识别准确度、可靠性和适应性的要求。因此，一种鲁棒性强、准确度高、自动化水平高的截割模式识别系统具有重要且迫切的现实意义，最终为煤矿的安全、高产、高效生产提供技术保障。

本书面向采煤机智能制造优化控制系统的研究与开发，通过对采煤机智能制造各知识面的介绍，系统阐述人工智能与数据解析相关技术及其在采煤机智能制造中的应用。本书共分 11 章：第 1 章介绍采煤机智能制造的研究背景、关键技术、发展历史和研究意义；第 2 章介绍智能化采煤机总体方案规划，包括采煤机的结构原理、工作过程、控制方案设计与硬件结构设计等；第 3 章介绍采煤机位置与姿态定位方法；第 4 章介绍采煤机截割路径记忆方法，包括研究现状、记忆策略与评价方法等；第 5 章介绍采煤机截割路径跟踪方法，包括研究现状、跟踪目标、跟踪策略与评价方法等；第 6 章介绍采煤机截割负载动态分析方法，包括研究现状、负载特性分析、电流特性分析、识别方法等；第 7 章介绍采煤机历史可靠性分析方法，包括研究现状、基本理论、整机历史可靠性分析等；第 8 章介绍基于相关失效的采煤机动态可靠性分析方法，包括研究现状、相关基本理论、动态可靠性分析等；第 9 章介绍采煤机在线可靠性预报系统，包括国内外研究现状、在线可靠性预报系统设计、在线可靠性预报系统分析等；第 10 章介绍采煤机在线截割模式识别系统，包括国内外研究现状、在线截割模式识别系统设计、在线截割模式识别系统分析等；第 11 章介绍实验研究结果，包括自适应截割实验、截割负载动态识别实验、可靠性分析实验等。

课题组博士生廖屹琳、李昊哲、马翔、贾鑫朋、李长顿、孙子越、张赫、陈诗凡、硕士生古有志、蒋雅萍、潘黎铖、王浩、万艳玲、谢意、沈嘉辉、乔斯梦旭等，参与了本书的部分程序开发、编辑整理工作，在此一并致谢。由于作者水平有限，书中难免存在不当之处，敬请读者批评指正。

刘兴高

2024 年 5 月于浙大求是园

目录
Contents

1 绪论 001~013

1.1 研究背景 002
1.2 关键技术 002
  1.2.1 采煤机定位技术 003
  1.2.2 采煤机的截割路径记忆技术 004
  1.2.3 采煤机的截割路径跟踪技术 004
  1.2.4 采煤机自适应控制技术 005
1.3 采煤机智能制造的发展历史 006
1.4 研究意义 012
思考题 013

2 智能化采煤机总体方案规划 014~030

2.1 采煤机的结构原理及工作过程 015
2.2 智能化采煤机的控制方案设计 019
2.3 智能化采煤机的硬件结构设计 021
  2.3.1 工作面监控系统 023
  2.3.2 顺槽监控系统 026
  2.3.3 地面监控系统 027
思考题 030

3 采煤机位置与姿态定位方法 031~040

3.1 采煤机的位置定位 032
  3.1.1 采煤机机身坐标系的建立 033
  3.1.2 采煤机机身定位策略 034
  3.1.3 采煤机机身定位的理论模型 035
3.2 采煤机的姿态定位 038
思考题 040

4

采煤机截割
路径记忆方法
041～061

4.1 现状分析 042

4.2 采煤机的截割路径记忆策略 043

    4.2.1 截割路径的记忆 043

    4.2.2 记忆点的选取方案 045

    4.2.3 记忆点的数据结构 048

    4.2.4 记忆点的数据压缩 049

4.3 记忆路径的评价方法 051

    4.3.1 人工免疫理论 051

    4.3.2 基于人工免疫的记忆点评价
    模型 055

思考题 060

5

采煤机截割
路径跟踪方法
062～081

5.1 现状分析 063

5.2 采煤机截割路径的跟踪目标 064

    5.2.1 基于多项式插值的跟踪
    目标 065

    5.2.2 基于样条曲线插值的跟踪
    目标 066

    5.2.3 基于误差带的跟踪目标 068

5.3 采煤机截割路径的跟踪策略 069

    5.3.1 截割路径的轨迹跟踪策略 070

    5.3.2 截割路径的动作跟踪策略 072

    5.3.3 截割路径的状态修正策略 072

5.4 采煤机跟踪路径的评价方法 074

    5.4.1 灰色关联度分析 074

    5.4.2 基于灰色关联度的路径跟踪
    评价模型 076

思考题 081

6
采煤机截割负载
动态分析方法
082 ~ 109

6.1　现状分析　083
6.2　采煤机截割负载特性分析　084
　　6.2.1　截割部传动系统的负载分析　084
　　6.2.2　截割负载与截割电流间关系
　　　　　的理论模型　085
　　6.2.3　截割负载与截割电流间关系
　　　　　的试验研究　087
6.3　采煤机截割电流特性分析　090
　　6.3.1　小波分析理论　090
　　6.3.2　截割电流信号的小波分解与
　　　　　重构　093
6.4　基于电流谱的采煤机截割负载分析　097
　　6.4.1　人工神经网络　097
　　6.4.2　基于人工神经网络的截割
　　　　　负载与截割电流关系模型　100
6.5　基于 CPSO-SVM 的采煤机截割
　　负载识别方法　101
　　6.5.1　SVM 算法　101
　　6.5.2　PSO 算法　103
　　6.5.3　CPSO 算法　104
　　6.5.4　CPSO 寻优 SVM 参数　106
　　6.5.5　采煤机的 CPSO-SVM 负载
　　　　　识别方法　107
思考题　108

7
采煤机历史
可靠性分析
方法
110 ~ 150

7.1　现状分析　112
7.2　可靠性基本理论　113
　　7.2.1　可靠性的基本概念　113
　　7.2.2　可靠性特征指标　114
　　7.2.3　维修性特征指标　118
　　7.2.4　有效性特征指标　119

7.2.5	可靠性中常用的概率分布	120
7.2.6	典型的可靠性模型	125
7.3	采煤机整机历史可靠性分析	135
7.3.1	采煤机硬件结构	135
7.3.2	采煤机常见故障	141
7.3.3	采煤机可靠性框图	142
7.3.4	采煤机故障数据处理	144
7.3.5	采煤机可靠性模型拟合	146
7.3.6	采煤机可靠性数据分析	149
思考题		150

8
基于相关失效的
采煤机动态
可靠性分析方法
151~173

8.1	现状分析	152
8.1.1	相关失效的研究现状	152
8.1.2	动态可靠性的研究现状	153
8.2	相关基本理论	154
8.2.1	应力-强度干涉模型	155
8.2.2	共因失效模式下零部件可靠性模型	156
8.2.3	相关失效系统可靠性模型	157
8.2.4	Copula 相关性理论	159
8.3	采煤机的动态可靠性分析	160
8.4	采煤机各切削模式下工作载荷实时监测系统的建立	165
8.5	动态载荷作用下的基于人工智能的采煤机各切削模式实时动态可靠性建模	166
思考题		173

9

采煤机在线
可靠性预报系统
174～200

9.1　现状分析　175

9.2　采煤机在线可靠性预报系统设计　177

　9.2.1　最小二乘支持向量机　177

　9.2.2　加权最小二乘支持向量机
　　　　（WLSSVM）　179

　9.2.3　标准粒子群优化算法　180

　9.2.4　改进的粒子群算法　180

　9.2.5　混沌改进粒子群算法　181

　9.2.6　混合 CMPSO-WLSSVM
　　　　算法　182

　9.2.7　混合 CMPSO-WLSSVM
　　　　模型的在线修正策略　184

9.3　采煤机在线可靠性预报系统分析　185

　9.3.1　采煤机在线可靠性预报
　　　　结果分析　186

　9.3.2　更多问题的数据集　187

思考题　199

10

采煤机在线截割
模式识别系统
201～215

10.1　现状分析　202

10.2　采煤机在线截割模式识别系统设计　204

　10.2.1　相关向量机（LSSVM）　204

　10.2.2　混沌引力搜索算法
　　　　（CGSA）　205

　10.2.3　CGSA-RVM 模型　207

10.3　采煤机在线截割模式识别系统分析　208

　10.3.1　模拟和数据采样　208

　10.3.2　采煤机截割模式识别　210

　10.3.3　结果分析　214

思考题　215

11
实验研究
216～250

11.1　自适应截割实验	217
11.1.1　实验室实验	217
11.1.2　工厂实验	220
11.1.3　工作面实验	228
11.2　截割负载动态识别实验	236
11.2.1　实验平台	236
11.2.2　实验方案	237
11.2.3　数据优化与负载识别	239
11.2.4　识别效果对比	243
11.3　可靠性分析实验	244
11.3.1　实验数据	244
11.3.2　实验方案	245
11.3.3　模型参数优化	247
11.3.4　分析结果对比	248
思考题	250

参考文献
251

图索引
262

表索引
268

1

绪论

1.1 研究背景

1.2 关键技术

1.3 采煤机智能制造的发展历史

1.4 研究意义

1.1
研究背景

　　煤炭是我国人民生产生活中必不可缺的一种能源，国家统计局发布的数据显示，2023 年，我国生产原煤 46.6 亿吨，同比增长 2.9%，创历史新高。据中国煤炭工业协会估计，中国 2024 年煤炭产量预计将增加约 3600 万吨[1-8]。

　　据中国煤炭工业协会公布的数据，2012～2022 年，全国煤矿事故总量由 779 起减少到 168 起，下降 78.4%；重特大事故由 16 起减少到零起；死亡人数由 1384 人减少到 245 人，下降 82.3%；百万吨死亡率由 0.374 减少到 0.054，下降 85.6%[9]。虽然近年来中国煤矿事故起数和死亡率均大幅下降，但与国际先进采煤国家相比仍有进步空间。煤矿事故的原因是多方面的，一方面的原因是我国煤矿地质条件过于复杂；另一方面也是最主要的原因是我国煤炭工业生产的装备自动化程度低下，大量设备依赖于工人手动操作。因此，实现煤矿高产、高效、安全生产的关键就在于自动化综采工作面，减少工作面生产人员数量。

　　由于采煤机不具备自动截割的功能，大多数煤矿企业所使用的采煤机依然交由手动控制，采煤机操作人员靠"眼观耳听"的方法来判断采煤机滚筒是否截割到顶底板，以便调整滚筒高度。由于采煤机工作过程中产生大量煤尘和噪声，操作人员实际上很难及时准确地判断出采煤机的工作状态，无法及时调整截割滚筒高度。此外，作为综采工作面的主要设备，采煤机的自动化是实现与液压支架和刮板输送机联合工作的前提，也是实现综采工作面自动化以及减少人工的必要条件。因此有必要在采煤机的自动化控制领域进行研究，以实现综采工作面自动化与减少人工，为煤矿安全、高产、高效的生产提供技术支持。

1.2
关键技术

　　从国内外研究现状来看，目前尚未有一种稳定、可靠的煤岩界面识别或顶底板煤层厚度测量方法。记忆截割方法虽然避免了煤岩界面识别的难题，但对于煤矿地质条件过于复杂，以及煤岩界面剧烈变化的情况，这种方法所记忆的截割曲线并不能普遍适用。而在实际采煤过程中，为了顺利进行移架、推溜以及提高采煤效率，应该尽量对顶板和底板平整截割。同时，随着采煤机功率的提高和截割齿材料的改良，硬度相对较小的夹矸和断层都可直接进行截割，从而避免了根据煤岩分界面频繁地调整滚筒高度。

由此，在应用记忆截割方法的基础上，本书提出根据采煤机动态工作负载的控制思想。首先，通过人工示教，使采煤机记忆截割路径以及相应位置的状态参数，同时利用人工免疫算法来筛选去除其中的失真参数。其次，依照其记忆的截割路径进行优化，从而得到截割路径的跟踪目标路径。最后，在路径跟踪的过程中，采煤机根据跟踪目标路径自动工作，而机载控制器对截割负载进行实时检测；如果发现负载出现异常则优先调整牵引速度，在一段时间后假如截割负载仍然保持异常则再通过调整滚筒高度，以确保采煤机截割负载维持在正常范围以内。这种控制思想的关键技术包括：采煤机位置和姿态的定位、截割路径记忆、截割路径跟踪、截割负载动态分析等多个方面。

1.2.1　采煤机定位技术

采煤机位置和姿态的定位参数是在自适应截割领域的一组重要信息，直接影响了采煤机的控制效果。以前对于采煤机记忆截割方法的研究只停留在表面，对于采煤机位置和姿态的空间定位问题尚且没有提出过一套完整的解决方案。在这一方面，曾有学者提出利用轴编码器得到采煤机行走距离，借此来定位采煤机位置，同时利用位移传感器获取调高油缸的伸缩量进行姿态定位。但是这种方法能够得到的仅是位置和姿态的相对值，而并非三维空间内的绝对值，不能依照这类信息对采煤机进行自动控制。为此，本书提出利用采煤工作面上液压支架、采煤机、刮板输送机三者的信息，建立一套基于多传感信息融合的采煤机定位系统，以便实时获取采煤机在三维空间内的运行位置与姿态，为实现截割路径的记忆与跟踪提供保障。

1.2.2　采煤机的截割路径记忆技术

截割路径记忆是指采煤机记录操作人员的操作信息和采煤机的截割路线，用以指导采煤机的自动运行。主要研究内容包括：记忆点的选取、记忆点的数据结构、记忆点的数据压缩以及记忆数据的评价。

① 记忆点的选取。当操作人员人工控制采煤机进行截割时，其机载控制器每过一段时间就会记录下采煤机当前的位置、姿态、状态以及动作等信息。显然，机载控制器的采样频率越高就越能细致地记录下采煤机的工作过程，但同时又会产生大量冗杂信息挤占控制器的处理能力和存储空间；而如果采样频率过低，则有可能漏掉采煤机的一些重要动作。针对这一问题，本书对记忆点的选取方案进行了研究，既要确保记忆质量又要降低数据存储量。

② 记忆点的数据结构。人工示教时的记忆数据包含了采煤机工作过程中的各种信息，如何将这些信息规划整理并且有序地存储为一个个的记忆点便是下一步要解决的问题。在采煤机自适应截割系统中每个记忆点的数据结构包括：数据地址、记忆类型、位置信息、姿态信息、被控对象、状态信息，而每个属性又具有各自的数据内容与结构。

③ 记忆点的数据压缩。采煤机在截割路径记忆过程中采集了大量的传感数据，而且多为模拟量信号，如果全部存储下来将占用大量的存储空间和数据传输带宽。因此需要对记忆过程中的数据存储结构进行优化，对于变化随机性较大且不具有代表性的将不予存储；对于能够反映采煤机状态但仍具有一定波动性的特征量，应尽量将其转化为模糊语言。

④ 记忆数据的评价。在采煤机人工示教过程中机身抖动和煤岩冲击都会造成记忆数据的失真而直接影响到路径跟踪的精度，因此需要对每个记忆点的数据真实度进行评价，及时去除数据失真点，为下一步的截割路径跟踪提供了完整可靠的数据保障。

1.2.3　采煤机的截割路径跟踪技术

截割路径跟踪是指采煤机按照所记录的截割路径自动工作。主要研究内容包括：跟踪目标的确立、跟踪策略的确定以及跟踪评价标准的建立。

① 跟踪目标的确立。采煤机路径记忆后得到的是一连串有序的离散点，如何由这些离散点生成采煤机的截割路径跟踪轨迹以指导采煤机的自动运行，就需要对这些离散点进行插值，本书对常用插值算法的优缺点进行了分析，最终确立了基于误差带的截割路径跟踪目标。

② 跟踪策略的确定。采煤机的路径跟踪包括了轨迹跟踪、动作跟踪和状态修正。轨迹跟踪就是保证采煤机的运行轨迹在允许的误差带范围以内；动作跟踪就是在所记忆的关键记忆点处触发相应的控制命令；状态修正就是确保采煤机机载设备运行在正常状态，以消除路径记忆时出现的异常状态。

③ 跟踪评价标准的建立。当采煤机按照规划的跟踪路径割完一刀煤后，需要将实际的截割路径与所规划的路径进行对比，评判采煤机的路径跟踪效果。本书采用灰色关联度评价法将跟踪效果进行量化。通过建立采煤机工作路径的灰色关联度模型来比较截割曲线与记忆曲线的接近程度。

1.2.4　采煤机自适应控制技术

在采煤机截割路径的目标跟踪过程中，假如遇见煤岩界面突变而导致采煤机截割负载异常，需要自适应地调整采煤机的牵引速度和滚筒高度。主要研究内容包括：采煤机异常状态的模式识别和自适应控制的算法设计。

① 采煤机异常状态的模式识别。本书利用小波分析技术从采煤机截割电机的高频信号中提取出与负载相关的部分，建立以电流谱为基础的采煤机动态负载变化模型。通过该模型便可以检测采煤机的工作负载状态，并识别出异常状态，以便及时向机载控制器发出自适应调节的请求。

② 自适应控制的算法设计。模式识别的结果是得出与截割负载相对应的采煤机异常状态的严重程度，然后相应地调节采煤机牵引速度和摇臂高度以摆脱负载异常状态。但问题的关键在于如何自适应地去控制牵引速度和调高油缸，由于井下采煤机的控制是一个多变量非线性的过程，因此需要使用自组织、自学习解决非线性问题的人工神经网络方法来处理这个

问题，最终建立以动态负载为依据的采煤机自适应截割算法。

1.3
采煤机智能制造的发展历史

在自动化控制采煤机的领域里，最棘手的难题就是使采煤机滚筒自动跟随煤层的走势变化来进行调节，即采煤机截割滚筒的自动调高问题[10]。解决该问题的一个主要关键是需要精确判别顶底板煤层厚度以及区分煤岩界面。由此，海内外学者在这个问题上开展了大量研究工作，前后提出了20多种方案，其中最有影响力的方案有：天然γ射线法、人工γ射线法、应力截齿分析法、机械振动法、雷达探测法、红外探测法、超声波法、高压水射流法等。

（1）天然γ射线法

这种方案利用碘化钠等晶体制作γ射线探测器，以此接收天然顶底板所发射出的γ射线，最后经由变送器将其转变成电信号，并送至识别器[11]。影响电信号强弱的因素包括探测器到顶底板的距离以及预留煤层的厚度。美国专利 Armored rock detector（专利号：US20020056809A1）[12]中有关天然γ射线探测器的描述如图 1-1 所示，其中编号 1 为天然顶底板岩层中的γ射线，编号 7 为探测器的隔爆壳，编号 6 和编号 8 为顶板和底板的γ射线接收装置。

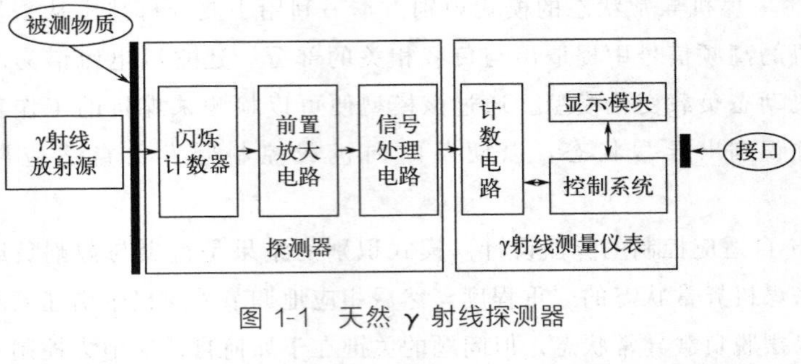

图 1-1　天然 γ 射线探测器

英国采矿研究院利用该方法于 20 世纪 80 年代研究出了 801 型探测器，并将其应用在了 7000 系统中，而后又改进推出了功能更加全面适用的 MDIAS、DIAM 和 PATHFINDER 系统。20 世纪 90 年代初，中国矿业大学北京校区以及黑龙江科技学院等国内高校在这个方法上也进行过许多研究，并在实际工业生产现场做了大量试验。结果表明：这种方法并不能应用于采煤工作面的顶底板不含或放射性元素含量较低的情况，或是工作面的煤层中有过多夹矸的情况；另外液压支架顶梁、顶底板岩石厚度及辐射角度都对 γ 射线强度有影响[13]。因而，仅仅利用天然 γ 射线探测方法将会遇到不能精准测量顶板煤层厚度的困难。

（2）人工 γ 射线法

通过射线同位素的康普顿效应原理，我们能了解到当同位素射线射穿不均匀介质的时候，其会向各个方向散射并因此损失一部分能量。射线散射的波长比入射的波长略大，且散射的强度正比于被穿过介质的密度与厚度。因此根据康普顿效应，可以利用人工 γ 射线法向密度不均匀的煤岩分界面射入射线，并由此区别煤和岩石。当煤层厚度增加时，入射的 γ 射线与碳原子中的电子碰撞后所损失的能量就减少，散射后所得到的 γ 射线强度将增大。因此散射的 γ 射线强度与煤层厚度成正比，设定一定强度的 γ 射线便可以得到一定厚度的煤层[14]。美国专利 Coal-rock Interface Detector（专利号：4165460）[15]中有关利用人工射线探测煤岩界面装置的描述如图 1-2 所示。

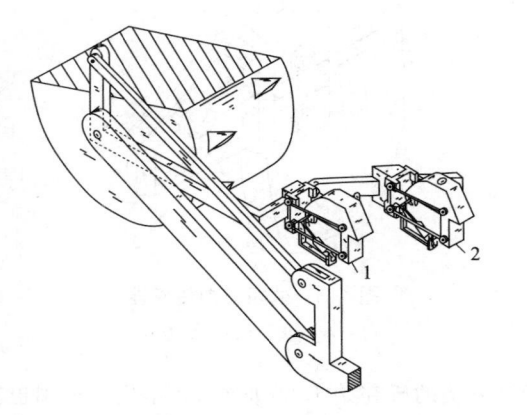

图 1-2 射线发射器与接收器

1—人工射线发射器；2—射线接收器

德国 Eickhoff 公司曾根据上述原理研究并生产出了同位素煤岩分界传感器，并先后在英、德、苏和波兰等国家进行了大量测试与实验。结果表明：由于 γ 射线散射后的穿透能力有限，传感器所能测得的煤层厚度不大于 250mm；而且难以做到在采煤机工作过程中传感器与煤层间保持良好的接触；此外煤层中夹杂的一些杂质常常会影响探测传感器的精准度；另外具有放射性危害的 γ 射线源在井下不便管理，因此该方法未能得到广泛使用[16]。

（3）应力截齿分析法

基于如下假设，可以依据截齿上的应力从而进行煤岩层界面分析：若当采煤机在工作面上保持正常截割煤层的状态，其滚筒上的每一个截齿在同样的煤层中所受的作用力是相同的。于是，当煤岩层界面产生变化时，滚筒上的截齿相对应受到的截割作用力也将随之发生改变[17]。特别是在截割到岩石的情况下，采煤机的截齿所受作用力将相比于截割到煤层的情况产生明显差距。因此根据截齿上作用力的变化，在理论上便可以区分出煤层与岩石了。美国专利 Coal Seam Discontinuity Sensor and Method for Coal Mining Apparatus（专利号：4968098）[18]中关于截齿应力传感器的描述如图 1-3 所示，用以测量截齿在这两个方向上的作用力。

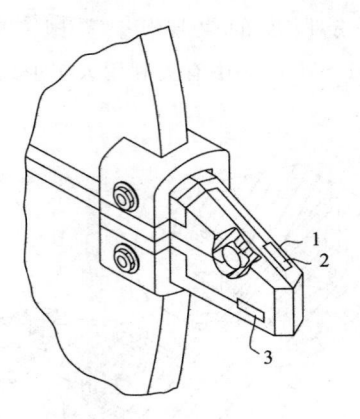

图 1-3　截齿应力传感器

1—截割齿；2，3—应变片

英国对于该方法的研究始于 20 世纪 80 年代，英国巴斯大学的 P. E. 伊索尔教授在应力截齿分析法上进行了细致的研究，分析了该方法的可行性，并在此基础上研发出了应用于煤矿现场的系统装备。此后，学者们在英国卡特格勒煤矿采煤机上进行了试验，结果表明该装备不是很完善，实验表现出的问题集中表现在截齿上的应力传感器的强度不足以及应力传感器的信号输出方面。同样在我国，太原理工大学对于此种方法也进行了相对比较透彻的研究，并且建立了用于模拟试验的平台，且在人造煤壁上进行了相关试验，也取得了一部分成果，而且通过采用近似的模型对煤岩界面进行识别研究的方法，在此基础上提出了一种相对较好的理论可行方法。但是由于应用此类方法对于地质地理条件的要求较高；而且会对截齿以及传感器产生较大的损耗；此外截齿在工作时经常会截割到岩石，不利于在一部分工作面中，例如要求预先留下顶煤或高瓦斯的情况下使用[19]，因此没有得到更进一步的应用。

（4）机械振动法

机械振动法的原理在于采煤机截割煤层和岩石时的频率、波形等振动特征存在明显不同。在采煤机工作过程中，根据摇臂振动的频率特性和幅值特性便可区分出煤岩界面[20]。美国专利 Coal Seam Sensor（专利号：4143552）[21]中有关利用检测摇臂振动情况实现煤岩界面识别的现场作业情况如图 1-4 所示。

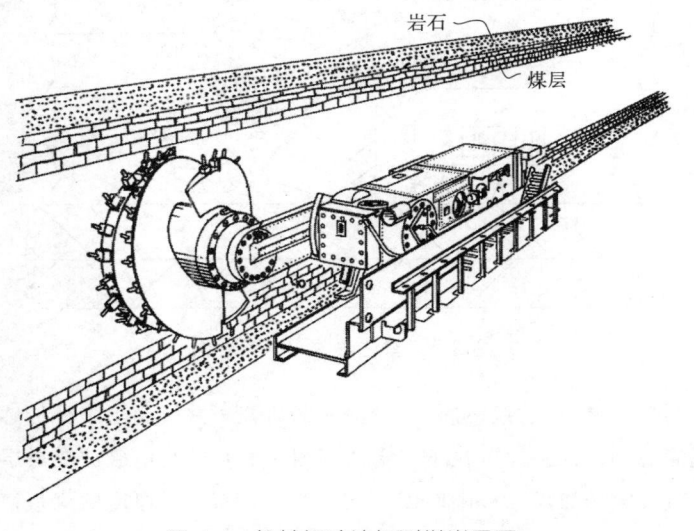

图 1-4　机械振动法探测煤岩界面

该方法虽然硬件方面仅需要振动传感器、信号变送器、信号处理器等，但信号的提取、处理、分析实现起来比较困难，尤其考虑到煤层力学特性、采煤机功率型号、截割齿材料特性等因素的不同，将直接影响到振动信号的鉴别[22]。由于该方法对振动信号的分析处理复杂且实时性要求高，因此至今未出现成熟的振动煤岩界面探测器。

（5）雷达探测法

雷达探测法利用了电磁波在不同介质中的传播特性：首先发射器向煤层发射电磁波，当电磁波穿过煤层向顶板和底板传播时，由于煤层和岩石两种介质不同，将导致电磁波在煤岩界面处发生反射；而后被反射的电磁波将传输到接收器，根据电磁波发射与接收的滞后时间差便可以计算出煤层的厚度[23]。该滞后时间不仅与电磁波频率、煤层和岩石的介质特性等可预测因素有关，还与电磁波在煤层中所穿过的路径有关。美国专利Ground-penetrating Imaging and Detecting Radar（专利号：US006522285B2）[24]中有关利用雷达波探测煤岩界面的描述如图1-5所示。

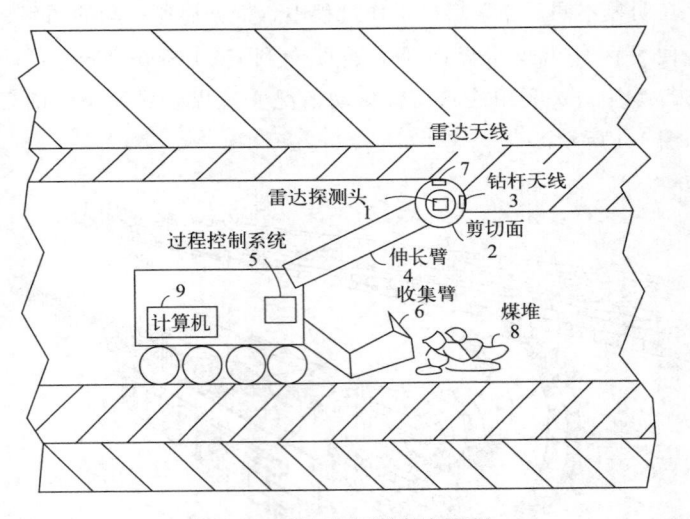

图 1-5　雷达法探测煤岩界面

美国矿业局对该方法进行了较深入的研究，并研制了多种传感器，均未得到满意的效果。原因在于：雷达探测法的基础是电磁波在煤层中的传输，电磁波穿透煤层的极限厚度正比于波长，而煤层厚度的测量精度却又反比于波长，这种难以彻底解决的矛盾限制了该方法的进一步发展[25]。另外，当煤层厚度增大时对电磁波信号的吸收作用也更为严重，因此该方法尚未达到实际应用的要求。

（6）红外探测法

红外探测法利用灵敏度极高的红外温度传感器定向测量截割齿及其

附近的温度变化，由于煤层和岩石的物理特性不同，采煤机截割到岩石时的截齿温度将高于正常截割煤层时的温度，据此便可判断出采煤机截割到的是煤层还是岩石[26]。该红外传感器可有效穿透煤尘，并具有 0.1 摄氏度的高分辨率。美国专利 Mining Methods and Apparatus（专利号：US20090212216A1)[27]中有关利用红外装置检测采煤机滚筒表面温度来实现煤岩界面识别的描述如图 1-6 所示。

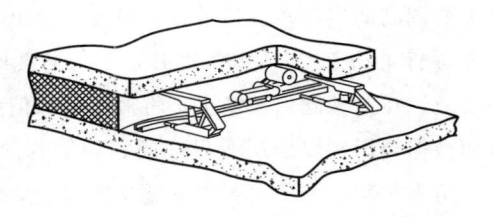

图 1-6　红外线法探测煤岩界面

通过这一种方法，美国矿业局对于截割滚筒在煤矿与岩层分界处的温度变化情形进行了研究，结果表现为截齿处的温度不光受被截割物体的物理性质影响，还受到了牵拉采煤机以及调节摇臂的速度的影响；另外，该方法取决于截齿和煤岩层的相对运动关系，在煤岩层的力学性质相差不大的情况下，很难精准区别出煤岩层分界面，因此这种方法没有办法在夹矸较多的地质环境下应用[28]。

由以上内容可以看出，区别煤岩层分界面以及测算顶底板煤层厚度具有很大的困难，无法满足采煤工作现场的要求。因此，需要寻求间接的方法来避开区分煤岩层分界面以及测算顶底板煤层厚度这一技术难关。在这些方法中，最具实际应用影响力的就是"记忆截割"法。该技术在 20 世纪 80 年代由德国学者第一次提出，并且在美国 JOY 公司的 7LS6 型、德国 Eickhoff 公司的 SL500 型和 DBT 公司的 EL3000 型等采煤机上成功应用[29]。"记忆截割"法原型出自机器人控制中的"示教跟踪"方法，第一是"示教"：由操作采煤机的工作人员通过面板控制抑或是遥控器控制采煤机截割一刀煤，此时工作人员会根据煤层的情况来人工调高滚筒，此时采煤机的控制器将会采样并记忆人工控制下的滚筒高度；第二是"跟踪"，依照控制器中所记下的数据，采煤机自动运行，同时滚筒也进行自动调高。

由此可知，"记忆截割"绕开了区别煤岩层分界面与测算顶底板煤层厚度这一技术难关，从而利于实际实现且操作方便。但当此方法应用于煤矿工作面上时，结果并不理想，主要的原因在于复杂的煤矿地质地理条件，即当煤岩层分界面发生突变时，所记录下的截割曲线并不具有普适性，时常需要进行人工修正，降低了工作效率。近几年国内很多学者对采煤机自动调高进行了研究。其中，西安科技大学王冬建立了基于最小二乘法的采煤机调高模型[13]，并进行了相关原理性试验。哈尔滨工程大学的蔡桂英对采煤机滚筒调高的模糊控制器进行了研究，给出了控制器的软件和硬件设计方案并进行了仿真[29]。太原理工大学的梁义维进行了采煤机智能调高方面的研究，在此基础上，提出了将地质勘探信息、巷道和开切眼的煤岩层分界面数据与识别煤岩层分界面问题相结合的一种调高方案，并在实验室进行了仿真实验，但仿真系统未融入所论述的地质勘探资料、巷道和开切眼的煤岩层分界面数据[28]。上海交通大学的张伟进行了采煤机自动调高控制器的硬件与软件设计[25]。以上学者的研究工作为采煤机的自动调高控制提供了宝贵经验，但由于实验条件的限制，尚未有相关现场应用的论述。

1.4
研究意义

在当前采煤工作面的装备技术水准下，本书的研究方向有着非常深远的意义。一方面，采煤机自适应截割的实现可以非常有效地减少采煤机工作人员的数量以及工人工作强度，提高煤矿生产的可靠程度及安全程度，减少由冒顶、透水、瓦斯突出等突发意外事故所引起的人员伤亡。另一方面，自适应截割能够减少乃至避免故障，例如采煤机长时间截割岩石而引发的截齿损坏、轴承磨损、电机过载等问题，从而增加采煤设备的使用寿命以及降低装备的维护支出。最后也是最重要的，自动化控制采煤机是完成"少人化工作面"和保证煤矿高产、高效、安全生产目标的必需条件，本书的研究结果将会有力推动我国"少人化综采工作面"的建设，使我国在煤矿安全高效生产以及自动化装备领域跻身世界强国之列。

思考题

1. 为什么自动化综采工作面被认为是实现煤矿高产、高效、安全生产的关键？它如何有助于减少工作面生产人员数量？

2. 为什么需要使用人工神经网络方法来处理采煤机的自适应控制问题？为什么传统的控制方法不足以解决这个问题？

3. 在自适应控制的算法设计中，有哪些挑战需要克服，特别是在采煤机的非线性多变量环境下？

4. 为什么红外探测法被用来判断采煤机截割到煤层还是岩石？它的优点和局限性是什么？

5. 为什么"记忆截割"法被提出，它是如何工作的？有哪些优点和局限性？

2 智能化采煤机总体方案规划

2.1 采煤机的结构原理及工作过程

2.2 智能化采煤机的控制方案设计

2.3 智能化采煤机的硬件结构设计

2.1

采煤机的结构原理及工作过程

　　电牵引采煤机（以下简称为采煤机）的结构原理如图 2-1 所示。主要组成部分为左右截割部、机身连接架、牵引部、液压箱、高压开关箱、变频器箱和变压器箱。另外有些采煤机还配有破碎电机和破碎滚筒以排除较大煤块对牵引的阻碍，因破碎滚筒的运行相对独立，故不在本书的讨论范围内。

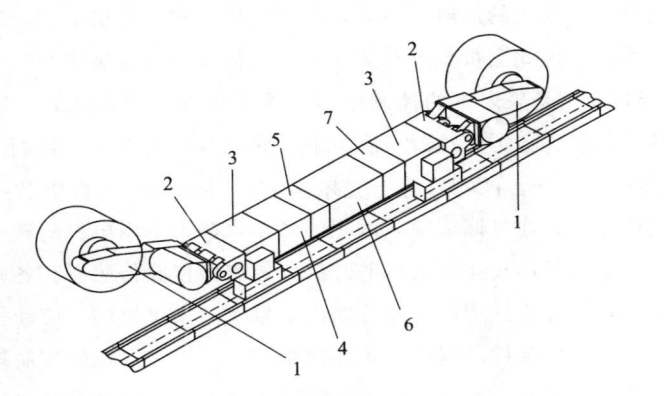

图 2-1　采煤机基本结构

1—截割部；2—机身连接架；3—牵引部；4—液压箱；

5—高压开关箱；6—变频器箱；7—变压器箱

　　① 截割部含有截割电机、摇臂、截割滚筒三大部件。通过齿轮和行星轮系的速度调节，截割电机能够驱动截割滚筒进行转动，截割滚筒上分布着数量不均的截割齿用于直接截割煤层，而摇臂通过液压缸的伸缩运动从而调节整个截割部的高度。由于截割部的发热量较大，因此在其壳体内加入了管道水冷降温，而冷却水最后也能由滚筒上的喷孔喷出达到降尘的作用。

　　② 机身连接架通过销轴将截割部与整个机身连接起来。因此截割部升降运动的中心点也同时位于机身连接架上。

　　③ 牵引部驱动采煤机整体沿刮板输送机做直线运动。牵引部主要由

左右两部分组成，其各自由牵引电机经由齿轮传动来驱动底部的齿轨轮旋转。此时，又产生了一个控制领域的重要问题，即左右两个齿轨轮的转速或转矩是否相互配合，由此又提出了单变频控制、多变频控制、转速控制、转矩控制等多重控制方法。

④ 液压箱中包含有液压泵、泵电机、控制阀、液压管路等。泵电机带动液压泵为整个采煤机的液压系统和水循环系统提供动力，包括摇臂和破碎滚筒的升降，制动闸的开启，以及截割部、变频器箱、变压器箱的水冷却等。控制阀一般有左升阀、左降阀、右升阀、右降阀、制动阀五个。

⑤ 高压开关箱是采煤机供电系统的进线端，三相高压线路通过高压开关箱进入采煤机与隔离开关相连，隔离开关与箱体外部的手柄相连，由人工手动控制采煤机的加电。另外，截割电机和破碎电机的供电直接由高压开关箱引出，因此测量截割和破碎电流的传感器也安装于此。

⑥ 变频器箱是采煤机的控制中枢，除了含有变频器之外，箱中还包含有机载控制器、各类传感器、输入输出继电器、人机交互界面（Human Machine Interaction，HMI）等。变频器主要用于处理来自机载控制器发送的控制信号，并通过调节输入电源的频率以调整牵引电机的转速，从而达到控制采煤机的运动速度的目的。机载控制器接收传感器和各种智能设备的输入信号，分析处理后，通过输出信号控制采煤机的相应动作。输入输出继电器作为机载控制器的输入和输出端，其中采煤机的控制按钮就位于变频器箱的盖板上，通过本安回路的输入继电器将控制命令传输至控制器。HMI起到人机交互的作用，在采煤机正常运行时显示各种运行参数，当采煤机发生故障时显示故障提示，便于机器的操作与维修。另外，变频器箱的底部通有冷却水，用于对变频器进行降温。

⑦ 变压器箱中的变压器负责将从高压开关箱引入的高压电转换为牵引变频器使用的低压电。由于变频器的发热量较大，因此变压器箱底部也有冷却水通过，另外在变压器上还装有温度传感器，如发现温度过高机载控制器将启动断电保护。

上述即采煤机整体结构的原理部分，下面将对采煤机的工作流程进行介绍。综采设备的三机配套如图 2-2 所示，采煤机的底下为刮板输送机，后方为液压支架。采煤机、液压支架和刮板输送机三大部分构成了采煤机工作面最主要的机械装置，三者型号及设施尺寸大小需要相互匹配，作业时需相互协助工作，因此称之为"三机配套"。正常采煤作业时，采煤机底层的齿轨轮啮合于刮板输送机上的销排，相当于采煤机骑在刮板输送机上往复运动，必要时操作人员通过遥控器调节摇臂的高度以适应煤层的起伏变化。而后采煤机所经过的液压支架将会先朝煤壁方向推动刮板输送机再将本身也朝煤壁方向移动，完成所谓的"推溜"运动。

图 2-2　综采设备的三机配套

因此，采煤机在实际操作过程中主要包括三个方向上的运动：牵引运动、调高运动和推溜运动。这三种运动的方向相互正交，一同组成了采煤机空间上对应的三维坐标。其中牵引运动和调高运动的移动方式相对简易，推溜运动则更加复杂多变，其运动方式取决于实际采煤技术和采煤流程，本书以中部进刀法为例对移架推溜的相关动作作一简单介绍。中部进刀法的第一刀如图 2-3 所示，采煤机位于机头部分，液压支架将工作面中部直到机尾的刮板输送机移向煤层，而后采煤机分别将左右滚筒降下与升起，在空载下向工作面中部快速移动。

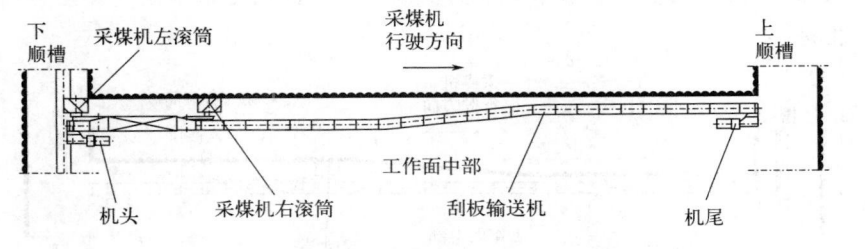

图 2-3　中部进刀法的第一刀

中部进刀法的第二刀如图 2-4 所示，采煤机保持右滚筒在上左滚筒在下的姿态，从工作面中部行进至上顺槽，此次为负载状态下的有效行程，采煤机对煤层进行截割，可以看出煤层的截面形状发生了变化。

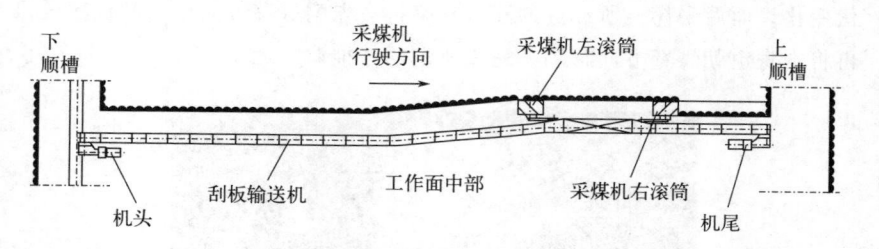

图 2-4　中部进刀法的第二刀

中部进刀法的第三刀如图 2-5 所示，采煤机位于机尾位置，最开始液压支架将机头直到工作面中部的刮板输送机移向煤层，在这之后采煤机左滚筒升起以及右滚筒降下，在空载下快速朝工作面中部移动。

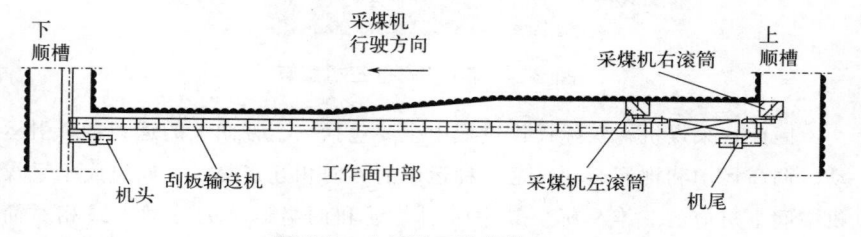

图 2-5　中部进刀法的第三刀

中部进刀法的第四刀如图 2-6 所示，采煤机保持左滚筒在上右滚筒在下的姿态，从工作面中部行进至下顺槽，此次为负载状态下的有效行程，采煤机对煤层进行截割，截割后的煤层界面将与刮板输送机齐平。第四刀结束后工作面的采煤机、液压支架和刮板输送机均朝煤层方向推进了一个截深，而后重复图 2-3 所示第一刀的动作，如此反复地不断向煤层方向推进。

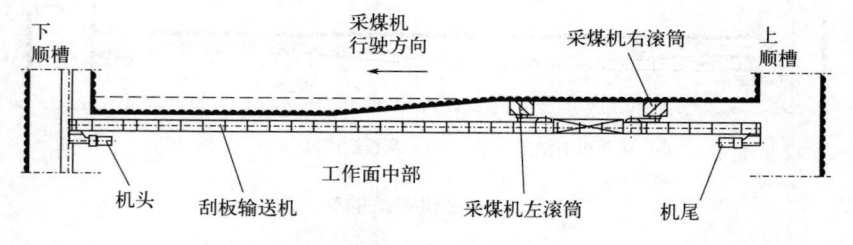

图 2-6　中部进刀法的第四刀

2.2
智能化采煤机的控制方案设计

在采煤机三种运动方向（牵引、调高和推溜）中，相比于采煤机的截割作业，移架、推溜优先进行，而牵引调速和左右滚筒调高却是同时进行的。因此在采煤机工作的流程中，牵引调速和左右滚筒调高是最重要的两种运动，前者通过牵引电机的转速控制；后者则通过调节油缸的伸缩量控制。若采煤机采用记忆截割方法，则需要采煤机在截割到岩石后立刻降下摇臂，以免发生截割电机堵转或截割齿破裂的情况。得益于截割电机功率的提高以及截割齿材料的改良[30,31]，大功率采煤机现可对普通硬度下的岩石直接进行截割。因此在本控制方案中，设计的机载/远程控制器不但能通过采煤机的各类传感信息区分出有无截割到岩石，还能够判别是否具有条件直接对其截割。此时，对于普通硬度的小块岩石采用减小牵引速度进行强行截割的策略，而对硬度过大的岩石则采用调整滚筒高度进行避让的策略。这种控制方案在避免采煤机的机械组件以及电器元件遭受损坏的前提条件下能够高效提升采煤机的工作效率。

采煤机的自适应记忆截割控制流程如图 2-7 所示，共分为三个阶段：路径记忆、路径跟踪和自适应控制。采煤机首先判断操作人员是否选择了自动运行，如未选择则进入手动操作模式，由操作人员手动控制采煤机运行，在手动模式下如果选择了示教模式则采煤机记忆自身的行走路径。如果操作人员选择了自动模式，采煤机则读取路径跟踪数据，进入路径跟踪状态自动运行。在路径跟踪状态下，如果采煤机的截割负载状态发生异常则进入自适应控制模式，控制器根据当前的设备状态做出适当的调整，使采煤机状态恢复正常。

路径记忆包括人工示教以及数据记忆两部分。当工作人员控制采煤机开展截割作业时，采煤机机载控制器将会每隔一段时间记忆当前位置、姿态、状态以及动作等数据。其中，位置数据即采煤机在工作面中的三维空间坐标；姿态数据即采煤机机身的倾斜角度以及滚筒的空间坐标；状态数据即采煤机机械组件和电器元件运行时的状态参数；动作数据是指工作人员控制采煤机时发出的指令。这些信息经过相应处理后保存在控制器中，

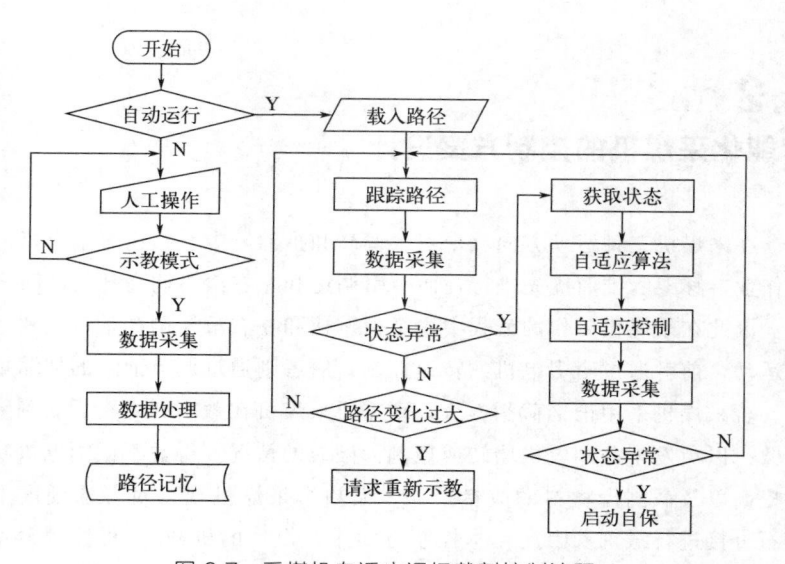

图 2-7　采煤机自适应记忆截割控制流程

并在后续工作中用于引导采煤机自动化工作。由上述可知，机载控制器的采样频率越高就能够越细致地记录下采煤机工作流程，但这同时又会产生过多的数据挤占控制器的存储容量，继而对控制器的处理能力产生影响；然而，假如频率过低，在很大程度上将会错过采煤机运行的一部分重要数据。关于这一问题，本控制方案将会把于正常工作状态下控制器的采样点区分为常规记忆点以及关键记忆点。其中，常规记忆点顺着采煤机运动方向保持相等距离排列；而关键记忆点则设置为工作人员对采煤机发出控制指令的节点，如采煤机的启动、停止、加速、减速，摇臂的上升、下降等。关键记忆点是人工示教的核心，直接反映了操作人员的操作方式和操作顺序。把控制器的常规记忆点和关键记忆点相互结合，既保证了记忆质量，同时也减少了信息量，确保了后续自适应截割过程的正常运行。

　　路径跟踪的根据来源于人工示教流程中每一个记忆点包含的信息，而判别路径跟踪结果的目标值是截割滚筒的坐标信息。在进行路径跟踪之前，机载控制器依照目前刮板输送机的设置情形计算出每当采煤机运行到记忆点时的机身坐标信息，并将其与人工示教过程中记录下的机身坐标信息相比，从而计算得到机身的升高程度，由此测算出在此时刻下滚筒应该提升的高度值和相应增高的油缸位移量，作为本次运行的理论值保存到控制器里。在路径跟踪流程中，每当采煤机运行直到第 i 个记忆点，机载控制器会读取到第 $i+1$ 个记忆点的信息，即油缸位移量和机身牵引速度；再由 i 点与 $i+1$ 点的间隔运算得到调节油缸的运行时刻和牵引变频器的速度曲线。于是在此控制策略下，当采煤机运行到 $i+1$ 点时，机载控制器又会从此刻的调节油缸位移量以及运行速率之中计算得到 $i+1$ 直到 $i+2$ 点的运行策略。这种控制方案在每一记忆点处都由上述方法测算出到下一点的运行策略，从而消除了多点间的累计误差，确保了路径跟踪过程的准确度。

自适应控制的依据是路径跟踪过程中采煤机的截割负载，控制目标是采煤机的牵引速度以及滚筒高度。每当采煤机截割到岩石后，其截割电机的温度乃至电流都会增大并超出正常区间，特别是截割电机中的电流变动最为突出。通过试验结果可以得出，采煤机的截割负载与截割电机的电流之间存在相应联系，由此可以构建出截割负载与截割电机电流联系的数学模型，并从机载控制器采样得到的截割电机电流求出采煤机在当前情况下的截割负载。于是，在采煤机截割到岩石的情况下，截割电流将快速提升，截割负载同步提高并超过正常运行区间，在这种情况下，首要的是减小牵引速率，此后若采煤机的负载状态值回复正常就采用直接截割岩石的策略；但若连续减小牵引速率给定一段时长后采煤机负载状态依旧保持异常就采用降下滚筒高度的策略；若连续降下滚筒高度给定一段时长后采煤机负载状态依旧不能回复正常则采用向工作人员发送警报以请求人工干预的策略；若给定一段时长后并没有收到手动控制指令则开始采用采煤机自保程序。自适应控制的关键在于把牵引速度作为主要的控制目标，而非简单对于滚筒高度进行控制。

2.3
智能化采煤机的硬件结构设计

在煤矿生产中，任何安全上的隐患和功能上的疏忽都有可能引发事故并造成经济损失。因此必须构建出一个安全、稳定、高效的系统以实现采煤机的自适应截割。采煤机自适应截割系统的总体构架如图 2-8 所示，该系统根据分布结构的不同可以分为工作面、顺槽、地面三大部分。其中，工作面设备与顺槽控制器间采用无线交换网络系统传输信号，顺槽控制器再接入井下光纤环网与地面调度室设备相连。之所以在工作面与顺槽间使用无线交换通信网络而不采用有线传输方式的原因在于采煤机工作面环境比较恶劣且跨度较大，同时又要兼顾防水防爆等难题，因而布线的困难程度大；此外采煤机的来回运动以及煤矿的下落撞击都极其容易引发缆线的损坏，从而对信息传输的可靠程度产生影响。因此无线网络传输信息既不需要进行布线，同时也具有安装简易、设置灵活、便于维护的优点，并且此无线网络以其多冗余的设计，增加了系统的可靠性。

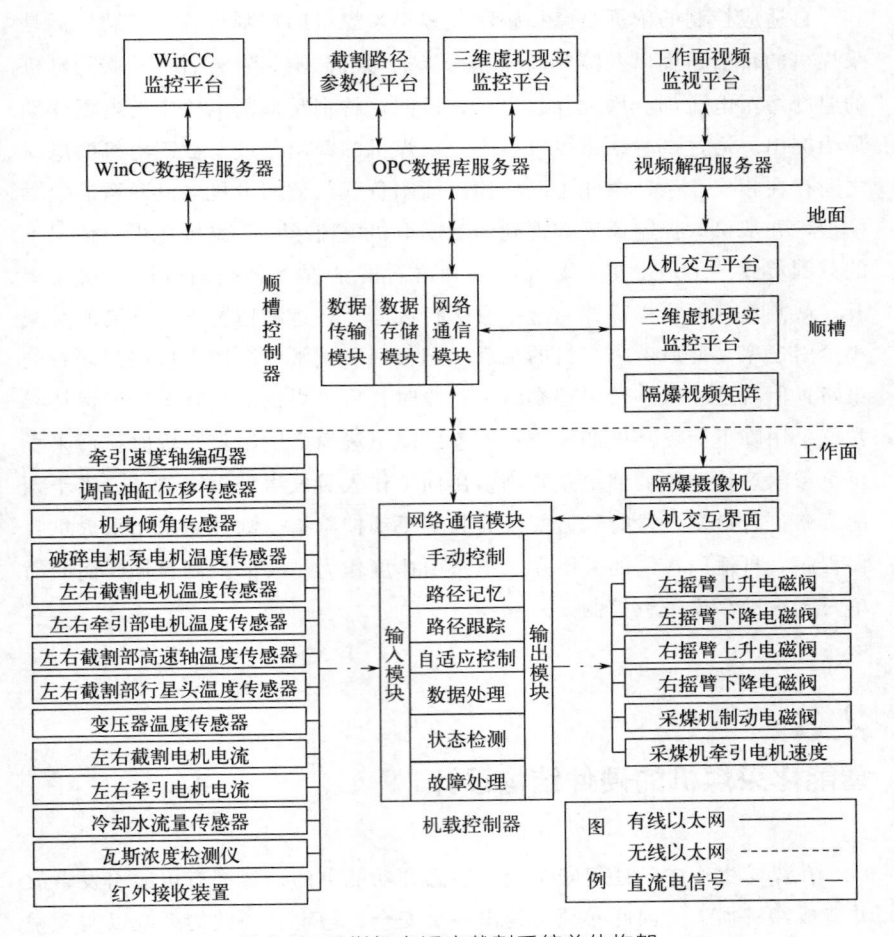

图 2-8　采煤机自适应截割系统总体构架

2.3.1 工作面监控系统

工作面监控系统包含有机载控制器、传感器设备、隔爆摄像仪和本安型无线交换机。这些设备由于直接应用在采煤工作面的危险环境中，因此都需要具有防尘、防水、防潮、抗振动、耐冲击的性质，并具备由国家发放的煤矿安全认证。

① 控制系统的核心即机载控制器，模块化设计了其上软件功能。其中包含有：手动控制模块、路径记忆模块、路径跟踪模块、自适应控制模块、数据处理模块、状态检测模块和故障处理模块等。各模块的作用与相互联系在图 2-8 中给出了具体解释。另外兼顾到系统的稳定程度以及可扩展性，在硬件设计方面机载控制器采用西门子公司 S7-300 系列 PLC，配置部分包含有：CPU 模块、数字量输入模块、数字量输出模块、模拟量输入模块、高速计数模块，另外根据现场采煤机内部的安装空间不同，还可以选配 ET200 进行分布式控制。表 2-1 列出了详细硬件选择的型号，其中控制器的中央处理器选用 CPU 315-2 DP，其带有 Profibus DP 通信接口。

表 2-1 机载控制器硬件配置

设备名称	数量	说明
CPU 315-2 DP	1	CPU 模块
IM 153-2	1	分站模块
CP 343-1	1	以太网通信模块
FM350 COUNTER	1	高速计数模块
DI16xDC24V	3	数字量输入模块
DO16xDC24V/0.5A	2	数字量输出模块
AI8x12Bit	3	模拟量输入模块

② 为了实现自适应截割，在采煤机自身包含的传感器以外，本控制系统还额外增加了位移传感器、转速传感器、位置传感器和倾角传感器如图 2-9 所示，构成了自适应截割控制系统的传感网络整体。各传感信息以及其作用如表 2-2 所示，其中位移传感器用以测算油缸和液压支架推溜油缸的伸缩距离；位置传感器用以测算采煤机的牵引速率和牵引方向，以及

确定机身坐标；倾角传感器用以测算采煤机和刮板输送机的横向、纵向倾角，以及采煤机摇臂倾角。

(a) 位移传感器　　(b) 转速传感器　(c) 位置传感器　(d) 倾角传感器

图 2-9　系统新增传感器

表 2-2　系统传感设备

采集对象	传感数据名称	数据用途
采煤机	左、右调高油缸位移	摇臂调高
采煤机	左、右摇臂倾角	摇臂调高
采煤机	机身倾角	摇臂调高
采煤机	牵引速度	机身定位
采煤机	红外线接收	机身定位
采煤机	摇臂振动状况	状态监测
采煤机	左、右截割电机电流	状态监测
采煤机	左、右牵引电机电流	状态监测
采煤机	左、右截割电机温度	状态监测
采煤机	左、右牵引电机温度	状态监测
采煤机	左、右行星头温度	状态监测
采煤机	变压器温度	状态监测
采煤机	变频器运行状态数据	状态监测
采煤机	水流量	状态监测
刮板输送机	横向倾角	机身定位
刮板输送机	纵向倾角	机身定位
液压支架	油缸推溜距离	机身定位
液压支架	红外线接收	机身定位

③ 为了达到人工同步监视采煤工作面工作状况的目的，本系统在工作面的液压支架上等间距地安装了矿用隔爆光纤摄像仪，如图 2-10 所示。通过在内部配置超低照度的摄像机，摄像仪在光线昏暗的采煤机工作面中

也能够取得相对好的监视效果。另外，该摄像仪还配备网络模块，能够将视频模拟信号编码后通过光纤传输，从而提升了安装的灵活性，降低了施工难度与成本。

图 2-10　矿用隔爆光纤摄像仪

④ 采煤工作面恶劣的工作条件以及对隔爆防水的要求使得铺设光纤的难度很大，加之打眼放炮时飞溅的岩石很容易损坏线缆，因此本系统采用自组态、自适应的无线传输网络将机载控制器与隔爆摄像仪的信息传输至顺槽控制器。无线传输网络的核心是基于 MESH 技术的本安型无线交换机，如图 2-11 所示，每台无线交换机都同时与邻近的多个节点通信，从而组成了网状的通信链路。其中，每台交换机可以与相邻的节点通信，也可以跳过相邻节点直接与下一个节点通信，因此即使一个节点出现通信故障也可以保证整个无线网络的通信正常，从而实现了通信链路的多冗余性，提高了无线通信网络的可靠性。

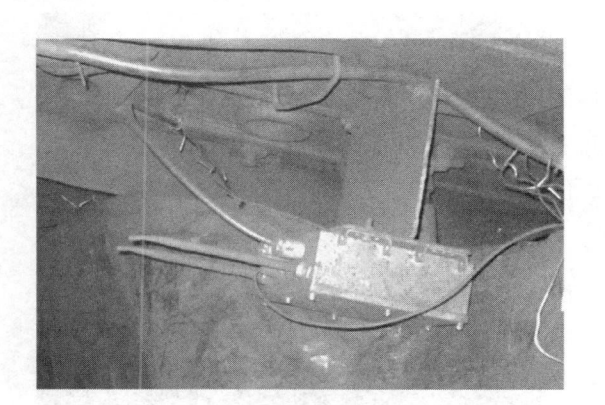

图 2-11　本安型无线交换机

2.3.2 顺槽监控系统

顺槽监控系统是沟通煤矿开采面以及地面的中央枢纽，分别来自地面与工作面的信息在这里进行处理、保存并转送。顺槽操作室内设置有隔爆操作台，操作人员可以在此检测采煤的运行情况，监视采面的异常状况，并可以通过喊话器及电话与采面和地面调度人员进行联系。顺槽部分设备主要包括隔爆操作台与隔爆视频矩阵两部分。

① 隔爆操作台如图 2-12 所示，操作台表面分布的按钮与采煤机盖板上的按钮一致，得到工作面采煤机的授权后，可以通过隔爆操作台上的按钮在顺槽控制采煤机运行。隔爆操作台内部配置了三维虚拟现实（3DVR）监控平台、人机交互平台（HMI）与顺槽控制器。图 2-12 中上方的画面即为 3DVR 界面，可以即时展示采煤机运行、滚筒旋转截割煤矿、摇臂升降等工作状态，界面底部是远程控制台，可以由此控制采煤机左右截割电机的启动与停止、左右摇臂的升高与降低、行走速度的快慢等，并通过数字的方式即时展示左右截割滚筒高度、行走速度、所处位置、截割电机电流、变频器电流、截割电机温度、摇臂轴温度等采煤机工作信息，并第一时间对异常信息发送警报。隔爆操作台下方的画面为HMI界面，其画面与采煤机机载控制器上的内容相同，包括欢迎画面、正常运行画面、变频器参数画面、故障报警画面，使得操作人员在顺槽

图 2-12 隔爆操作台与隔爆视频矩阵

就能够了解到采煤机的运行情况。隔爆操作台内部装有顺槽控制器，该控制器能够与煤矿开采面的采煤机机载控制器通信，实时读取运行参数和路径曲线，经过存储、处理后发至地面数据服务器中；另外地面的控制命令与截割路径参数修改，也是经过顺槽控制器下发至采面机载控制器的。

②隔爆视频矩阵最多可以显示8路视频信号，能够在采面低照度的情况下清晰地观察到设备运行情况。该视频矩阵与采面隔爆摄像仪相配合使用，摄像仪获取的图像编码后通过无线网络传输至顺槽隔爆操作台，视频矩阵从隔爆操作台中获取数据，经解码器解码后显示至输出界面。隔爆操作台与隔爆视频矩阵如图2-12所示。

2.3.3　地面监控系统

地面监控系统是自适应截割系统的数据存储终端、命令控制终端和状态检测终端，负责监视工作面的设备、监控采煤机的运行、修改采煤机的截割路径。从硬件构架上可以分为：WinCC监控平台、截割路径参数化平台、3DVR远程监控平台以及工作面视频监视平台。

①WinCC监控平台的数据来自于地面调度室的WinCC数据服务器，该服务器通过光纤与井下的顺槽控制器通信，WinCC监控平台的界面如图2-13所示。WinCC界面右侧为采煤机控制按钮，不仅包括了机载控制器上的所有按钮，还增添了用于远程操作、路径记忆以及路径跟踪的按

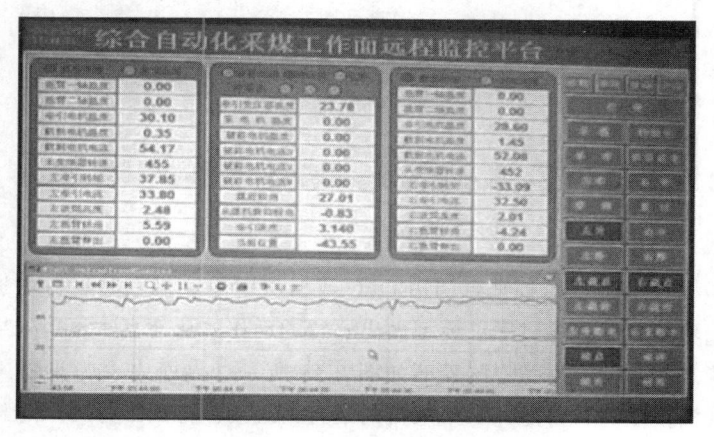

图 2-13　WinCC 监控平台

钮，可以使操作人员在地面完成采煤机的所有运行操作。WinCC界面左上方为参数监视与故障报警画面，包含最主要的运行参数如截割电流、截割温度、牵引电流、牵引转矩等，使操作人员可以在地面轻松掌握采煤机目前的运行状态，当温度超标、电流过流时其上方的报警灯将变红。WinCC界面左下侧为数据归档画面，电流、温度、倾角、位置等数据都在该界面中实时绘出曲线，并保存至SQL数据库中，出现故障时可以通过归档数据查看故障时的设备状态，分析故障原因。

②截割路径参数化平台能够将采煤机截割路径实时显示出来，并且可以调出最近几次的截割路径以及采煤机记忆路径，支持路径的在线修改，修改后的路径可以直接下载至工作面机载控制器以用于采煤机的路径跟踪。截割路径参数化平台的界面如图2-14所示，平台下半部分用于显示截割路径，其中正弦曲线为工作面实验时的滚筒截割变化路径。平台左上方为路径参数修改区，能够对指定点进行修改，也可以调出以往的截割路径修改后存储为下次的跟踪路径。平台右上方为运行参数显示区，用于显示截割路径上每一点所对应的采煤机运行参数，包括截割和牵引电机的电流、温度，摇臂和机身的倾角，摇臂高度，运行速度等。

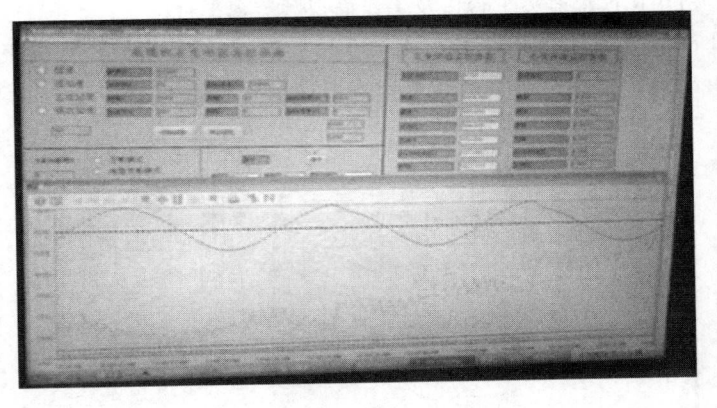

图2-14　截割路径参数化平台

③3DVR远程监控平台调用OPC数据库中采煤机实时运行数据，驱动虚拟环境中的采煤机三维模型做出一致的动作，从而真实再现采煤机的工作状态。3DVR远程监控界面如图2-15所示，界面中央为采煤工作面虚拟现实模型，它将随井下采煤机的运行而运动。界面下方为采煤机运行状态参数，其数据与WinCC监控平台中的数据一致。界面左侧为场景选

择界面，可以选择其他的工作面，以显示其他采面的采煤机运行状况。界面右侧为采煤机控制按钮，其部件与内容与 WinCC 监控平台中保持一致，允许用户远程对采煤机进行操控。

图 2-15　3DVR 远程监控平台

④ 工作面视频监视平台用于显示井下隔爆摄像仪的监视画面，使地面人员能够真实地观察到采面设备的运行状况，如图 2-16 所示。画面中央为一分四的视频矩阵，清晰地放映出了现场的工作状况。画面下方为设备设置区，能够对每台摄像仪的画面质量、传输数据量进行设置。画面右侧为工具区，包括设置每台摄像仪的 IP 地址、备注、时间，修改监视画面的组态形式，以及监视画面的截图与录像等功能。

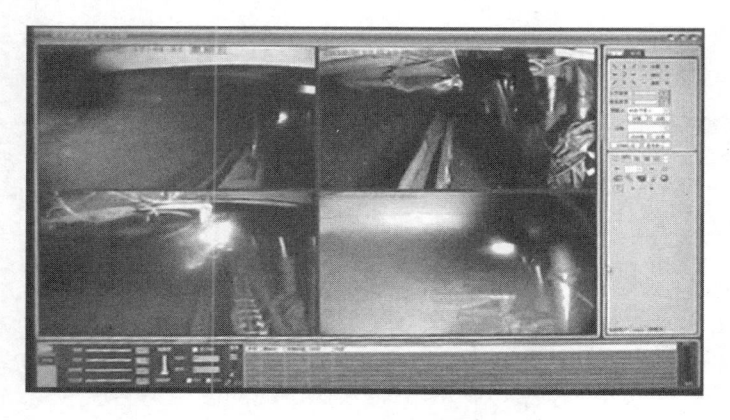

图 2-16　工作面视频监视平台

思考题

1. 在路径记忆的过程中，为什么要将采样点分为常规记忆点和关键记忆点？它们在路径跟踪中的作用是什么？

2. 请描述自适应控制中采煤机如何根据截割负载状态来做出调整策略的决策，如何处理不同的异常情况。

3. 机载控制器是控制系统的核心。它包含哪些模块？以及各模块的作用是什么？为什么硬件设计中选择了西门子公司的 S7-300 系列 PLC？

4. 顺槽控制器在整个系统中扮演了什么角色？它如何协调地面的控制命令和采煤机机载控制器的通信？

3 采煤机位置与姿态定位方法

3.1　采煤机的位置定位

3.2　采煤机的姿态定位

采煤机自适应截割的前提是要获得采煤机机身位置和姿态的准确信息。任何位置和姿态信息的误差都将直接影响到采煤机路径记忆以及路径跟踪的精度。由于工作面的底板可能是倾斜或起伏的，因此需要建立一套采煤机机身定位系统来获取其正确的位置与姿态信息。由于井下恶劣的工作面环境，很难使用单一传感器直接获取采煤机机身的三维位置信息。以往曾有学者提出利用轴编码器计算采煤机行走距离来进行定位[32]，但得到的仅是采煤机在一个方向上的路程而并非坐标值。还有学者提出通过机载的陀螺仪和加速度传感器测量采煤机运动过程中的运行姿态和位置[33,34]，但存在测量精度低、累计误差大等问题。其主要原因在于采煤机运动过程中的剧烈振动很容易干扰甚至损坏机载传感器，因此仅采集动态传感数据是不够的，还必须结合刮板输送机、液压支架的静态传感数据来完成对采煤机的定位。针对以上问题，本书采用采煤机动态数据与刮板输送机、液压支架静态数据相结合的方法，获取采煤机机身在三个方向上的位置信息，从而为实现采煤机的自适应截割提供保障。

3.1
采煤机的位置定位

如前文所述，采煤机的运行过程包含牵引、调高和推溜三个方向的运动。位置定位用于确定牵引和推溜作用下的采煤机机身位置，而不考虑调高油缸与机身间的相对运动。在煤矿工作面上，液压支架沿煤壁方向布置，掩护下方的采煤机和刮板输送机，采煤机骑在刮板输送机上依赖齿轮与齿条的啮合沿刮板输送机运行，如图 3-1 所示。本书中定义采煤机沿刮板输送机方向的运动为"横向运动"。采煤机在截割煤壁时，其经过的刮板输送机会被液压支架推动而沿着煤壁方向移动[35]，因此当采煤机截割完一刀煤后，刮板输送机整体朝煤壁移动一段距离，实现采煤机机身朝煤壁方向的运动，本书中定义采煤机垂直于煤壁方向的运动为"纵向运动"。因此横向运动对应于牵引，而纵向运动对应于推溜，下面将具体分析如何定量地描述采煤机横向运动与纵向运动所造成的机身位置变化。

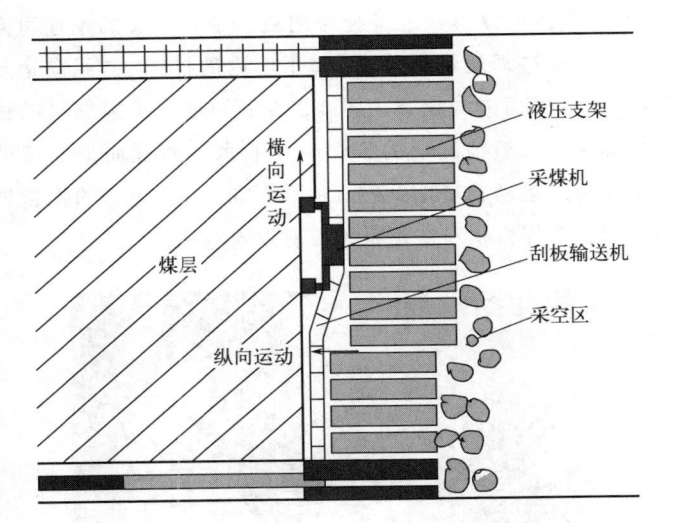

图 3-1 采煤机工作路径

3.1.1 采煤机机身坐标系的建立

获取采煤机在三维空间内的坐标值是确定其机身位置最直观的方法。然而由于采煤机的机身过大，无法看作一个质点，因此本书在采煤机上选取一个特征点，以此特征点的三维坐标来唯一确定采煤机机身位置。本书选取的特征点为采煤机行走齿轮与刮板输送机齿条的啮合点，此时特征点的运行轨迹与刮板输送机的布置轨迹一致。本书对机身定位系统坐标系作如下规定：

① 采煤机起始位置处在初始状态下的特征点为系统原点 o。

② 重力加速度反方向为 y 轴正方向，重力加速度方向为 y 轴负方向。

③ 与 y 轴垂直并且与刮板输送机平行的方向为 x 轴；面朝煤壁，向右为 x 轴正方向，向左为 x 轴负方向。

④ 垂直于 xy 平面并且与煤壁平行的方向为 z 轴，指向煤壁方向为 z 轴正方向，相反为 z 轴负方向。

原点的位置不随采煤机的运动而发生改变，是在系统初始状态下设定的固定点，并且原点与所对应刮板输送机推溜受力点的连线必须平行于 yz 平面。在该三维坐标系中，将采煤机的运行轨迹曲线分别投影到 xy、

yz、xz 三个平面内可以得到三条投影曲线。结合上文的论述可知：采煤机"横向运动"轨迹即运动轨迹在 xy 平面内的投影；"纵向运动"轨迹即运动轨迹在 yz 平面内的投影。图 3-2 表示的是水平采掘时的机身定位系统三维坐标系，一般情况下的工作面并非水平布置而呈一定的倾斜角度，此时采煤机的运动轨迹曲线在 xy 平面和 xz 平面上的投影即为倾斜曲线，因此研究采煤机机身定位系统有着重要意义。

图 3-2　采煤机机身定位坐标系

3.1.2　采煤机机身定位策略

煤矿工作面中的液压支架、采煤机、和刮板输送机是相互关联、协调工作的，因此采煤机的机身定位系统需要获取液压支架和刮板输送机的相关信息。而且仅依靠采煤机运动过程中机载传感器的数据来进行定位也是不可靠的，这是因为采煤机运动过程中的机身振动、煤块撞击等因素都会影响到机载传感器的信号输出，从而造成数据失真并严重影响到定位精度。因此，本书提出了"三机定位"和"动静融合"策略以完成采煤机的机身定位。

（1）"三机定位"策略

在采煤机机身定位系统中，机载控制器通过获取采煤机、刮板输送机、液压支架的传感信息和硬件参数来进行定位运算，因此称为"三机定位"，具体组织结构如图 3-3 所示。

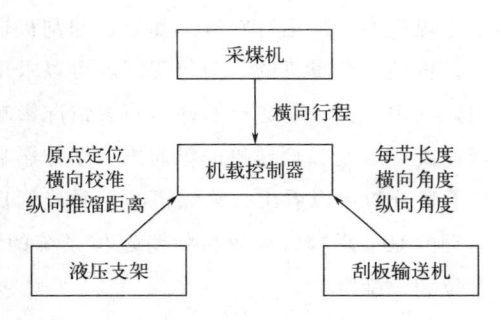

图 3-3 "三机定位"策略

① 采煤机机载传感器包括动态倾角传感器、位置传感器、红外接收器等。其中位置传感器用于获得采煤机在刮板输送机上的行程，并将数据发送至机身定位系统控制器。

② 在机身定位系统控制器中可以设定刮板输送机每节的长度。通过传感器在刮板输送机每个槽内的倾角传感器可以获取刮板输送机的横向角度和纵向角度。目前的刮板输送机均不配备倾角传感器，因此有必要对其进行自动化改造，由于篇幅限制，本书不讨论具体的改造技术。

③ 液压支架通过其机载的红外发射装置来对采煤机进行原点定位和横向校准。通过其液压缸中的位移传感器来获取纵向推溜距离，并发送至机载控制器。

（2）"动静融合"策略

仅在动态情况下进行信息采集将导致失真大、信号误差高等问题。因此采煤机机身定位系统所需的各种传感信息和硬件参数，并非全部在采煤机运动过程中进行采集，有些是在采煤机运行前进行采集的，还有些是在机载控制器中设置的，因此称为"动静融合"。

① 静态采集的数据有：刮板输送机每节长度、横向角度和纵向角度，液压支架的纵向推溜距离。

② 动态采集的数据有：采煤机横向行程、液压支架用于原点定位和横向校准所需的数据。

3.1.3 采煤机机身定位的理论模型

在上述机身定位系统坐标系中采煤机是沿着刮板输送机运行的，因此刮板输送机决定了采煤机的唯一运行轨迹。如果已知刮板输送机在三维坐标系中的布置情况，再结合采煤机的当前行程，就可以求出采煤机在三维坐标系中的坐标值。其中，刮板输送机的横向布置情况影响到采煤机的 x 轴和 y 轴坐标；液压支架对刮板输送机的纵向推溜动作影响到采煤机的 y 轴和 z 轴坐标。从上述分析可以看出，采煤机的 y 轴坐标比较特殊，受到横向运动和纵向运动的双重影响。采煤机机身定位系统的设计过程包括：横向定位、纵向定位和三维定位。

（1）横向定位

采煤机横向运动发生在 xy 平面内，因此确定特征点的 x 轴坐标和 y 轴坐标即可实现采煤机的横向定位。采煤机横向定位如图 3-4 所示，刮板输送机在初始状态下的特征点位置为坐标原点 o，粗实线为刮板输送机运动轨迹在 xy 平面内的投影，设刮板输送机共有 n 节，每节长度为 h，第 k 个铰接点处的坐标为 (x_k, y_k)，且第 k 节与 x 轴的夹角为 α_k，其中 $n \in \mathbf{z}$ 且 $n>0$，$k \in n$，则采煤机横向定位的具体步骤如下。

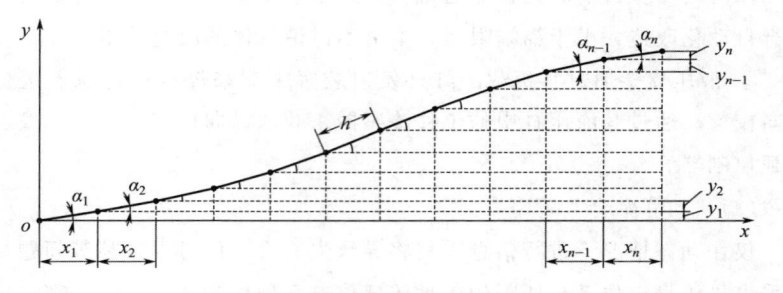

图 3-4　采煤机横向定位

① 求刮板输送机在 xy 平面内的投影。已知刮板输送机每节长度为 h，并且 n 个倾角传感器获取的其与 x 轴夹角为 $[\alpha_1, \alpha_2, \cdots, \alpha_{n-1}, \alpha_n]$，则可求得刮板输送机在 xy 平面内投影为如下的分段函数：

$$
\begin{cases}
f_1(x) = x \tan \alpha_1 & 0 \leqslant x \leqslant x_1 \\
f_2(x) = f_1(x_1) + (x-x_1) \tan \alpha_2 & x_1 < x \leqslant x_2 \\
\quad\quad\quad\quad\vdots \\
f_{n-1}(x) = f_{n-2}(x_{n-2}) + (x-x_{n-2}) \tan \alpha_{n-1} & x_{n-2} < x \leqslant x_{n-1} \\
f_n(x) = f_{n-1}(x_{n-1}) + (x-x_{n-1}) \tan \alpha_n & x_{n-1} < x \leqslant x_n
\end{cases}
\tag{3-1}
$$

② 求采煤机在刮板输送机上的位置。设采煤机当前行程为 s，则：

$$\frac{s}{h} = k \cdots p \tag{3-2}$$

其中 $k \in n$ 为商，$0 \leqslant p < h$ 为余数。由此可知采煤机特征点位于刮板输送机第 k 节上的 p 处。

③ 求采煤机特征点的 x 轴坐标和 y 轴坐标。已知特征点位于刮板输送机第 k 节上，则可先求出刮板输送机第 k 个铰接点的坐标 (x_k, y_k) 为：

$$\begin{cases} x_k = h \sum\limits_{i=1}^{k} \cos \alpha_i \\ y_k = h \sum\limits_{i=1}^{k} \sin \alpha_i \end{cases} \tag{3-3}$$

再求出刮板输送机第 k 节上的 p 处相对于点 (x_k, y_k) 的坐标偏移量 (x_p, y_p) 为：

$$\begin{cases} x_p = p \cos \alpha_{k+1} \\ y_p = p \sin \alpha_{k+1} \end{cases} \tag{3-4}$$

由此可得当采煤机行程为 s 时，横向运动在 x 轴分量 x_s 和 y 轴的分量 y_s 为：

$$\begin{cases} x_s = x_k + x_p = h \sum\limits_{i=1}^{k} \cos \alpha_i + p \cos \alpha_{k+1} \\ y_s = y_k + y_p = h \sum\limits_{i=1}^{k} \sin \alpha_i + p \sin \alpha_{k+1} \end{cases} \tag{3-5}$$

（2）纵向定位

液压支架对刮板输送机的推溜使得刮板输送机起始点相对于坐标原点发生偏移，进而形成了采煤机在 yz 平面内的纵向运动。因此，只要求出刮板输送机起始点相对于坐标原点的偏移量，就可得到刮板输送机上各点相对于坐标原点的偏移量，进而得到采煤机特征点在纵向运动的作用下相对于坐标原点的偏移量。设采煤机起始点经过 m 次推溜，其距离分别为：$[d_1, d_2, \cdots, d_{m-1}, d_m]$，推溜方向与 z 轴方向的夹角分别为：$[\beta_1, \beta_2, \cdots, \beta_{m-1}, \beta_m]$ 如图 3-5 所示，则在纵向运动作用下刮板输送机起始点相对于坐标原点的偏移量 y_d、z_d 为：

$$\begin{cases} y_d = \sum\limits_{i=1}^{m} d_i \sin \beta_i \\ z_d = \sum\limits_{i=1}^{m} d_i \cos \beta_i \end{cases} \tag{3-6}$$

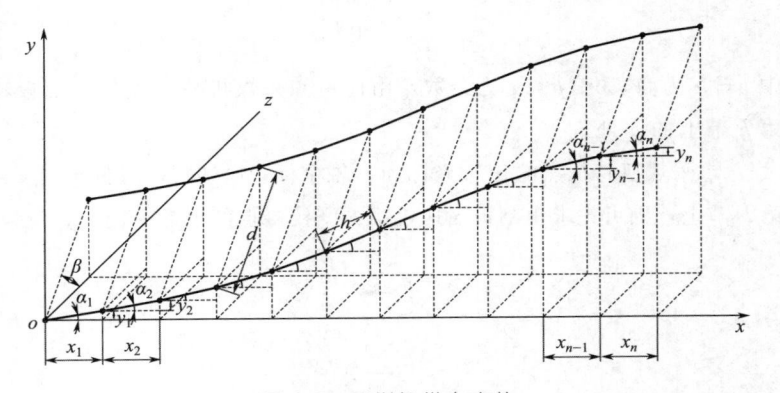

图 3-5 采煤机纵向定位

（3）三维定位

由上面的推导可以看出，特征点的 x 轴坐标和 y 轴坐标受横向运动影响；特征点的 y 轴坐标和 z 轴坐标受纵向运动影响。分别计算出特征点在 xy 平面和 yz 平面投射的坐标分量后，就可以获得采煤机机身特征点在定位系统中的三维坐标值 $(x_0，y_0，z_0)$。式中各变量的定义与取值范围与前文一致。

$$\begin{cases} x_0 = x_s = h\sum_{i=1}^{k}\cos\alpha_i + p\cos\alpha_{k+1} \\ y_0 = y_s + y_d = h\sum_{i=1}^{k}\sin\alpha_i + p\sin\alpha_{k+1} + \sum_{i=1}^{m}d_i\sin\beta_i \\ z_0 = z_d = \sum_{i=1}^{m}d_i\cos\beta_i \end{cases} \quad (3\text{-}7)$$

3.2
采煤机的姿态定位

采煤机的姿态信息包括调高油缸位移量和机身倾斜角度，其中机身倾角是由刮板输送机决定的；只有调高油缸位移量是可控的。本书中以滚筒空间坐标的形式给出采煤机的姿态定位，因为其可以综合反映调高油缸位移量和机身倾角；由于姿态信息中只有调高油缸位移量是可调的，故以调高油缸位移量的形式给出采煤机的姿态控制。在位置定位基础上建立采煤机的姿态定位，确定了关键记忆点的坐标值之后根据机身的横向倾角和纵向倾角确定滚筒坐标值。

① 只考虑采煤机横向倾角，忽略纵向倾角。根据关键记忆点坐标求出滚筒的 x 轴和 y 轴坐标。采煤机摇臂机构 xy 平面内的投影如图 3-6 所示，图中共有从 0 到 4 五个点，第 i 个点的坐标用 (x_i, y_i) 表示，点 2、3 间线段为调高油缸的伸出量，粗实线为采煤机机身，点 0 为位置定位中使用的特征点 o。其中左边为机身水平时的姿态，右边为机身倾斜角度为 α 时的姿态，从图中可以看出滚筒高度由调高油缸位移和机身的倾角共同决定。

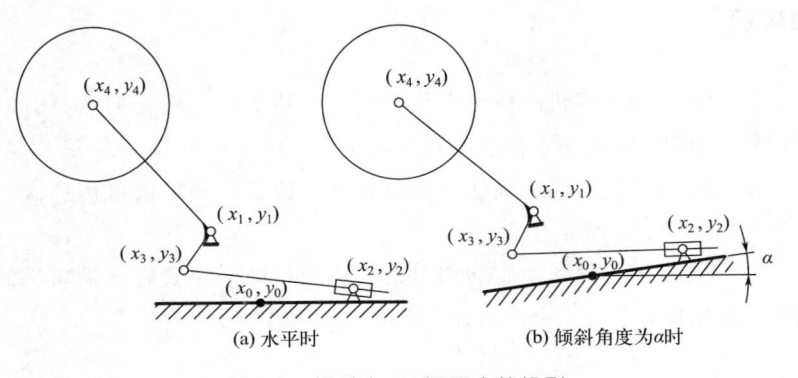

(a) 水平时   (b) 倾斜角度为α时

图 3-6 摇臂在 xy 平面内的投影

在图 3-6 中当机身横向倾角为 α 时，根据特征点的坐标 (x_0, y_0) 可以求出固定点 1、2 的坐标 (x_1, y_1) 和 (x_2, y_2)。在点 1、2、3 组成的三角形中，已知点 1、2 的坐标值及其与点 3 间的距离 D_{13}、D_{23}，可以由二维坐标系中两点间距离的公式列出关于 x_3 和 y_3 的二元二次方程：

$$\begin{cases} (x_1 - x_3)^2 + (y_1 - y_3)^2 = D_{13}^2 \\ (x_2 - x_3)^2 + (y_2 - y_3)^2 = D_{23}^2 \end{cases} \tag{3-8}$$

解此方程能够求出点 3 的坐标值 (x_3, y_3)。同理在点 1、3、4 组成的三角形中已知点 1、3 的坐标值及其与点 4 间的距离 D_{14}、D_{24}，可以由二维坐标系中两点间距离的公式列出关于 x_4 和 y_4 的二元二次方程：

$$\begin{cases} (x_1 - x_4)^2 + (y_1 - y_4)^2 = D_{14}^2 \\ (x_2 - x_4)^2 + (y_2 - y_4)^2 = D_{24}^2 \end{cases} \tag{3-9}$$

解此方程能够求出点 4 的坐标值 (x_4, y_4)，即为滚筒旋转中心在 xy

平面内投影的坐标值。

② 考虑采煤机纵向倾角。对滚筒的坐标值进行修正。设在位置定位中求得特征点坐标值为 (x_0, y_0, z_0)，采煤机机身的纵向倾角为 β，上一步得到的滚筒在 xy 平面内投影坐标值为 (x_4, y_4)，根据坐标投影关系求得滚筒的三维坐标值 (x'_4, y'_4, z'_4) 为：

$$\begin{cases} x'_4 = x_4 \\ y'_4 = y_0 + (y_4 - y_0)\cos\beta \\ z'_4 = z_0 + (y_4 - y_0)\sin\beta \end{cases} \tag{3-10}$$

思考题

1. 为什么在采煤机的位置定位中选择了特征点的坐标来唯一确定机身位置？有没有其他方法来实现位置定位？

2. 为什么需要对刮板输送机进行自动化改造以安装倾角传感器？改造的具体技术和挑战是什么？

3. 纵向定位中提到液压支架对刮板输送机的推溜会影响采煤机的 y 轴和 z 轴坐标，为什么会产生如此影响？

4 采煤机截割路径记忆方法

4.1 现状分析

4.2 采煤机的截割路径记忆策略

4.3 记忆路径的评价方法

截割路径记忆是采煤机自适应截割的前提和基础，其主要任务是采集截割过程中采煤机的机身位置、牵引速度、滚筒高度以及其他设备的工作状态信息，然后对数据进行分析、处理和优化，去除由于机身振动、液压抖动造成的干扰信息；最后压缩记忆点数据，并将压缩后的数据存储至机载控制器同时传输至顺槽控制器与地面 OPC 服务器。本章将对截割路径的记忆集合、记忆策略进行论述，并利用人工免疫理论对截割路径的记忆点进行评价，去除数据失真点，为采煤机的自适应截割提供精确可靠的数据基础。

4.1
现状分析

20 世纪 80 年代中期，德国学者开发出了一种记忆割煤行程自动调高系统，该系统的原理是采煤机行程位置显示和微机存储记忆，在美国 JOY 公司的 7LS6 型、德国 Eickhoff 公司的 8L500 型和 DBT 公司的 EL3000 型等采煤机上有着重要应用[29]。然而，这些传统的截割记忆方法难以应对复杂煤岩环境变化的影响，在该情形下，仍需要人为地修正记忆截割数据以确保生产的安全性问题。为此，中国矿业大学的王忠宾等[30,31]提出了一种以人工免疫和记忆截割为基础的采煤机截割滚筒自动调高技术，将人工免疫理论应用于记忆截割过程中的数据处理和工作状态判断，将得到的记忆数据进行再度处理与评价，并取得了较好的成果。类似地，刘东航[32]同样利用人工免疫算法，剔除了采样点之中误差较大的点，并重新计算合适的数据进行填充。此外，潘健[33]在对扩展截割路径的记忆点选取和记忆点数据结构进行了研究之后，选择采用支持向量机剔除失真记忆点。目前，在国内外的研究之中，仍旧以选取运行时必要的系统状态数据作为离散的记忆点从而形成"记忆集合"或"记忆集"为主流，并在之后对记忆点进行相应的处理，以便于采煤机的自适应截割。

4.2
采煤机的截割路径记忆策略

4.2.1 截割路径的记忆

如前文所述，采煤机机身内部安装的传感器达 20 多个，传感数据达 30 多种，每个传感器数据均为浮点型，占用 4 个字节，因此采煤机机载控制器每个扫描周期所采集的数据量为 120 字节左右，对于 10ms 级的处理器而言每秒的数据量达 1200 字节。采煤机正常工作时的牵引速度为 4m/min 左右，一个 200m 的工作面最快需要 50min 才能采完一刀煤。这段时间内传感器采集的数据将达 34M，机载 PLC 根本无法存储如此庞大的截割路径数据。因此需要对截割路径的记忆内容和记忆数量进行优化，使用最小的数据空间完整地记录下采煤机截割路径与截割状态。

在截割路径记忆过程中，只选取必要的系统状态数据作为存储对象，其余传感数据只作为运行时的状态检测数据而不参与路径记忆，以便减少数据存储量，提高机载控制器的处理速度。这些必要的系统状态数据便组成了截割路径记忆的数据集合，简称"记忆集合"或"记忆集"，本系统中的记忆集合如表 4-1 所示，其中的数据优先级决定了所记忆的数据在路径跟踪过程中允许发生变化的大小程度，优先级越高其数值允许变化的程度就越小，优先级越低其数值运行变化的程度就越大。

表 4-1　截割路径记忆集合

数据名称	存储空间/byte	传感器	数据优先级
机身位置	16	逻辑传感器	1
机身倾角	8	倾角传感器	1
调高油缸位移	8	位移传感器	1
摇臂倾角	8	倾角传感器	1
牵引速度	4	位置传感器	2
截割电机电流	8	电流传感器	3
牵引电机电流	8	电流传感器	3
截割电机温度	8	温度传感器	4
牵引电机温度	8	温度传感器	4

① 机身位置并非物理传感器直接采集得到的数据，而是利用上一章的位置定位公式计算得来的逻辑传感数据，包括机身绝对位置和相对位置。绝对位置是采煤机在采面三维空间坐标中的唯一标识，以三维坐标值（x，y，z）的形式记录下来；相对位置是采煤机相对于刮板输送机的运动标识，即采煤机相对于刮板输送机上某个固定点的行程，它是采煤机各条截割路径进行对比时的参照。机身位置数据的准确度直接决定了路径跟踪的质量，因此该数据的优先级设置为 1 级。

② 机身倾角既反映了采煤机的位置又反映了采煤机的姿态，包括机身俯仰角和煤层倾角。机身俯仰角由刮板输送机倾角决定，是滚筒高度的影响因素；同样煤层倾角的变化会改变采煤机的 y 轴位置，从而影响到滚筒高度。因此机身倾角是滚筒截割曲线变化的重要影响因素，数据优先级设置为 1 级。

③ 调高油缸位移的变化将直接改变摇臂的倾角值，同时调高油缸位移量又是滚筒高度的控制量，也是采煤机姿态的控制对象。但由于液压系统的滞后性与抖动性，会对油缸位移传感器的输出产生干扰，因此需要对数据进行处理。调高油缸位移是路径跟踪时最主要的调节量，所以其数据优先级设置为 1 级。

④ 摇臂倾角是调高油缸位移量发生变化的结果，反映了采煤机的运行姿态，影响到采煤机滚筒的高度变化。其与调高油缸位移量形成了一对冗余数据，两者都能够独立计算出滚筒的高度值。由于采煤机摇臂工作过程中的振动和冲击极易造成传感器损坏，而滚筒高度又是自适应截割的主要控制对象，因此本书采取冗余设计以增加系统的稳定性与可靠性，并将其数据优先级设置为 1 级。

⑤ 牵引速度属于采煤机的状态信息，与滚筒高度相同也是路径跟踪时的主要控制对象。实验表明采煤机截割负载与牵引速度相关联，由于电牵引采煤机普遍采取变频器拖动技术，这就使得机载控制器能够方便地调节采煤机的牵引速度。当截割负载过大时可以降低牵引速度，当负载过小时可以提高牵引速度。相对于滚筒高度而言牵引电机的变化较为灵活，因此其数据优先级设置为 2 级。

⑥ 截割电机电流是采煤机异常状态判断中最主要的依据之一，其值随截割负载的改变而变化。采煤机正常工作时的截割电机电流一般为额定电流的四分之一左右，之所以有如此大的预留空间就是为了预防采煤机截

割到顶底板岩石时出现电机堵转、过流等故障。截割电机电流主要受摇臂高度、牵引速度以及截割物材质的影响，当截割电机电流过大时首先应降低牵引速度，其次才是降低摇臂高度。由于截割电机电流允许变化的范围较大，因此其数据优先级设置为 3 级。

⑦ 牵引电机电流作为采煤机较重要的状态信息之一，主要受采煤俯仰角以及截割负载的影响。当俯仰角增大采煤机进行仰采时，由自身重力产生的阻力将加大，而机载控制器对牵引变频器的控制量是以电机转速的形式输出的，因此同样牵引速度下所消耗的电流将加大。当采煤机截割负载增大时，机身牵引阻力将增大，要达到同样牵引速度所需要的牵引电机电流值也将增加。牵引电机的电流变化范围较大，其堵转、过流保护是由变频器检测执行的，因此其数据优先级设置为 3 级。

⑧ 截割电机温度属于采煤机的状态检测信息，反映一段时间内截割负载总体情况，此外截割电机温度值也与摇臂冷却水的流量有关。截割电机温度可以作为采煤机总体截割负载的衡量标准，但由于其温度上升与下降都是一个缓慢的过程，不能用于实时调节控制，只能用于超温时的电机保护，因此其数据优先级设置为 4 级。

⑨ 牵引电机温度反映了采煤机牵引电机在一段时间内的总体负载情况，其温度值直接与牵引电机电流相关。当牵引负载增大时，牵引电机电流增加，牵引电机温度上升，此外牵引电机温度也受采煤俯仰角以及截割负载的影响。牵引电机温度与截割电机温度相同是一个缓慢变化的特征量，因此其数据优先级也设置为 4 级。

采煤机截割过程中机载控制器所采集的传感数据量很大，无法完全存储下来，因此需要对数据种类和数据数量进行优化，上述对传感数据的种类进行了筛选，下面将制定截割路径的记忆策略以进一步减少数据的存储空间。截割路径记忆策略主要包括：记忆点的选取方案，记忆点的数据结构，记忆点的数据压缩。

4.2.2 记忆点的选取方案

采煤机工作过程中机载控制器扫描周期为 10ms 级，每秒钟能够采集100 个左右的点，记录如此多的点将占用巨大的存储空间，而且也是毫无必要的，因为采煤机有可能在一段时间内保持相同的工作状态与截割姿态。因此需要考虑如何用尽可能少的点记录下采煤机完整的工作过程。本系统中截割路径记忆点的分类如图 4-1 所示，包括：常规记忆点、特殊记忆点、关键记忆点。也就是说在人工示教过程中，不是每个扫描周期的数据都记录下来，而是有选择有针对性地记录以上三类点。下面将对每类点的定义以及判别方法进行介绍。

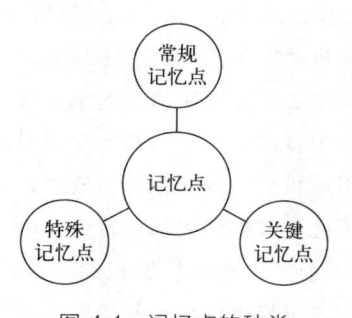

图 4-1 记忆点的种类

① 常规记忆点。在采煤机普通运行工况下，每隔一段间距选取一次数据存储作为记忆点，即为常规记忆点。常规记忆点是记忆点的主要组成部分，它的采集与采煤机的工作状态和人工操作情况均无关，是等间距的数据记录。常规记忆点采集的间距过小将增大记忆频率，造成大量重复数据；间距过大将失去路径记忆的意义，丢失某些重要信息。因此本系统中将常规记忆点采集间距设置为 1m，普通的综采工作面大致需要两三百个常规记忆点即可。常规记忆点用于记录采煤机整个工作过程中的设备状态，以便在路径跟踪过程中及时地判别出异常状态，而并非用于采煤机位置和姿态跟踪。截割路径中的常规记忆点如图 4-2 所示，图中圆点为机载控制器所采集的常规记忆点，折线为采煤机滚筒的截割路径，可以看出常规记忆点在截割路径中等间距分布。

图 4-2 截割路径中的常规记忆点

② 关键记忆点。采煤机接收来自外部的控制命令时将改变自身工作状态与位置姿态，此时的采集点即为关键记忆点。其中，工作状态的改变包括：采煤机启动、采煤机停机、牵引加速、牵引减速；工作姿态改变包括：摇臂上升、摇臂下降。可以看出关键记忆点记录了采煤的控制流程，

虽然关键记忆点的数量较少，但它们是路径跟踪过程中的核心数据。截割路径中的关键记忆点如图 4-3 所示，图中五角星所表示的是截割过程中的关键记忆点。其中第一个和最后一个关键记忆点对应的是采煤机的启动与停止命令，其余关键记忆点对应于采煤机摇臂的升高与降低命令。

图 4-3　截割路径中的关键记忆点

③ 特殊记忆点。采煤机工作过程中设备出现异常状态的点以及设备状态恢复正常的点称之为特殊记忆点。通常情况下特殊记忆点成对出现，即设备异常情况的出现以及人工调节后的状态恢复，但也会出现直到停机都未解决的异常状态，或者异常状态进一步加剧而直接导致采煤机自动停机保护。要判断特殊记忆点就必须先确定哪些情况属于采煤机的异常状态。采煤机路径记忆中特殊记忆点的分类如表 4-2 所示，根据异常程度的不同分为警报与停机两种级别；根据种类的不同分为电流异常和温度异常两种情况。本系统规定：当电机电流连续 10s 大于 1.2 倍的额定电流时向用户发出过流警报，采煤机仍继续工作；当电机电流连续 3s 大于 2 倍的额定电流时直接触发自保，采煤机立即断电停机；当电机温度连续 10s 大于 130℃时向用户发出超温警报，采煤机仍继续工作；当电机温度连续 3s 大于 150℃时直接触发自保，采煤机立即断电停机。

表 4-2　特殊记忆点分类

名称	判别标准	延时时间/s
截割电机过流警报	$I \geqslant 1.2 I_e$	10
截割电机过流停机	$I \geqslant 2 I_e$	3
截割电机超温警报	$T \geqslant 130℃$	10
截割电机超温停机	$T \geqslant 150℃$	3
牵引电机过流警报	$I \geqslant 1.2 I_e$	10
牵引电机过流停机	$I \geqslant 2 I_e$	3
牵引电机超温警报	$T \geqslant 130℃$	10
牵引电机超温停机	$T \geqslant 150℃$	3

注：I 为工作电流；I_e 为额定电流；T 为电机温度。

采煤机截割路径中的特殊记忆点如图 4-4 所示，图中三角形所表示的为采煤机状态异常的发生与恢复点。当煤层顶板发生变化时采煤机截割到了顶部岩石而导致截割电流增大，于是机载控制器记录下了第一个特殊记忆点；当操作人员发现截割到顶板时调低了滚筒高度，截割电流又恢复至正常范围，于是机载控制器记录下了第二个特殊记忆点，同理记录下了第三个与第四个特殊记忆点。

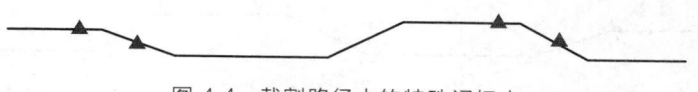

图 4-4　截割路径中的特殊记忆点

4.2.3　记忆点的数据结构

截割路径记忆集合中包含了采煤机工作过程中的各种信息，如何将这些信息规划整理并且有序地存储为一个个的记忆点便是下一步要解决的问题。在本系统中每个记忆点的数据结构如图 4-5 所示，该数据结构是路径记忆、分析、存储、跟踪的基本类型。从图中可以看出记忆点包含 6 个属性，分别为：数据地址、记忆类型、位置信息、姿态信息、被控对象、状态信息，而每个属性又具有各自的数据内容与结构。

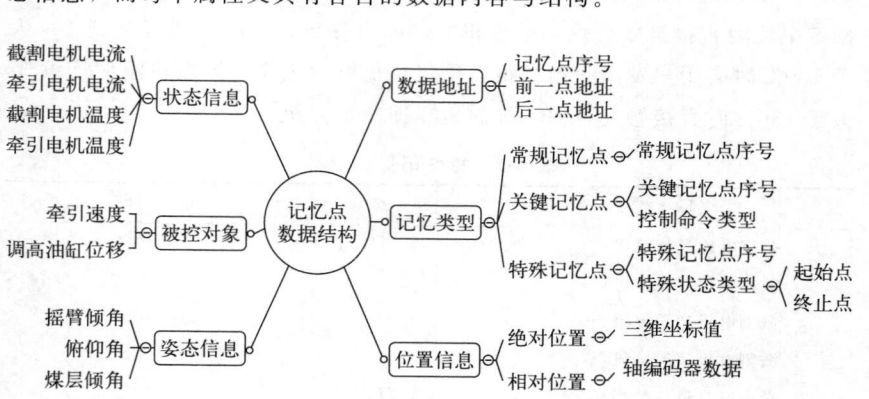

图 4-5　记忆点的数据结构

① 数据地址包含三部分内容：记忆点序号、前一点地址、后一点地址。记忆点序号标识当前记忆点在所记忆路径中的位置。前一点地址为指针类型，指向上一个记忆点的存储位置，同样后一点地址中存储的是指向下一个记忆点位置的指针。可以看出记忆点采用双向链表方式存储，从而

能够快速实现对记忆点的向前和向后查找。

② 记忆类型用于标识记忆点的种类。如前文所述记忆点分为常规记忆点、关键记忆点和特殊记忆点。如果该记忆点为常规记忆点，那么需要记录下是第几个常规记忆点。如果该记忆点为关键记忆点，则除了记录下是第几个关键记忆点外还需要记录是哪个控制命令触发了该关键记忆点。如果该记忆点是特殊记忆点，首先记录下是第几个特殊记忆点，而后根据表 4-2 的内容确定是由哪种异常状态所触发，并且标识出是异常状态的起始点还是异常状态的终止点。

③ 位置信息中存储采煤机的当前位置信息，包括绝对位置和相对位置。绝对位置是指采煤机在空间坐标系中的三维坐标值，唯一地标识了采煤机在工作面的当前位置；相对位置为采煤机在刮板输送机上的行程，用于采煤机路径跟踪时的机身快速定位，该值在 xy 二维空间内唯一但在三维空间内与以往路径相重叠。绝对坐标值由机身定位公式计算得到，而相对位置信息来自于机载控制器高速计数模块对旋转位置传感器的脉冲累加。

④ 姿态信息记录了采煤机在当前位置的空间姿态，包括机身俯仰倾角、煤层倾角与摇臂倾角。其中机身俯仰角和煤层倾角确定了采煤机的机身姿态；摇臂倾角确定了采煤机的摇臂姿态。因此在位置确定的前提下根据姿态信息便可得出采煤机的滚筒高度。

⑤ 被控对象中记录了采煤机工作过程中最重要的两个控制量：牵引速度和调高油缸位移。牵引速度的快慢直接影响截割滚筒负载的大小，并导致截割电机和牵引电机的电流、温度发生变化。调高油缸位移直接控制截割滚筒的高度，跟随煤层顶板的改变而变化。

⑥ 状态信息中包含截割电机电流、牵引电机电流、截割电机温度、牵引电机温度。截割电机与牵引电机是采煤机最主要的动力设备，出现故障后修复和更换都很困难，因此对截割、牵引电机的状态进行记录与检测是十分必要的，另外电机电流与温度的变化也从一定程度上反映了采煤机截割负载状况。

4.2.4　记忆点的数据压缩

从记忆点的数据结构中可以看出占用存储空间较大的为传感器模拟量

信息，包括位置信息、姿态信息、控制对象和状态信息。其中位置信息和姿态信息用于机身的准确定位，数据精度要求较高；控制对象用于牵引速度和滚筒高度的调节，也必须保证较高的数据精度；而状态信息用于截割电机电流与温度的状态检测，数据波动频繁且波幅较大，对数据的精度要求不高甚至仅关注是否超过极限阈值，因此可以对状态数据中的四个模拟量进行数据压缩，以减小记忆路径的存储空间。

电流的压缩值如表 4-3 所示，正常工作时电机电流保持在额定值 I_e 的 0.2 至 0.8 倍之间；当电流小于 $0.2I_e$ 时有可能存在电流缺相故障；当电流介于 $0.8I_e$ 与 $1.2I_e$ 时电流值稍大；当电流介于 $1.2I_e$ 与 $1.5I_e$ 时电流值过大，需延时 10s 后停机自保，当电流大于 $1.5I_e$ 时电流值很大，3s 后将触发自保命令。本系统用 5 个电流等级代替所对应的电流值，数据存储量由 4 个字节降低为 1 个字节。

表 4-3　电流压缩值

电流值	压缩值	说明
$I \leqslant 0.2I_e$	1	电流值过小，可能存在缺相故障
$0.2I_e < I \leqslant 0.8I_e$	2	电流值正常
$0.8I_e < I \leqslant 1.2I_e$	3	电流稍大
$1.2I_e < I \leqslant 1.5I_e$	4	电流过大，连续 10s 后触发自保
$I > 1.5I_e$	5	电流很大，连续 3s 后触发自保

截割电机和牵引电机温度的压缩值如表 4-4 所示。正常情况下电机外壳通有冷却水，其温度低于 130℃，此时状态用数值 1 表示；当温度升至 130～150℃之间时，采煤机延时 10s 后将启动自保程序，此时状态用数值 2 表示；当电机温度超过 150℃时，采煤机延时 3s 后触发自保，此时状态用数值 3 表示。温度压缩值仅占用 1 个字节，节省了 3/4 的存储空间。

表 4-4　温度压缩值

温度值/℃	压缩值	说明
$T \leqslant 130$	1	温度正常
$130 < T \leqslant 150$	2	温度过高，连续 10s 后触发自保
$T > 150$	3	温度很高，连续 3s 后触发自保

4.3
记忆路径的评价方法

在人工示教过程中机载控制器按照规定的记忆策略将采煤机的工作过程记录下来，这些数据均来自对机载传感器的数据采集，但实际工作过程中的机身振动、煤块冲击有可能使传感器在某些时刻的输出失真，如果将这些失真信息保存下来将直接影响到后续的路径跟踪效果。本节将通过人工免疫评价模型对每个记忆点进行评价，删除其中的失真数据，为路径跟踪提供数据保障。

4.3.1 人工免疫理论

人体的免疫系统肩负着抵御病原体入侵，保护机体安全的责任，具有预防感染、免疫监视和自身稳定三大功能[36]。预防感染是指通过皮肤和黏膜将病原体屏蔽在体外；免疫监视是指免疫系统识别入侵病原体或人体自身产生的变异细胞，并对其进行杀灭的过程；自身稳定是指清除体内变性、损伤、衰老、死亡的细胞，防止自身免疫的形成[37]。免疫系统完全独立地通过免疫识别、免疫应答、免疫调节等过程实现以上复杂任务，而无须大脑的控制[38]。从系统角度而言，人体免疫系统是一个具有自组织、自适应、并行性的强鲁棒系统[39]；从信息处理角度而言，人体免疫系统是一个具有模式识别、自学习机制和记忆联想功能的高效信息处理系统，这主要是由以下几个机制实现的。

① 免疫识别。免疫系统最重要的功能是区别"自我"和"非我"，这主要通过 T 细胞与 B 细胞表面受体与抗原的配对实现[40]。两者形状越互补，匹配就越适合，结合得就越紧密，受体与抗原结合的紧密程度称为"亲和度"。

② 免疫耐受。免疫系统与某些抗原接触后发生的特异性无应答状态称为免疫耐受[41]。对自身抗原无应答的现象称为自身耐受，自身耐受对人体健康有着重大意义，自身耐受失效将导致自身免疫系统疾病，如类风湿性关节炎。

③ 免疫应答。免疫系统对进入机体的抗原刺激作出反应的过程称为免疫应答[42]。包括免疫细胞对抗原的识别、摄取、处理，进而活化、增殖、分化，最终产生免疫效应。

④ 免疫调节。在免疫系统中，免疫细胞与免疫分子以及与人体其他系统间通过相互协调、相互作用，使得免疫应答处于合理水平的过程称为免疫调节[43]。免疫调节失衡将导致疾病的发生，如肿瘤、过敏反应等。

⑤ 免疫记忆。当抗原首次侵入体内时淋巴细胞需要一定的时间来很好地对其识别；记忆淋巴细胞以最优抗体的形式将抗原的记忆信息保留下来[44]。当同种抗原再次侵入体内时免疫系统产生更强与更快的应答。

人工免疫系统（Artificial Immune System，AIS）是在生物免疫学相关原理及概念基础上，面向工程实际问题所提出的具有智能性的系统模型，并具有自适应性、记忆性、鲁棒性、并行性、可扩展性和多样性的特点。目前人工免疫的研究工作主要集中在否定选择算法、克隆选择算法、人工免疫网络三个方面。

① 否定选择算法

脊椎动物脊髓中生产的 T 细胞在进入淋巴系统前需与自体蛋白绑定，未被激活的 T 细胞才被允许进入淋巴系统发挥免疫作用，而剩余的 T 细胞将全部被杀死。这种免疫审查过程称为否定选择，它使得机体具备一种区分"自我"与"非我"的能力。模拟否定选择过程，Forrest 提出了否定选择算法的二进制模型，并对模式识别问题和个体学习机制进行了研究。在 Forrest 的模型中，抗原和抗体采用二进制形式编码，模式匹配选用 R 位连续匹配（RCB）算法，虽然否定选择算法在之后得到了进一步的发展，但仍离不开 Forrest 所提出来的基础算法框架。否定选择中检测集合生产以及检测新样本的流程如图 4-6 和图 4-7 所示，否定选择算法的主要步骤如下：

a. 确定信息的编码形式；

b. 定义系统的自体空间；

c. 利用否定选择算法训练自体集合，得到成熟的检测集合；

d. 利用该检测集合检测系统状态。

② 克隆选择算法

克隆选择算法模拟了机体在抗原侵入时的免疫应答过程：在抗原入侵

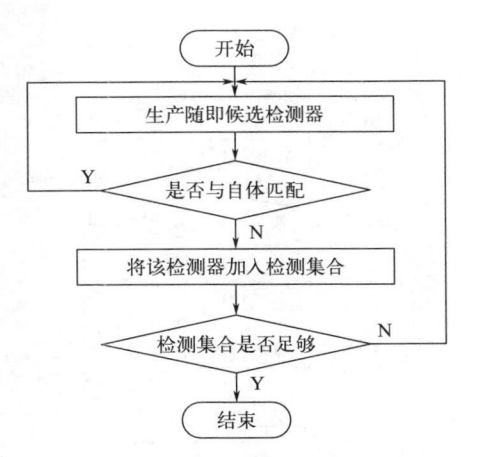

图 4-6 否定选择中检测集合的生成

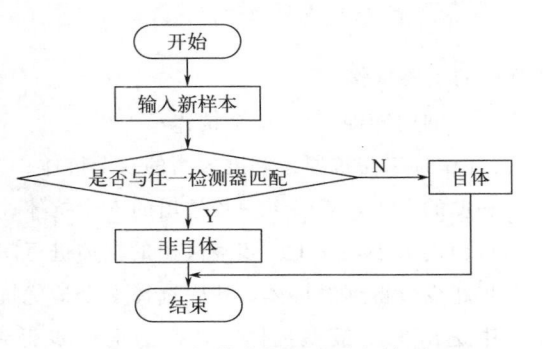

图 4-7 新样本的否定选择检测

的时候，免疫系统复制大量与抗原相匹配的抗体，通过连续胞体变异将其生产为各种新个体；而后检测这些新个体是否与自体发生免疫应答，一部分无应答的个体输出抗体与抗原结合以消除威胁，另一部分作为记忆细胞被保留下来用于免疫记忆，提高抗原再次入侵时的二次响应速度[45-49]。上述过程包含了免疫记忆、超变异、受体编辑等免疫特征，其中免疫记忆对问题的可行解进行了记录；超变异对信息的多样化进行了扩展；受体编辑能够防止局部最优解的产生，避免问题的求解过早收敛。De Castro 等人根据以上免疫过程提出了克隆选择算法并成功解决了字母识别、组合优化、多模函数优化等问题。在克隆选择算法中抗原对应于需要求解的问题，抗体对应于问题的候选解。克隆选择算法的流程如图 4-8 所示。

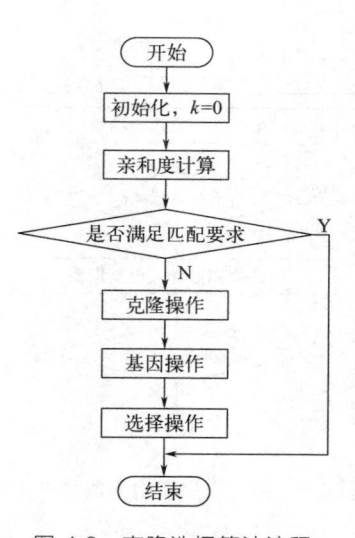

图 4-8　克隆选择算法流程

克隆选择算法的主要步骤如下：

a. 在问题求解空间内随即产生 N 个抗体；

b. 从 N 个抗体中选出与抗原亲和度较高的 k 个抗体；

c. 正比于亲和度的大小，克隆上一步选出的 k 个抗体；

d. 反比于适应值的大小，对上一步克隆出的抗体进行超变异；

e. 评估上一步超变异得到的抗体，从中选择 k 个最优抗体；

f. 从抗体群中选出 k 个最差抗体，替换为上一步得到的 k 个最优抗体；

g. 重复 b.～f. 过程直到满足最终要求。

③ 人工免疫网络

20 世纪 70 年代提出了免疫网络理论，该理论认为在免疫系统中存在一个由 B 细胞构成的特殊网络用于识别抗原。该网络中的 B 细胞相互抑制、相互激发，维持着网络的动态稳定。根据免疫网络理论的原理，学者们构建了很多免疫网络模型：互联耦合网络模型、抗体网络模型、多值免疫网络模型等，并成功应用在数据聚类、机器人控制、数据分析等领域。Farmer 在 Jerne 的免疫网络基础上构造出二进制串的网络模型，而后 Timmis 提出资源有限的人工免疫网络学习模型。

人工免疫理论以其自学习性、并行性、鲁棒性、可扩展性等方面的优越表现，正逐步引起人们的重视，其在科学创新与工程应用上正取得越来越重要的地位。目前人工免疫理论已应用在自动控制、故障诊断、模式识别、图像识别、优化设计、机器学习、网络安全等领域，如表 4-5 所示。

表 4-5　人工免疫系统的主要应用领域

应用领域	典型示例
自动控制	复杂动力系统控制，电压调节器控制
优化设计	人工神经网络的优化设计
组合优化	CDMA 多用户检测，TSP 问题
图像处理	图像分割、匹配与识别
数据挖掘	数据库知识发现
机器人学	智能决策系统，分布控制系统
故障诊断	工件破损检测，在线故障诊断系统
网络安全	网络入侵检测，病毒检测

4.3.2　基于人工免疫的记忆点评价模型

基于人工免疫理论，可以利用免疫系统具有的区分"自我"与"非我"的能力解决模式识别问题，识别出传感器失真的记忆点是在截割路径记忆过程中需要解决的重要问题。在模式识别方面应用最广泛的是 Forrest 提出的否定选择算法，如前文所述该算法主要有两个步骤：检测集合生成，否定选择检测[50-53]。人工免疫算法与记忆点评价中相关术语的对应关系如表 4-6 所示：人工免疫中的自体和抗原在记忆点评价模型中对应于正常记忆点和失真记忆点；人工免疫中的抗体则为对记忆点进行评价的检测器集合。

表 4-6　人工免疫算法与记忆点评价的关系映射

人工免疫算法	记忆点评价
自体	正常记忆点的集合
抗原	失真记忆点的集合
抗体	记忆点检测器集合
抗体与抗原亲和度	检测器与失真记忆点间的距离
抗体与抗体亲和度	检测器与检测器间的距离

利用人工免疫进行记忆点评价的流程如图 4-9 所示，按照否定选择的

计算框架，评价过程分为两个步骤：检测器的生成和否定选择检测。但在此之前还需确定模型的编码方式和亲和度计算方法，由于本系统主要处理的是传感器模拟量信息，因此采用实数编码方式。常用的亲和度计算方法包括：R 位连续匹配法，欧式距离法，海明距离法和信息熵度量法。本系统采用的是实数编码方式，故选用海明距离法来计算两个体间的亲和度。

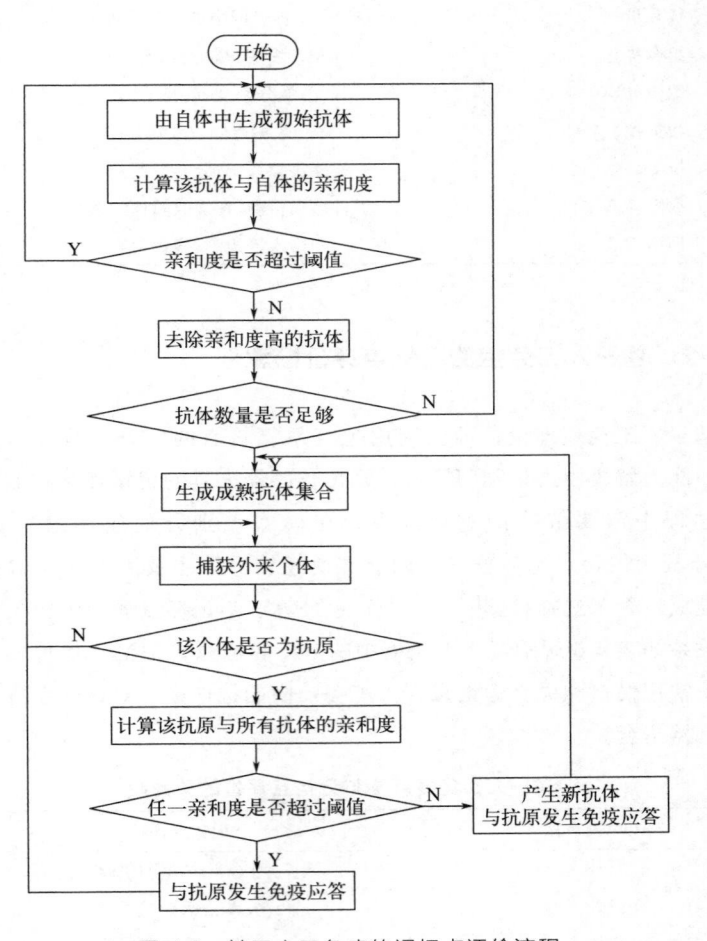

图 4-9　基于人工免疫的记忆点评价流程

设两个体分别为 $m = \{m_1, m_2, \cdots, m_k\}$ 和 $n = \{n_1, n_2, \cdots, n_k\}$，其中 m_k 和 n_k 分别为个体 m 与个体 n 的第 k 个属性，则个体 m 与个体 n 间的海明距离 $D(m, n)$ 为：

$$D(m,n) = \sqrt{\sum_{i=1}^{k}(m_i - n_i)^2} \tag{4-1}$$

式(4-1) 求得的海明距离虽然能够反映两个体间的距离，但对各个属性的数值范围以及权重问题考虑不够充分。例如第 1 个属性取值范围为 [0, 1]，第 2 个属性取值范围为 [0, 100]，当属性值相差 0.5 时，对于第 1 个属性占其值域的 50%，而对于第 2 个属性仅占其值域的 0.5%；另外每个属性的重要程度也有所不同，对于采煤机而言摇臂倾角变化要比煤层倾角变化重要，截割电机电流变化要比牵引电机电流变化重要。因此仅仅依赖海明距离计算亲和度是远远不够的，需要考虑属性归一化以及属性权重问题，由此可得个体 m 与个体 n 间的距离 $D(m,n)$ 以及两者间的亲和度 $A(m,n)$ 分别为：

$$D(m,n) = \sqrt{\sum_{i=1}^{k} W_i \left(\frac{m_i - n_i}{P_i}\right)^2} \tag{4-2}$$

$$A(m,n) = 1 - \sqrt{\sum_{i=1}^{k} W_i \left(\frac{m_i - n_i}{P_i}\right)^2} \tag{4-3}$$

式(4-2)、式(4-3) 中 P_i 为第 i 个属性的归一化参数，W_i 为第 i 个属性的权重值。设抗体与自体间亲和度阈值为 T_a，抗体与抗体间亲和度阈值为 T_b，抗体与抗原间亲和度阈值为 T_c。则当抗体 m 与自体 n 间的亲和度 $A(m,n) \geqslant T_a$ 时，说明抗体可与自体发生免疫应答，应去除该抗体；相反如果 $A(m,n) < T_a$ 则说明抗体与自体的存在免疫耐受，可以保留该抗体。当抗体 m 与抗体 n 间的亲和度 $A(m,n) \geqslant T_b$ 时，说明两抗体很相似，应去除其中一个抗体；相反如果 $A(m,n) < T_b$ 则说明抗体间差异性很大，两个抗体应全部保留下来。当抗体 m 与抗原 n 间的亲和度 $A(m,n) \geqslant T_c$ 时，说明抗原激发了抗体的免疫应答，该抗原被识别；相反如果 $A(m,n) < T_c$，则说明该抗原不能被该抗体识别。

（1）检测器的生成

检测器的生成主要有以下三个步骤：生成初始自体集与初始抗体集；生成成熟自体集与成熟抗体集；生成标准自体集与标准距离。

① 生成初始自体集与初始抗体集

a. 在路径记忆点集中，取出"关键记忆点"及其前后两点作为初始抗体集；

b. 在路径记忆点集中，去除上一步得到的初始抗体，作为初始自体集。

② 生成成熟自体集与成熟抗体集

a. 在初始自体中去除路径记忆中的"特殊记忆点"，得到成熟自体集；

b. 计算每个初始抗体与上一步所得成熟自体之间的亲和度，数值大于 T_a 的抗体将被清除出抗体集；

c. 计算上一步所得的抗体集中任意两抗体间的亲和度，清除数值大于 T_b 的抗体，得到成熟抗体集。

③ 生成标准自体集与标准距离

a. 在成熟自体集中计算各属性的平均值，由该平均值组成标准自体记为 s；

b. 计算自体集中每个自体与 s 间的距离，取出最大值作为标准距离记为 D_s。

(2) 否定选择检测

设被检测个体为 z，成熟抗体集中第 i 个抗体为 m_i，个体 z 与标准自体 s 间距离为 $D(z,s)$，个体 z 与抗体 m_i 间亲和度为 $A(z,m_i)$，则否定选择检测的步骤如下：

① 检测"自我"与"非我"。计算个体 z 与标准自体 s 间亲和度 $A(z,s)$，如 $D(z,s) \leqslant D_s$ 则该个体为自体，结束检测；如 $D(z,s) > D_s$ 则个体为抗原进入下步。

② 免疫应答过程。计算该抗原与各个抗体间的亲和度，如果 $A(z, m_i) \geqslant T_c$ 则抗体 m_i 与抗体发生免疫应答，结束检测；如果该抗原未被任何抗体所识别，则生成新抗体与该抗原发生免疫应答，并进入下一步。

③ 将新生成抗体加入抗体集中，重新生产检测器。

至此便完成了对记忆点集中新增点的评判，利用该方法可以判别出哪些记忆点数据存在失真问题，并要求机载控制器对该点数据重新采集。基于人工免疫的记忆点评价模型如图 4-10 所示。设采煤机牵引速度、截割电机电流、截割电机温度的权值分别为 0.6、1.0、0.8，50 组经归一化后的自体数据如表 4-7 所示。按照上文的算法可以得到标准自体 s 为 (0.593，0.591，0.619)，标准距离 D_s 为 0.279，则将表 4-8 所示的检测数据作为外来个体代入人工免疫模型中，可以得到其与标准自体间的距离 $D(z,s)$，将此距离与标准距离 D_s 进行比较，便可得到最终的评价结果。

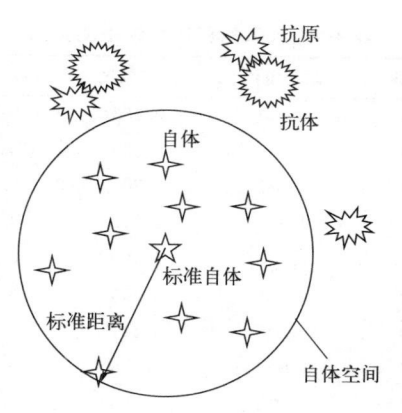

图 4-10 基于人工免疫的记忆点评价模型

表 4-7 人工免疫模型的自体数据

序号	牵引速度	截割电流	截割温度	序号	牵引速度	截割电流	截割温度
1	0.500	0.627	0.781	26	0.630	0.483	0.407
2	0.496	0.696	0.663	27	0.590	0.426	0.597
3	0.697	0.607	0.590	28	0.773	0.524	0.542
4	0.639	0.572	0.595	29	0.458	0.416	0.759
5	0.538	0.777	0.533	30	0.478	0.637	0.483
6	0.653	0.723	0.765	31	0.591	0.420	0.784
7	0.491	0.564	0.776	32	0.774	0.658	0.517
8	0.727	0.520	0.661	33	0.504	0.656	0.534
9	0.588	0.527	0.764	34	0.405	0.444	0.707
10	0.661	0.534	0.723	35	0.565	0.753	0.533
11	0.765	0.522	0.616	36	0.753	0.524	0.651
12	0.771	0.681	0.473	37	0.462	0.724	0.533
13	0.678	0.568	0.426	38	0.677	0.459	0.529
14	0.451	0.702	0.430	39	0.530	0.707	0.558
15	0.426	0.468	0.693	40	0.727	0.724	0.508
16	0.417	0.615	0.693	41	0.530	0.786	0.426
17	0.793	0.723	0.643	42	0.474	0.592	0.460
18	0.695	0.495	0.657	43	0.417	0.655	0.600
19	0.569	0.704	0.527	44	0.576	0.622	0.678
20	0.609	0.495	0.757	45	0.619	0.550	0.426
21	0.402	0.409	0.789	46	0.786	0.467	0.528
22	0.463	0.612	0.539	47	0.458	0.515	0.794
23	0.573	0.766	0.680	48	0.681	0.416	0.781
24	0.788	0.770	0.592	49	0.486	0.718	0.695
25	0.622	0.480	0.783	50	0.719	0.492	0.763

表 4-8　人工免疫模型的检测数据

序号	牵引速度	截割电流	截割温度	$D(z,s)$	评价结果
1	0.448	0.734	0.433	0.246	√
2	0.400	0.455	1.120	0.491	×
3	0.459	0.689	0.865	0.263	√
4	0.495	1.195	0.513	0.617	×
5	0.881	0.444	0.409	0.326	×
6	0.412	0.988	0.493	0.437	×
7	0.689	0.647	0.611	0.093	√
8	0.516	0.434	0.708	0.186	√
9	0.450	0.964	0.693	0.395	×
10	0.789	0.754	0.576	0.226	√

　　人工免疫模型的评价结果如表 4-8 所示，如 $D(z,s)>D_s$ 则认为被检个体不在自体空间内，属于失真数据。自体数据与检测数据的分布模型如图 4-11 所示，可以看出绝大部分数据处于自体空间内，个别失真数据超出了自体空间的范围与周围数据的距离较大。人工免疫模型准确识别出了这些失真数据，在表 4-8 中以叉号标识。

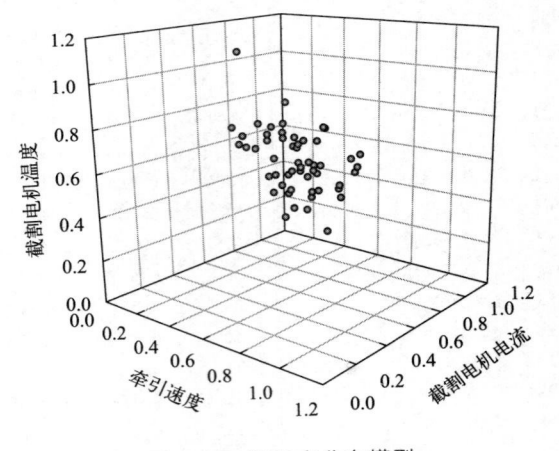

图 4-11　记忆点分布模型

思考题

1. 为什么采煤机机载 PLC 无法存储所有传感器数据？有哪些方法可

以解决这个存储问题？

2. 在设计采煤机记忆点时，有哪些因素需要综合考虑？这些因素对采煤机的性能和安全性有何影响？

3. 为什么在基于人工免疫算法的记忆点评价中选择了实数编码方式，而不是其他编码方式？有什么优势或适用性方面的考虑？

5

采煤机截割路径跟踪方法

5.1 现状分析

5.2 采煤机截割路径的跟踪目标

5.3 采煤机截割路径的跟踪策略

5.4 采煤机跟踪路径的评价方法

路径记忆过程中机载控制器完整地记录下了采煤机的截割路径，并以记忆点集合的形式存储下来。采煤机的截割路径跟踪则是依靠存储的离散记忆点控制采煤机自动完成截割工作，这就需要解决以下几个问题：跟踪目标的确立，跟踪策略的确定，跟踪评价标准的建立。控制系统首先根据所记忆的离散点规划出采煤机自动运行时的滚筒路径曲线；然后机载控制器根据轨迹跟踪策略、动作跟踪策略和状态跟踪策略去逼近跟踪目标；跟踪结束后利用灰色理论对跟踪效果进行评价，以判断出是否需要重新进行路径记忆。

5.1
现状分析

传统的记忆截割方法在每层地质条件发生变化时，如果无法自适应地调节原有参数，则容易导致截割滚筒截割到顶板岩石、夹矸或断层，从而造成采煤机截割部的损伤。此外，在中国，复杂的地理环境以及剧烈的煤层变化也使得传统记忆截割技术的实际应用前景不佳。因此，有国内学者尝试将灰色预测的概念引入记忆截割技术之中，取得了相较于传统方法更高的工作效率[34,35]。更进一步地，中国矿业大学的李威等[36,37]，提出了一种采用灰色马尔可夫组合模型的采煤机记忆截割算法，使采煤机记忆截割策略获得了更高的控制精度。浙江大学的张寅峰[38]设计了基于轨迹跟踪的采煤机自动调高系统，建立了 MATLAB 和 AMESim 环境下的联合仿真模型，并将采煤机行走速度、割煤载荷等作为外干扰因素，并对比了各控制算法的性能。中国矿业大学的潘健[39]提出了基于扩展截割路径和负载平衡的采煤机端头记忆截割方法，在煤层底板平整的综采工作面取得了良好的使用效果，但在底板不平的工作面执行精度欠佳。张丽丽等[40,41]分别将环形微粒群算法和遗传算法引入到采煤机截割记忆策略之中，使截割记忆路径在煤炭地质条件变化时仍旧平稳可靠。Gao 等[42]建立了简化的采煤机截割系统动态节点，并设计了自适应学习控制器应用于记忆截割之中，取得了轨迹跟踪上的精度提升。近年来，随着机器学习以及深度学习的兴起，更多相关算法被逐渐应用到记忆截割之中。周元华

等[43]将 RBF 神经网络引入记忆截割之中，对滚筒调高系统采用基于 RBF
神经网络的预测控制方法，在仿真实验之中取得了不错的效果。Fan 等[44]
使用广义回归神经网络（GRNN）来进行记忆截割之中小采样数据的预
测，取得了不错的精度以及泛化能力。郭卫等[45]基于 Elman 神经网络设
计了采煤机自动调高控制策略，取得了相较于传统的插值、拟合等控制策
略更高的判别精度以及更为平稳的跟踪路径。此外，模糊概念的引入也同
样是记忆截割跟踪策略之中的一个研究大方向。模糊 PID 算法[46]、模糊
神经网络[47]、模糊优化方法[48]等也被广泛应用于记忆截割轨迹跟踪策略
研究之中。

5.2
采煤机截割路径的跟踪目标

这里的"目标"是指路径跟踪时截割滚筒轨迹的期望值，在跟踪目标
的规划过程中暂不考虑记忆点中设备状态的相关信息。采煤机路径记忆后
得到的是一连串有序的离散点。如图 5-1 所示，其中圆点为常规记忆点，
五角星为关键记忆点，三角形为特殊记忆点。如何由这些离散点生成采煤
机的截割路径跟踪轨迹以指导采煤机的自动运行就属于插值算法的范畴
了。为简化问题本书以一段凹字型路径为例，对各种插值算法进行分析和
比较，路径信息如表 5-1 所示。

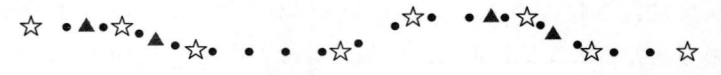

图 5-1　截割路径的记忆点

表 5-1　记忆点示例数据

序号	机身位移/cm	滚筒高度/cm
1	0	100
2	250	100
3	500	100
4	750	90
5	1000	80

序号	机身位移/cm	滚筒高度/cm
6	1250	80
7	1500	80
8	1750	90
9	2000	100
10	2250	100
11	2500	100

表 5-1 中包含了摇臂的静止、下降、静止、上升、静止这几个动作。其中 1、3、5、7、9、11 点为关键记忆点，记录了开机、停机、摇臂升降数据；2、4、6、8 点为常规记忆点，为方便演示本示例中常规记忆点并未相隔 1m 采集。

5.2.1 基于多项式插值的跟踪目标

从计算复杂度而言插值方法分为多项式插值和样条曲线插值。多项式插值相对简单，设总共有 $n+1$ 个节点，第 i 个点的数值为 (x_i, y_i)，则插值函数 $P_n(x)$ 的表达式为：

$$P_n(x) = a_0 + a_1 x + a_2 x^2 + \cdots + a_n x^n \tag{5-1}$$

式中有 $n+1$ 项，设 $j \in [0, n]$，则 x 的 j 次方系数用 a_j 表示。此时插值问题转变为求 n 次多项式 $P_n(x)$，满足下列插值条件：

$$P_n(x_i) = y_i \tag{5-2}$$

此时只要求出 $P_n(x)$ 的各项系数 a_j 即可，由式（5-2）可知 $P_n(x)$ 的各项系数满足以下 $n+1$ 个式子组成的矩阵方程组：

$$\begin{bmatrix} a_0 & a_1 & \cdots & a_n \\ a_0 & a_1 & \cdots & a_n \\ a_0 & a_1 & \cdots & a_n \\ \vdots & \vdots & \vdots & \vdots \\ a_0 & a_1 & \cdots & a_n \end{bmatrix} \begin{bmatrix} x_0^0 & x_1^0 & x_2^0 & \cdots & x_n^0 \\ x_0^1 & x_1^1 & x_2^1 & \cdots & x_n^1 \\ \vdots & \vdots & \vdots & \vdots & \vdots \\ x_0^n & x_1^n & x_2^n & \cdots & x_n^n \end{bmatrix} = \begin{bmatrix} y_0 \\ y_1 \\ y_2 \\ \vdots \\ y_n \end{bmatrix} \tag{5-3}$$

而 a_j 的系数行列式为 Vandermonde 行列式

$$V(\boldsymbol{X}_0,\boldsymbol{X}_1,\cdots,\boldsymbol{X}_n)=\begin{vmatrix} 1 & \boldsymbol{X}_0 & \boldsymbol{X}_0^2 & \cdots & \boldsymbol{X}_0^n \\ 1 & \boldsymbol{X}_1 & \boldsymbol{X}_1^2 & \cdots & \boldsymbol{X}_1^n \\ \vdots & \vdots & \vdots & \vdots & \vdots \\ 1 & \boldsymbol{X}_n & \boldsymbol{X}_n^2 & \cdots & \boldsymbol{X}_n^n \end{vmatrix}^{\mathrm{T}}$$

$$=\prod_{i=1}^{n}\prod_{j=0}^{i-1}(x_i-x_j) \tag{5-4}$$

因为 x_i 互异，所以式（5-4）右端不等于 0，因此方程组（5-3）的解即插值方程的各项系数 a_j 存在且唯一。于是可以唯一确定多项式插值方程 $P_n(x)$ 的表达式。多项式插值虽然计算简便，但当阶数 n 过高时极容易出现"龙格现象"而使得截割路径不稳定[54]；另外如果系统增加一个节点，则整个方程需要重新计算从而降低了计算的灵活性。图 5-2 所示为基于多项式插值的跟踪路径，图中圆点为路径记忆点，直线代表所记忆的截割路径，点画线为 10 次多项式插值得到的跟踪路径。可以看出插值函数在两端处的曲线呈现出剧烈的波动性，从而造成较大的误差，因此采用多项式插值不能满足系统对精度和稳定性的要求。

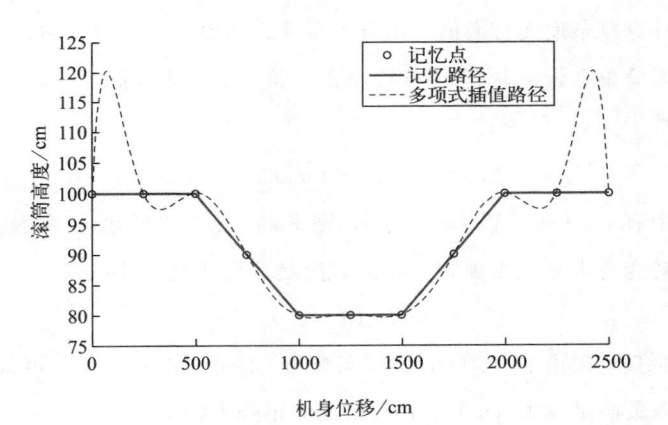

图 5-2　基于多项式插值的跟踪路径

5.2.2　基于样条曲线插值的跟踪目标

样条曲线插值能够得到与多项式插值相似的平滑曲线，并且不会存在高阶多项式插值时出现的"龙格现象"；低阶的样条插值具有"保凸"的特性[55]，能够保证路径曲线在各节点处的速度为零，加速度也为零，从而提高系统运动的平稳性。本书以三次样条曲线为例进行分析，设有 $n+1$ 个节点，第 i 个点的数值为 (x_i, y_i)，且 $a = x_0 < x_1 < \cdots < x_{n-1} < x_n = b$，则区间 $[a, b]$ 上的三次样条曲线 $S(x)$ 应满足如下条件：

① 在小区间 $[x_i, x_{i+1}](i=0,1,\cdots,n-1)$ 内 $S(x)$ 是一个三次多项式；

② $S(x)$ 在整个区间 $[a, b]$ 上二阶连续可导，即在每个节点 x_i 处有：

$$\begin{cases} S(x_i-0)=S(x_i+0) \\ S'(x_i-0)=S'(x_i+0) \quad (i=1,2,\cdots,n-1) \\ S''(x_i-0)=S''(x_i+0) \end{cases} \tag{5-5}$$

③ 在每个点 (x_i, y_i) 处均有：

$$S(x_i)=y_i \quad (i=0,1,\cdots,n) \tag{5-6}$$

由以上定义可知，$S(x)$ 是一个分段的三次多项式，在每个区间 $[x_i, x_{i+1}]$ 内要求出对应的多项式 $S_i(x)$ 都需要确定 4 个待定系数即：

$$S_i(x)=a_{i0}+a_{i1}x+a_{i2}x^2+a_{i3}x^3 \tag{5-7}$$

其中 a_{i0}，a_{i1}，a_{i2}，a_{i3} 为子区间 $[x_i, x_{i+1}]$ 上的 4 个待定系数，由于共有 n 个子区间，因此要确定整个区间 $[a, b]$ 上的三次样条插值曲线 $S(x)$ 需要确定 $4n$ 个待定系数。式(5-5) 可以得到 $3n-3$ 个方程，由式(5-6) 可以得到 $n+1$ 个方程，共计 $4n-2$ 个方程，还需要 2 个方程才能解出 $4n$ 个待定系数。通常在区间两端点 $x_0=a$ 和 $x_n=b$ 上各添加一个边界条件对三次样条插值曲线 $S(x)$ 进行求解，常用的边界条件有以下三种：

① 两端点一阶导数的值已知，则可得方程：

$$\begin{cases} S'(x_0)=f'(x_0) \\ S'(x_n)=f'(x_n) \end{cases} \tag{5-8}$$

② 两端点二阶导数的值已知，则可得方程：

$$\begin{cases} S''(x_0)=f''(x_0) \\ S''(x_n)=f''(x_n) \end{cases} \tag{5-9}$$

③ 两端点的一阶导数、二阶导数分别相等，则可得方程：

$$\begin{cases} S'(x_0)=S'(x_n) \\ S''(x_0)=S''(x_n) \end{cases} \tag{5-10}$$

　　因此由以上两个边界条件方程，再根据式(5-5) 和式(5-6) 便可组成 $4n$ 个方程，从而求出三次样条插值曲线 $S(x)$ 的 $4n$ 个待定系数。

　　基于三次样条插值的跟踪路径如图 5-3 所示，从图中可以看出三次样条插值在两端点处波动平稳，并未出现龙格现象，与记忆路径的匹配程度也比较好。但问题在于虽然三次插值路径在节点处的速度和加速度均为零，但在相邻节点间的插值路径却变化过大，这就使得采煤机在路径跟踪过程中要不断地调节摇臂高度，这在某种程度上失去了自适应截割的意义即：尽可能少地调节滚筒高度，而以改变机身牵引速度作为调节的首选。因此样条插值法不满足系统对滚筒高度平稳性的要求。

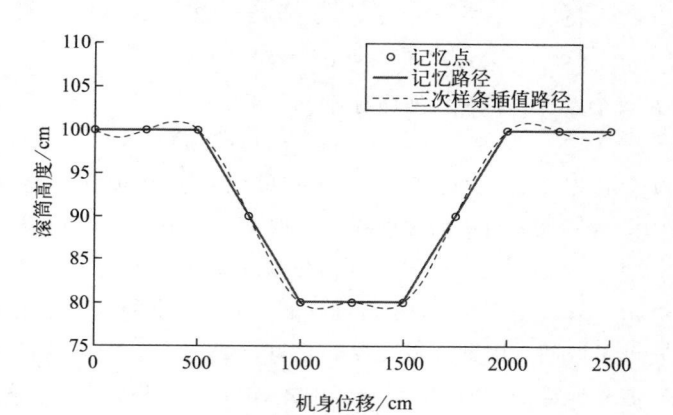

图 5-3　基于三次样条插值的跟踪路径

5.2.3　基于误差带的跟踪目标

　　由以上分析可知，虽然多项式插值和样条插值算法能够将记忆点连接起来并得到平滑的过渡曲线[56]，但却需频繁调节滚筒高度从而增加了路径跟踪的控制难度，并且失去了自适应截割的意义。因此本书提出基于误差带的跟踪目标，不再把跟踪目标固定为某条具体的路径，而是使用路径跟踪所允许的误差上边界和误差下边界所组成的带状区域作为采煤机路径跟踪的目标。基于误差带的跟踪路径如图 5-4 所示，该误差带由每个记忆点所允许的最大上偏差和最大下偏差的连线组成，其中误差上边界用点画线表示，误差下边界用虚线表示。采煤机在路径跟踪过程中，只要截割滚筒位置在该误差带内均视为正常状态。需要注意的是上边界和下边界的具体值需要根据采面具体情况以及开采工艺要求而定。

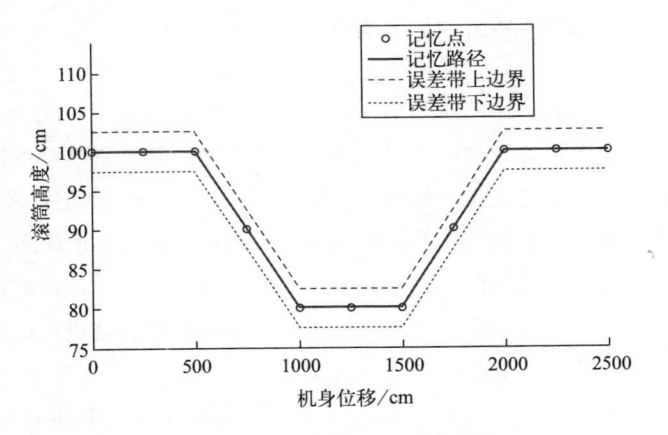

图 5-4　基于误差带的跟踪路径

5.3
采煤机截割路径的跟踪策略

采煤机的路径跟踪包括：轨迹跟踪、动作跟踪和状态修正，如图 5-5 所示。轨迹跟踪就是保证采煤机的运行轨迹在允许的误差带范围以内；动作跟踪就是在所记忆的关键记忆点处触发相应的控制命令；状态修正就是确保采煤机机载设备运行在正常状态，以消除路径记忆时的特殊记忆点。其中轨迹跟踪利用了记忆点集中的常规记忆点和关键记忆点作为跟踪依据；动作跟踪使用关键记忆点中所记忆的控制命令来指挥采煤机运行；状态修正则提取特殊记忆点数据进行分析处理。下面将分别对这三种

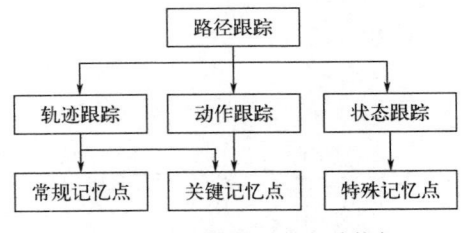

图 5-5　截割路径跟踪总体构架

跟踪策略进行阐述。

5.3.1　截割路径的轨迹跟踪策略

　　截割路径的轨迹跟踪就是要保证采煤机的运动轨迹处于图 5-4 所示的误差带内，属于位置定位和姿态定位的范畴，为此需要用到常规记忆点和关键记忆点中的位置信息数据和姿态信息数据。轨迹跟踪的控制对象是调高油缸的位移量，因此需要在路径跟踪前根据刮板输送机的倾角，计算出每个常规记忆点和关键记忆点处调高油缸的位移量；在路径跟踪过程中机载控制器要实时计算当前的滚筒高度，如果滚筒高度超过跟踪误差带所允许的范围，则及时对油缸位移进行调整。

　　由以上分析可知，轨迹跟踪的关键是根据采煤机的机身位置信息和路径跟踪目标计算出调高油缸的位移量，采煤机调高机构图 5-6 所示，其中坐标（x_0，y_0）的点 o 为机身的特征点，坐标（x_1，y_1）的点 1 为摇臂与机身的连接铰接点，坐标（x_2，y_2）的点 2 为调高油缸与机身的铰接点，坐标（x_3，y_3）的点 3 为调高油缸伸缩杆与摇臂的铰接点，坐标（x_4，y_4）的点 4 为滚筒旋转中心点，其中 o 点、1 点和 2 点均为机身上的固定点，则点 2、3 间的距离 D_{23} 即为油缸的位移量。求油缸位移量的过程实质上是第 3 章机身姿态定位的反求过程。由采煤机跟踪目标可以确定滚筒旋转中心点 4 的坐标（x_4，y_4），已知点 3、4 间距离固定为 D_{34}，点 1、3 间距离固定为 D_{13}，则由方程组式(5-11) 便可求出点 3 坐标（x_3，y_3）：

$$\begin{cases} \sqrt{(x_3-x_4)^2+(y_3-y_4)^2}=D_{34} \\ \sqrt{(x_3-x_1)^2+(y_3-y_1)^2}=D_{13} \end{cases} \tag{5-11}$$

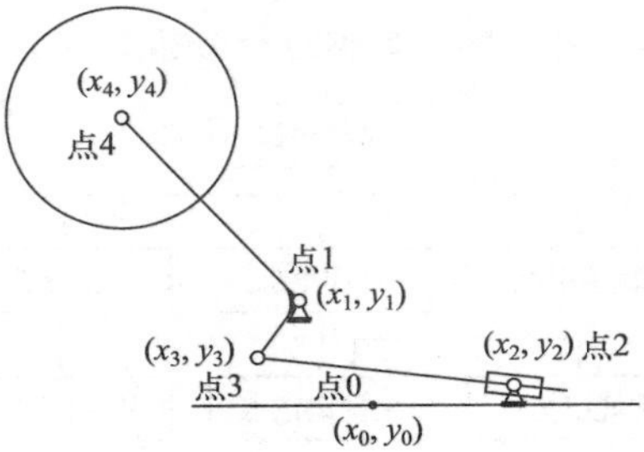

图 5-6　采煤机调高机构

点 3 坐标确定后，又已知点 2 坐标 $(x_2，y_2)$，便可以由式(5-12)求出调高油缸的位移量 D_{23}：

$$D_{23}=\sqrt{(x_2-x_3)^2+(y_2-y_3)^2} \tag{5-12}$$

因此在采煤机路径跟踪前，便可以根据已知的采面倾角信息和跟踪目标曲线，求出采煤机在每个常规记忆点和关键记忆点处的油缸位移量，并生成油缸位移量列表存储于机载控制器中；在采煤机路径跟踪过程中，机载控制器根据姿态定位公式实时计算滚筒当前高度，如果超出跟踪目标的误差带范围则根据式(5-11)与式(5-12)求出调高油缸的调整值，将采煤机的跟踪轨迹控制在误差带范围内。以图 5-1 为例的截割路径跟踪目标所生成的油缸位移量列表如表 5-2 所示。

表 5-2 油缸位移量列表

轨迹点序号	跟踪点类型	机身位移/m	滚筒高度/m	油缸位移/mm
1	关键记忆点	0	2	550
2	常规记忆点	13	2	550
3	常规记忆点	26	2	550
4	关键记忆点	32	2	550
5	常规记忆点	39	1.75	412
6	常规记忆点	52	1.28	167
7	关键记忆点	58	1.08	70
8	常规记忆点	65	1.08	70
9	常规记忆点	78	1.08	70
10	常规记忆点	91	1.08	70
11	常规记忆点	104	1.08	70
12	关键记忆点	110	1.08	70
13	常规记忆点	117	1.48	268
14	常规记忆点	130	2.15	647
15	关键记忆点	136	2.38	825
16	常规记忆点	143	2.38	825
17	常规记忆点	156	2.38	825
18	常规记忆点	169	2.38	825
19	关键记忆点	177	2.38	825
20	常规记忆点	182	1.96	527
21	常规记忆点	195	1.22	177
22	关键记忆点	200	1.07	21
23	常规记忆点	208	1.07	21
24	常规记忆点	221	1.07	21
25	关键记忆点	234	1.07	21

5.3.2　截割路径的动作跟踪策略

截割路径的动作跟踪主要根据关键记忆点中的控制信息与机身位移信息，生成动作列表存储于机载控制器中，在路径跟踪过程中控制采煤机在每个关键记忆点处触发相应的控制命令包括采煤机的启动、停止；左右摇臂的上升、下降；牵引电机的加速、减速。需要指出的是动作跟踪过程中所规划的动作列表未考虑特殊记忆点的因素，并不是最终的输出结果，还需要在状态修正过程中对其进行必要的修正，因此称为"初始动作列表"。由图 5-1 所示的记忆点生成的初始动作见表 5-3。

表 5-3　初始动作列表

动作点序号	机身位移/m	动作类型
1	0	左牵
2	32	按下左降
3	58	松开左降
4	110	按下左升
5	136	松开左升
6	177	按下左降
7	200	松开左降
8	234	牵停

5.3.3　截割路径的状态修正策略

截割路径的状态修正是对初始动作列表的修正过程，所依据的是记忆点集中的特殊记忆点信息，目的是消除记忆过程中的设备异常状态。由前文的论述可知，特殊记忆点记录了设备异常状态的发生点和结束点，而且一般情况下成对出现，即在某一点出现了设备状态异常，然后操作人员通过调节滚筒高度或牵引速度使设备状态恢复了正常。因此，查询一对特殊记忆点之间的控制命令，便可得知摆脱设备异常状态的方法。既然知道了解决异常状态的方法，那么就可以使用该方法避免异常状态的发生，只需将对应的采煤机控制关键记忆点移至异常状态发生的特殊记忆点处即可，而后移除这对特殊记忆点。状态修正的流程如图 5-7 所示。

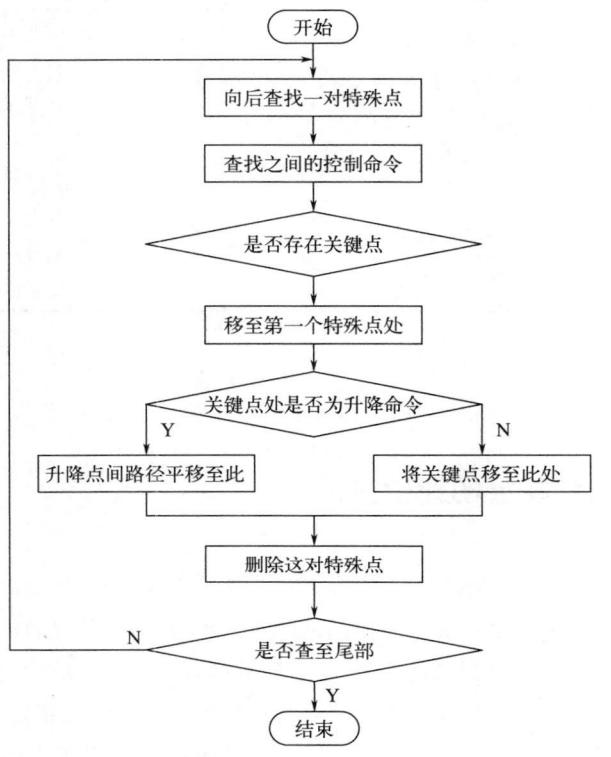

图 5-7　截割路径状态修正流程

另外，如果一对特殊记忆点间的控制命令为摇臂升降命令，则还需要将升降结束点与新增的升降起始点间的所有点向后平移，平移距离与新增关键记忆点的平移距离相同。状态修正前后的路径对比如图 5-8 所示，实线部分为修正前路径，虚线部分为修正后路径，可以看出特殊记忆点之间的记忆点整体向左进行了平移，状态修正后的最终动作见表 5-4。

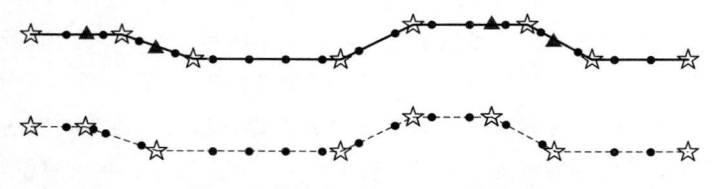

图 5-8　状态修正前后的路径对比

表 5-4　最终动作列表

动作点序号	机身位移/m	动作类型
1	0	左牵
2	20	按下左降
3	46	松开左降
4	110	按下左升
5	136	松开左升
6	163	按下左降
7	186	松开左降
8	234	牵停

5.4
采煤机跟踪路径的评价方法

工作面的煤层分布并非一成不变，当顶底板发生较大变化时原先的记忆路径就不再适用了，需要对截割路径重新示教、记忆、跟踪。这就需要将跟踪路径与记忆路径进行比对，对路径跟踪的匹配程度进行评价。因此本书采用灰色理论构建路径跟踪效果的评价模型，对实际跟踪路径进行分析处理，得出路径关联度的评价值，以利于操作人员及时对记忆路径做出调整。

5.4.1　灰色关联度分析

灰色关联度分析（Gray Relation Analysis）作为灰色系统理论（Gray System Theory）的重要组成部分，最早由我国的邓聚龙教授于 1982 年提出。灰色系统理论将客观事物分为三大系统：系统信息完全已知的白色系统；系统信息完全缺失的黑色系统；以及介于两者之间的信息部分已知部分未知的灰色系统[57,58]。灰色系统理论认为"白色"是相对的，只有"灰色"才是绝对的，客观事物错综复杂的表象背后隐藏着内部必然的联系。因此灰色系统理论通过关联分析、灰色生成、灰色聚类、灰色建模等方法寻找事物本质上的规律。灰色关联度是灰色系统中对随机数据进行分析处理的理论基础，用于衡量各种因素间的影响程度，采用的是各个曲线间几何形状的相似程度比较，即曲线形状越接近关联度越大[59]。下面介绍一下灰色关联分析的几个重要概念。

（1）因子空间

在灰色系统内部充满了影响其发展的因素，但这些因素对于系统的影响程度各有不同，可以通过定性的分析将影响程度较大的因素提取出来，从而组成该灰色系统的因子空间[60,61]。在对这些因子进行分析前需要将其数据进行规范化处理，包括等权化、等极性化和等测度化。

① 等权化是指各数据在数值上应差异不大，如果数值上相差太大则数值小的数据在处理时很容易被大数据所掩盖[62]。在灰色系统中等权化的方法包括：初值法、均值法、最大法、最小法等。即将所有数据除以一个数值，得到无量纲的归一化序列，其中初值法除以的是第一个数据；均值法除以的是数据的均值；最大值法除以的是数据的最大值；最小值法除以的是数据的最小值，其他方法以此类推。

② 等极化是将因子空间中对系统主行为有积极影响的因子保留下来，而去除消极因子，以保持因子对系统作用的一致性[63-65]。

③ 等测度化就是对数据序列进行处理使其能够在各自所需的水平上发生趋势变化[66-68]。各个数据序列中数据变化所对应的意义各异，也就是所谓的测度不同了。

设因子的全体为 F，等权化、等极化、等测度化的变化为 M_1、M_2、M_3，变换的全体记为 M，且 M_s 为 M 的子集，即 $M = \{M_1, M_2, M_3\}$，$M_s \subseteq M$，则称（F，M）为因子空间。

（2）距离空间

设存在三点 x、y、z，其中两点间的距离用实数 ρ 表示，x、y 间距离记为 $\rho(x,y)$，x、z 间距离记为 $\rho(x,z)$，y、z 间距离记为 $\rho(y,z)$，则距离 ρ 应满足下面三个公理：

① $\rho(x,y) \geq 0$，$\rho(x,y) = 0 \Leftrightarrow x = y$

② $\rho(x,y) = \rho(y,x)$

③ $\rho(x,z) \leq \rho(x,y) + \rho(y,z)$

设全体点的序列集合为 X，则（X，ρ）记为距离空间，若 X 中存在以下两点，用序列表示为 $x_1 = [x_1(1), x_1(2), \cdots, x_1(n)]$、$x_2 = [x_2(1), x_2(2), \cdots, x_2(n)]$，其中 n 为每个序列中数据的个数，则 $\Delta x(i) = |x_1(i) -$

$x_2(i)|$，$i \in n$ 为点 x_1、x_2 在第 i 个坐标上距离的表达式。在灰色关联分析中，所分析的因子必须既具有因子空间的性质又具有距离空间的性质[69,70]，因而灰色关联分析中的 x 点必定处于这两个空间的交集中，即 $x \in (F, M_s) \bigcap (X, \rho)$，这两个空间的交集称为赋距离因子空间。

（3）灰关联空间

设赋距离因子空间内的点 x 的全体为 X，其中 x_0，x_i 为 X 的元素，x_0，x_i 的第 k 个点用 $x_0(k)$，$x_i(k)$ 表示，则 x_i 相对于 x_0 在 k 点处的灰色关联系数 $\gamma[x_0(k), x_i(k)]$ 应满足以下四个公理：

① 规范性

$$\gamma[x_0(k), x_i(k)] \in [0, 1]$$

$$\gamma[x_0(k), x_i(k)] = 1 \Leftrightarrow x_0(k) = x_i(k)$$

$$\gamma[x_0(k), x_i(k)] = 0 \Leftrightarrow x_0 \in \emptyset$$

② 对偶性

$$\gamma[x_0(k), x_i(k)] = \gamma[x_i(k), x_0(k)], x_0, x_i \in X \Leftrightarrow X = \{x_\sigma | \sigma = 0, i\}$$

③ 整体性

$$\gamma[x_j(k), x_i(k)] \overset{always}{\neq} \gamma[x_j(k), x_i(k)], x_i, x_j \in X \Leftrightarrow \{x_\sigma | \sigma = 0, 1, \cdots, m\}$$

$(m > 2)$

④ 接近性

$\gamma[x_0(k), x_i(k)]$ 随 $\Delta(k)$ 增大而减小。

x_0、x_i 分别为参考序列和比较序列，则实数 γ_{0i}（也可记为 γ_i）称为 x_i 对 x_0 的灰关联度：

$$\gamma_{0i} = \gamma(x_0, x_i) = \frac{\sum\limits_{k=1}^{n} \gamma[x_0(k), x_i(k)]}{n} \tag{5-13}$$

其中 $\gamma[x_0(k), x_i(k)]$ 为点关联度，设 Γ 为 γ 的全体，则 (X, Γ) 称之为灰关联空间。

5.4.2 基于灰色关联度的路径跟踪评价模型

由以上介绍可以看出，灰色关联分析实际上就是将参考数据序列与比较数据序列均视为空间内的曲线，对其进行关联分析也就是评价两条曲线的匹配程度，曲线越接近则关联度越大，曲线差别越大则关联度越小。因此可以使用灰色关联分析方法对采煤机的路径跟踪效果进行评价，将跟踪路径与记忆路径进行比对，并将比对结果量化为灰色关联度。通过该数值的大小判断跟踪路径与记忆路径的差别程度，如果两路径差异过大则说明煤岩分布发生了较大的变化，必须重新对采煤机进行人工示教和路径记忆。

（1）灰色关联分析模型

设参考序列为 x_0，比较序列为 $x_i(i \in m, m \geqslant 1)$，每个序列包含 n（$n \geqslant 1$）个数据，如下所示：

$$x_0 = [x_0(1), x_0(2), x_0(3), \cdots, x_0(n)]$$
$$x_1 = [x_1(1), x_1(2), x_1(3), \cdots, x_1(n)]$$
$$x_2 = [x_2(1), x_2(2), x_2(3), \cdots, x_2(n)]$$
$$x_3 = [x_3(1), x_3(2), x_3(3), \cdots, x_3(n)]$$
$$\cdots\cdots$$
$$x_m = [x_m(1), x_m(2), x_m(3), \cdots, x_m(n)]$$

则在 k 点曲线 x_i 相对于曲线 x_0 的点关联度系数 $\zeta_i(k)$ 的计算公式为：

$$\zeta_i(k) = \gamma[x_0(k), x_i(k)]$$
$$= \frac{\min\limits_{i \in m}\min\limits_{k \in n}|x_0(k) - x_i(k)| + \xi \max\limits_{i \in m}\max\limits_{k \in n}|x_0(k) - x_i(k)|}{|x_0(k) - x_i(k)| + \xi \max\limits_{i \in m}\max\limits_{k \in n}|x_0(k) - x_i(k)|} \tag{5-14}$$

其中 $\xi \in (0,1)$ 为分辨率系数，一般情况取 0.5。$\min\limits_{i \in m}\min\limits_{k \in n}|x_0(k) - x_i(k)|$ 为两级最小差：第一极最小差 $\Delta_i(\min) = \min\limits_{k \in n}|x_0(k) - x_i(k)|$ 是在 k 个绝对差 $|x_0(k) - x_i(k)|$ 中选取数值最小者；第二极最小差 $\Delta(\min) = \min\limits_{i \in m}[\Delta_i(\min)]$ 是在 i 个 $\Delta_i(\min)$ 中选取最小者。同理 $\max\limits_{i \in m}\max\limits_{k \in n}|x_0(k) - x_i(k)|$ 中第一极最大差 $\Delta_i(\max) = \max\limits_{k \in n}|x_0(k) - x_i(k)|$ 是在 k 个绝对差 $|x_0(k) - x_i(k)|$ 中选取数值最大者；$\Delta(\max) = \max\limits_{i \in m}(\Delta_i(\max))$ 为第二极最大差，是在 i 个 $\Delta_i(\max)$ 中选取最大者。

根据式(5-14)，再结合以上关于灰色关联空间的论述，便可得到最终的灰色关联度公式：

$$\gamma_{0i} = \gamma(x_0, x_i) = \frac{1}{n}\sum_{k=1}^{n}\gamma[x_0(k), x_i(k)]$$
$$= \frac{1}{n}\sum_{k=1}^{n}\zeta_i(k) \tag{5-15}$$

（2）路径跟踪评价模型

在采煤机路径跟踪评价模型中，参考序列为记忆路径中的滚筒高度曲线；比较序列为路径跟踪过程中对应点处采集到的滚筒高度曲线。以图 5-1 所示的记忆路径为例进行路径跟踪，得到接下来连续 4 条模拟跟踪路径，其路径数据如表 5-5 所示，路径的三维曲线如图 5-9 所示，下面以此数据为基础对灰色关联度评价模型进行验证。

表 5-5　路径跟踪模拟数据

机身位移 /m	滚筒高度/m				
	记忆高度 x_0	跟踪高度 x_1	跟踪高度 x_2	跟踪高度 x_3	跟踪高度 x_4
0	2.00	2.00	2.00	1.95	1.90
13	2.00	2.00	1.95	1.90	1.85
26	2.00	2.00	1.90	1.90	1.80
32	2.00	2.00	1.85	1.85	1.80
39	1.75	1.85	1.80	1.70	1.75
52	1.28	1.38	1.48	1.58	1.62
58	1.08	1.18	1.28	1.38	1.48
65	1.08	1.18	1.28	1.28	1.48
78	1.08	1.18	1.28	1.28	1.48
91	1.08	1.18	1.28	1.28	1.38
104	1.08	1.18	1.28	1.38	1.38
110	1.08	1.18	1.28	1.48	1.48
117	1.48	1.38	1.58	1.68	1.58
130	2.15	2.05	1.85	1.75	1.65
136	2.38	2.18	1.98	1.88	1.78
143	2.38	2.18	2.08	1.88	1.78
156	2.38	2.18	2.08	1.98	1.88
169	2.38	2.18	1.98	1.98	1.88
177	2.38	2.18	1.88	1.98	1.98
182	1.96	2.06	1.76	1.86	1.96
195	1.22	1.52	1.62	1.72	1.82
200	1.07	1.37	1.57	1.72	1.72
208	1.07	1.37	1.57	1.72	1.72
221	1.07	1.37	1.57	1.87	1.80
234	1.07	1.37	1.57	1.87	1.80

第一步，求跟踪路径序列 x_1、x_2、x_3、x_4 与记忆路径序列 x_0 间的差序列 Δ_1、Δ_2、Δ_3、Δ_4，所得到数据见表 5-6。

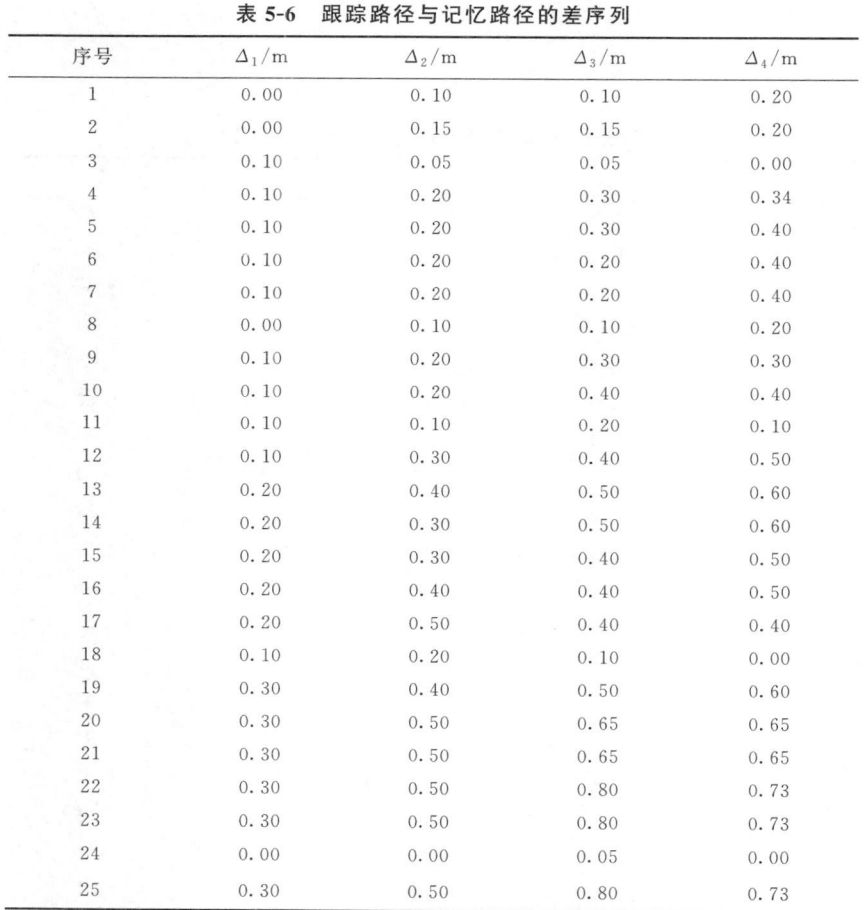

图 5-9　路径跟踪模拟三维曲线

表 5-6　跟踪路径与记忆路径的差序列

序号	Δ_1/m	Δ_2/m	Δ_3/m	Δ_4/m
1	0.00	0.10	0.10	0.20
2	0.00	0.15	0.15	0.20
3	0.10	0.05	0.05	0.00
4	0.10	0.20	0.30	0.34
5	0.10	0.20	0.30	0.40
6	0.10	0.20	0.20	0.40
7	0.10	0.20	0.20	0.40
8	0.00	0.10	0.10	0.20
9	0.10	0.20	0.30	0.30
10	0.10	0.20	0.40	0.40
11	0.10	0.10	0.20	0.10
12	0.10	0.30	0.40	0.50
13	0.20	0.40	0.50	0.60
14	0.20	0.30	0.50	0.60
15	0.20	0.30	0.40	0.50
16	0.20	0.40	0.40	0.50
17	0.20	0.50	0.40	0.40
18	0.10	0.20	0.10	0.00
19	0.30	0.40	0.50	0.60
20	0.30	0.50	0.65	0.65
21	0.30	0.50	0.65	0.65
22	0.30	0.50	0.80	0.73
23	0.30	0.50	0.80	0.73
24	0.00	0.00	0.05	0.00
25	0.30	0.50	0.80	0.73

第二步，求两极最大差和两极最小差。

$\Delta_1(\max) = \max|x_0(k) - x_1(k)| = 0.30$，同理 $\Delta_2(\max) = 0.50$，$\Delta_3(\max) = 0.80$，$\Delta_4(\max) = 0.73$；因此在一级最大基础上再求最大值得二级最大 $\Delta(\max) = 0.80$。

$\Delta_1(\min) = \min|x_0(k) - x_1(k)| = 0.00$，同理 $\Delta_2(\min) = 0.00$，$\Delta_3(\min) = 0.05$，$\Delta_4(\min) = 0.00$；因此在一级最小基础上再求最小值得二级最小 $\Delta(\min) = 0.00$。

第三步，计算关联系数。

已知 $\max\limits_{i \in m} \max\limits_{k \in n}|x_0(k) - x_i(k)| = 0.80$，$\min\limits_{i \in m} \min\limits_{k \in n}|x_0(k) - x_i(k)| = 0.00$，$\xi$ 取 0.5，则由式(5-14)可得关联系数的计算公式如下，具体数据见表5-7。

$$\zeta_i(k) = \frac{0.40}{\Delta_i(k) + 0.40}$$

表 5-7 跟踪路径与记忆路径的关联系数

序号	ζ_1	ζ_2	ζ_3	ζ_4
1	1.00	1.00	0.80	0.67
2	1.00	0.89	0.73	0.67
3	1.00	0.80	0.89	1.00
4	1.00	0.73	0.57	0.54
5	0.80	0.89	0.57	0.50
6	0.80	0.67	0.67	0.50
7	0.80	0.67	0.67	0.50
8	0.80	0.67	0.80	0.67
9	0.80	0.67	0.57	0.57
10	1.00	0.80	0.50	0.50
11	0.80	0.67	0.67	0.80
12	0.80	0.67	0.50	0.44
13	0.80	0.80	0.44	0.40
14	0.80	0.57	0.44	0.40
15	0.67	0.50	0.50	0.44
16	0.67	0.57	0.50	0.44
17	0.67	0.57	0.50	0.50
18	0.67	0.50	0.80	1.00
19	0.67	0.44	0.44	0.40

序号	ζ_1	ζ_2	ζ_3	ζ_4
20	0.80	0.67	0.38	0.38
21	0.57	0.50	0.38	0.38
22	0.57	0.44	0.33	0.35
23	0.57	0.44	0.33	0.35
24	0.57	0.44	0.80	0.67
25	0.57	0.44	0.73	0.67

第四步，计算关联度。

根据式(5-15)计算各点关联系数的平均值，便可以得到最终的关联度数据，如表5-8所示。可以看出4条跟踪路径与记忆路径的灰色关联度数值依次减小，说明截割路径与记忆路径的差异性越来越大，这与图5-9的观测结果相同，当关联度小于系统设定的阈值时则认为所记忆的路径已不再适用，此时需要对采煤机重新进行路径记忆。

表 5-8　跟踪路径与记忆路径的灰色关联度

γ_{01}	γ_{02}	γ_{03}	γ_{04}
0.77	0.64	0.59	0.56

思考题

1. 目前采煤机截割路径跟踪目标的方式有哪几种？其主要作用是什么？
2. 目前国内学者针对采煤机的路径跟踪有哪些研究手段？请试着总结一下。
3. 采用基于样条曲线的插值来跟踪目标有什么优势？

6

采煤机截割负载动态分析方法

6.1 现状分析

6.2 采煤机截割负载特性
分析

6.3 采煤机截割电流特性
分析

6.4 基于电流谱的采煤机截
割负载分析

6.5 基于CPSO-SVM的采
煤机截割负载识别方法

采煤机在跟踪截割路径时，如果其上装载的检测设备发现整个系统状态出现异常，那么将会启动自适应模块来控制采煤机调整截割的状态，从而使系统状态恢复正常。自适应控制的触发条件不是采煤机是否截割到岩石，而是其截割负载的大小。自适应控制算法可以通过检测采煤机截割负载的大小来及时地改变牵引的速度和油缸的位置，从而使截割负载始终保持在一定的安全范围内。因此，研究针对截割负载的实时检测方法十分必要。

6.1
现状分析

通过一些方法来精准地获悉采煤机运转时截割负载的瞬时情况，是预防采煤机的机械部件和电子零件受到损伤以及实现自适应控制采煤机截割状态的重要前提。过去，许多国内外的专家在如何快速准确地检测截割负载方面做了大量的研究和测试，方法主要分为两类，一类是截齿部位的应力分析，另一类则是摇臂油缸的受力分析。关于截齿部位的应力分析，在国际上，20 世纪 80 年代，一些英国学者分析了截齿所受的应力情况，并研究了相关的滚筒调高系统（Pickforce Steering System）。在此基础上，来自巴斯大学的伊索尔对滚筒调高系统进行了实际测试，证明了此类系统有着一定的实用价值[71-73]。接着，美国矿业局改进了截齿的应力分析方法，使用自适应识别算法来处理和分析截齿的相关应力数据，提升了方法的准确性[74-78]。然而，因为截齿的强度达不到标准，且截齿应力的数据传输速度不够等问题，这类系统仍然处在研究阶段，无法投入到实际的工业生产中。而在国内，基于人造煤壁，陈延康教授分析了采煤机工作时截齿的应力变化，提出了一些理论和方法。关于摇臂油缸的受力分析，考虑到截割负载的变化会引起摇臂油缸内液体压力的变化，雷玉勇教授设计了一种通过油缸压力来检测截割负载的方法。但是，当摇臂安装在油缸的不同位置时，即使截割负载相同，油缸的压力仍会有显著的差距，这就对摇臂的安装位置有着严格的要求。因此，上述方法基本上处于理论研究及实验室试验阶段。本书在利用截割电机电流谱的基础上，提出了一种新型的截割负载检测方法。这种方法对采煤机的机械结构没有任何要求，仅仅需要对通过截割电机的电流做分析，大大简化了分析的复杂度。此外，与力传感器相比，检测电流的传感器受机械振动以及其他一些外部干扰的影响比较小，在一定程度上增强了整个系统的抗干扰性。

6.2
采煤机截割负载特性分析

6.2.1 截割部传动系统的负载分析

采煤机截割部传动系统由交流异步电机、联轴器、轴承和传动齿轮组成，图 6-1 是它的示意图。从图中可以看出，为了增大截割力矩，传动系统采用了两极行星减速机构。而除截割负载以外，系统中还存在着电机惯量、传动齿轮惯量、载荷惯量等惯性负载和轴承摩擦力负载、反向电磁力负载等摩擦力负载。因此可得如下方程：

$$T_e = J\frac{\mathrm{d}\omega}{\mathrm{d}t} + T_f + T_c \tag{6-1}$$

式中，T_e 为截割电机的电磁转矩；J 为系统总体惯量；ω 为电机角速度；T_f 为系统摩擦力矩；T_c 为截割负载力矩。

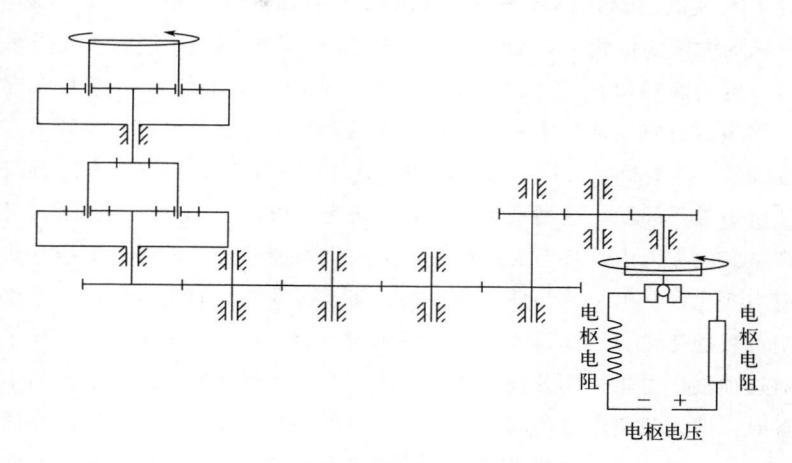

图 6-1 采煤机截割部传动系统

在电机转速不变的情况下，可知 $\mathrm{d}\omega/\mathrm{d}t = 0$，此时式(6-1) 可简化为：

$$T_e = T_f + T_c \qquad (6\text{-}2)$$

6.2.2 截割负载与截割电流间关系的理论模型

为了研究截割负载与截割电流之间的关系，首先需要对交流异步电动机进行建模，其中包括了电压、磁链、电磁转矩方程等。异步电机是一个非线性的高阶强耦合多变量系统，因此对其做了以下的假设[79,80]：

① 电机定子、转子的三相绕组完全对称，其生成的磁势正弦分布于气隙空间中；

② 不考虑定子、转子中的铁芯涡流、饱和与磁滞损耗所带来的影响，并认为各绕组的自感、互感特性呈线性分布；

③ 忽略频率以及温度对电机特性参数的影响。

满足上面三个假设后，在 α-β 坐标系中，如果以交流异步电动机的定子磁场为定向，那么图 6-2 就是交流异步电机的等效电路图。

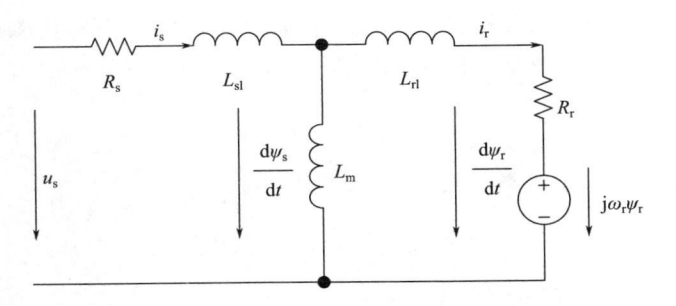

图 6-2　α-β 坐标系下异步电机的等效电路

R_s、i_s、ψ_s、L_{sl}、u_s 分别为定子的电阻、电流、磁链、漏感、电压；R_r、i_r、ψ_r、L_{rl}、u_r 分别为转子折算到定子侧的电阻、电流、磁链、漏感、电压；L_m 为转子互感；ω_r 为电机转速。在图 6-2 所示等效电路中，可得如下关系式：

$$R_s i_s + \frac{\mathrm{d}\psi_s}{\mathrm{d}t} = u_s \qquad (6\text{-}3)$$

$$R_r i_r - \frac{\mathrm{d}\psi_r}{\mathrm{d}t} + \mathrm{j}\omega_r \psi_r = 0 \qquad (6\text{-}4)$$

结合式(6-3)和式(6-4)，电机的电压可以表示为：

$$
\begin{bmatrix} u_{s\alpha} \\ u_{s\beta} \\ u_{r\alpha} \\ u_{r\beta} \end{bmatrix} = \begin{bmatrix} L_s p + R_s & 0 & L_m p & 0 \\ 0 & L_s p + R_s & 0 & L_m p \\ L_m p & \omega_r L_m & L_r p + R_r & \omega_r L_r \\ -\omega_r L_m & L_m p & -\omega_r L_r & L_r p + R_r \end{bmatrix} \begin{bmatrix} i_{s\alpha} \\ i_{s\beta} \\ i_{r\alpha} \\ i_{r\beta} \end{bmatrix} \tag{6-5}
$$

其中，$u_{s\alpha}$、$u_{s\beta}$、$u_{r\alpha}$、$u_{r\beta}$ 是定子和转子电压在 α 轴、β 轴上的分量；$i_{s\alpha}$、$i_{s\beta}$、$i_{r\alpha}$、$i_{r\beta}$ 是定子和转子电流在 α 轴、β 轴上的分量；L_s、L_r 是定子和转子电感；p 是微分算子。

交流异步电动机的磁链方程为：

$$
\begin{bmatrix} \psi_{s\alpha} \\ \psi_{s\beta} \\ \psi_{r\alpha} \\ \psi_{r\beta} \end{bmatrix} = \begin{bmatrix} L_s & 0 & L_m & 0 \\ 0 & L_s & 0 & L_m \\ L_m & 0 & L_r & 0 \\ 0 & L_m & 0 & L_r \end{bmatrix} \begin{bmatrix} i_{s\alpha} \\ i_{s\beta} \\ i_{r\alpha} \\ i_{r\beta} \end{bmatrix} \tag{6-6}
$$

其中，$\psi_{s\alpha}$、$\psi_{s\beta}$、$\psi_{r\alpha}$、$\psi_{r\beta}$ 为定子和转子磁链在 α 轴、β 轴上的分量。

交流异步电机中的电磁转矩由通过的电流和穿过的磁场经相互作用而产生，定子磁链、转子磁链、励磁磁链则由定子和转子的电流磁场生成。因此，电机的电磁转矩可用定子电流和转子电流的叉积来表示：

$$
T_e = \frac{3}{2} n_p L_m (\boldsymbol{i}_s \times \boldsymbol{i}_r) \tag{6-7}
$$

其中，n_p 为电机极对数。式(6-7) 也可表示为：

$$
T_e = \frac{3}{2} n_p L_m (i_{r\alpha} i_{s\beta} - i_{s\alpha} i_{r\beta}) \tag{6-8}
$$

由磁链方程（6-6）可以得到：

$$
\begin{cases} i_{r\alpha} = \dfrac{1}{L_m} (\psi_{s\alpha} - L_s i_{s\alpha}) \\[2mm] i_{r\beta} = \dfrac{1}{L_m} (\psi_{s\beta} - L_s i_{s\beta}) \end{cases} \tag{6-9}
$$

将式(6-9) 代入式(6-8) 可以得到：

$$
T_e = \frac{3}{2} n_p (i_{s\beta} \psi_{s\alpha} - i_{s\alpha} \psi_{s\beta}) \tag{6-10}
$$

将式(6-2) 代入式(6-10) 便可得到：

$$
T_c = \frac{3}{2} n_p (i_{s\beta} \psi_{s\alpha} - i_{s\alpha} \psi_{s\beta}) - T_f \tag{6-11}
$$

式(6-11) 即为关于截割负载和截割电流的关系式，通过测到的截割电流就可以计算得到截割负载。但式(6-11)的前提是电机匀速运转，且磁链与摩擦力矩也是一直变化的。因此，截割负载与截割电流是否呈非线性关系，还需要通过试验进行标定。

6.2.3　截割负载与截割电流间关系的试验研究

为了验证截割电流与截割负载的关系，本书在如图6-3所示的电机负载模拟试验台上展开了模拟加载试验。在图6-3中，细实线为供电线路；虚线为控制线路；粗实线为电机连接轴。其中，截割电机的模拟负载由他励直流电机提供。若不改变直流电机输入电源，则电机的磁通也不变，此时直流电机的电枢电流和输出转矩呈线性关系。而直流电机的电枢电流又由直流交流器提供，因此DSP数据处理器能够通过控制直流交流器的输出电流得到需要的负载转矩。

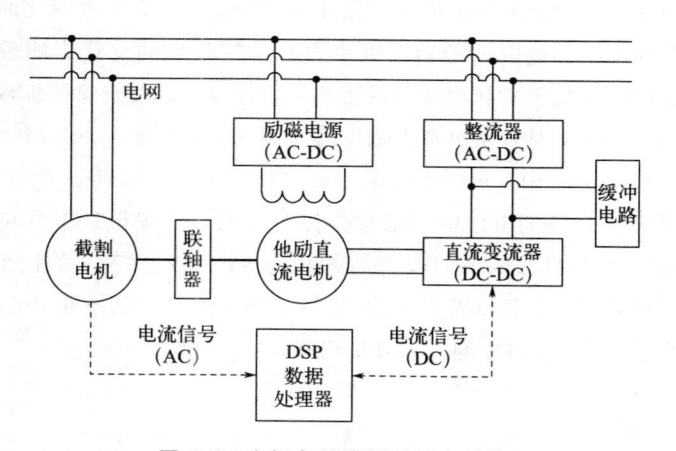

图 6-3　电机负载模拟试验台结构

在电机负载模拟试验中，负载的波动频率是一个极为重要的参数。由以往的研究可知，螺旋叶片头数、叶片重叠角、端盘齿数以及截割电机转速等都会影响截割负载的波动频率；而采煤机的牵引速度不会影响负载的波动频率，只影响到波动的幅值和平均值的大小[81,82]。由螺旋叶片头数所产生的负载波动频率 f_1（Hz）为：

$$f_1 = \frac{nN}{60} \tag{6-12}$$

式中，n 为滚筒转速，r/min；N 为螺旋叶片头数。

由叶片重叠角所产生的负载波动频率 f_2（Hz）为：

$$f_2 = \frac{n}{60} \times \frac{2\pi}{\beta} = \frac{n\pi}{30\beta} \tag{6-13}$$

式中，β 为相邻叶片间所夹的圆心角，rad。

由滚筒端盘齿所产生的负载波动频率 f_3（Hz）为：

$$f_3 = \frac{n}{60} \times \frac{2\pi}{\theta} = \frac{n\pi}{30\theta} \tag{6-14}$$

式中，θ 为端盘上相邻截齿间所夹的圆心角，rad。

通常情况下，f_1 的数值在 10Hz 以下，为低频分量；f_2、f_3 的数值大于 f_1，但一般在 100Hz 以下，为中频分量；另外，由于煤体是脆性非均匀材质，因此截割过程中截齿受力呈锯齿波变化，变化的频率取决于煤质的黏脆性、裂隙发达程度、截割速度和截齿几何参数，一般在几百赫兹左右，为高频分量。实际工作中，低频分量是截割负载发生变化的主要因素，中频和高频分量因波动幅度很小而对截割负载的变化影响较小。因此，本试验仅模拟了负载波动的低频和中频分量，以西安煤矿机械有限公司的 MG900/2210-WD 型电牵引采煤机为例（$n=24.4$r/min，$N=4$，$\beta=0.59$rad，$\theta=0.31$rad），可以求得 $f_1=1.63$Hz，$f_2=4.31$Hz，$f_3=8.13$Hz。

本试验以 DSP 的电压输出信号为控制对象，负载模拟信号包含频率为 1.63Hz、4.31Hz、8.13Hz，对应幅值为 5V、1V、0.5V 的正弦波，负载模拟信号的时域、频域特性如图 6-4 和图 6-5 所示。从图 6-5 可以看出，模拟信号主要由 1.63Hz 的低频分量构成。

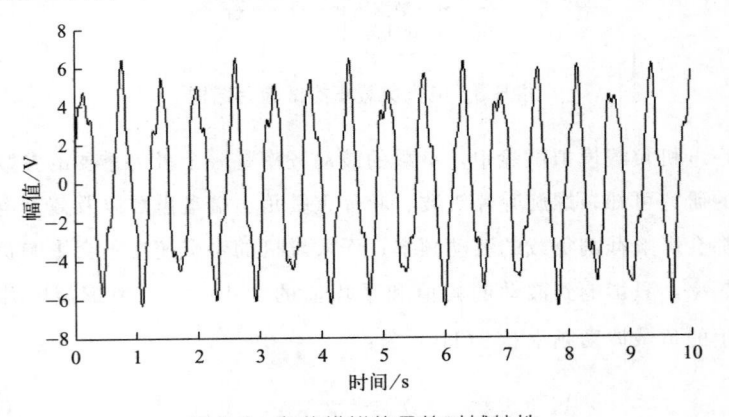

图 6-4　负载模拟信号的时域特性

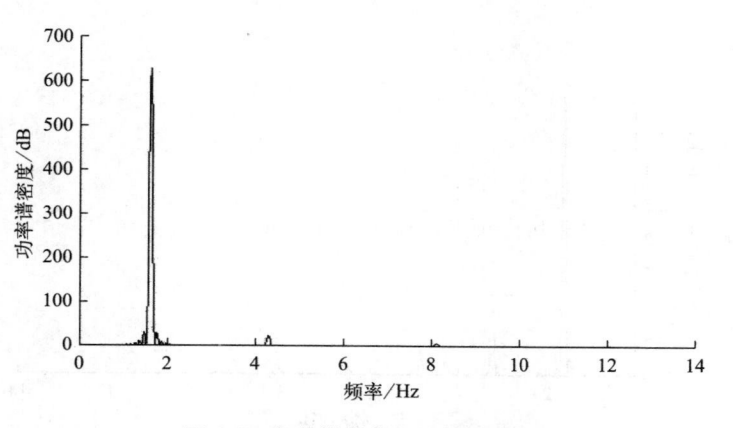

图 6-5 负载模拟信号的频域特性

研究表明，负载的频率无法通过电机单相电流信号的频率来计算和分析，负载的变化只能由电机电流信号的幅值变化来表示[83]。交流电的三相均方根（RMS）通常被用来表示单相电流的大小，设交流电机的 U、V、W 三相电流分别为 I_u、I_v、I_w，则电流 RMS 值为：

$$I_{rms} = \sqrt{(I_u^2 + I_v^2 + I_w^2)/3}$$

(6-15)

截割电流 RMS 值的时域、频域特性如图 6-6 与图 6-7 所示。从图中可以看到 RMS 包含多个频率成分，其中包括 f_1 及其二次、三次、四次谐波，f_2 及其二次、四次谐波，f_3 及其四次、八次谐波。而由螺旋叶片头数所产生的低频分量 f_1 是 RMS 的主要组成部分，是影响截割负载变化的最主要因素，因此需要处理 RMS 来提取与截割负载变化最为相关的部分，即 f_1。

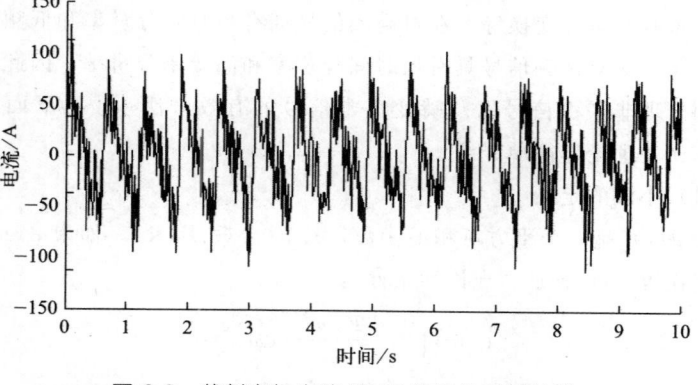

图 6-6 截割电机电流 RMS 信号的时域特性

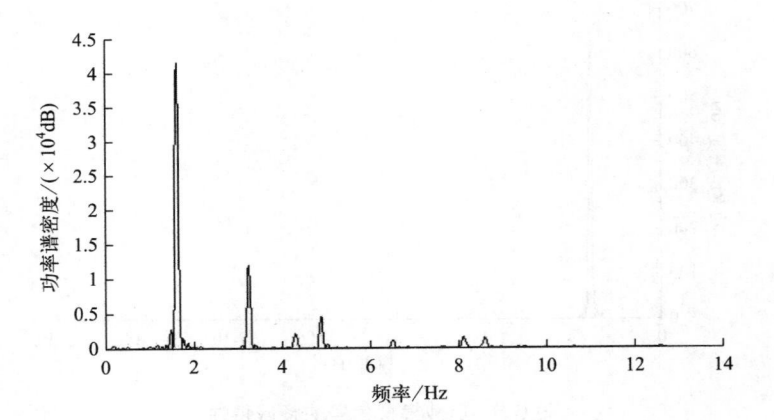

图 6-7　截割电机电流 RMS 信号的频域特性

6.3
采煤机截割电流特性分析

6.3.1　小波分析理论

　　小波分析（Wavelet Analysis）是应用数学与工程科学相结合的产物，历经多年的研究与总结已构成具有扎实理论基础的完整体系，并在图像处理、量子力学、医学成像、地震勘探、故障诊断等方面均有应用[84]。在信号处理方面，小波分析克服了以往一些分析方法的缺点，如快速傅里叶变换、短时傅里叶变换等，在对高频信号拥有高时间分辨率和低频率分辨率的同时，又对低频信号具有低时间分辨率和高频率分辨率，因此是一种分析和处理非平稳信号以及瞬变反常信号的有效方法[85,86]。下面对小波分析的相关理论作简单介绍。

　　（1）小波的定义

　　设 $\psi(t)$ 是一个平方可积的函数，有 $\psi(t) \in L^2(\mathbf{R})$，如果 $\psi(t)$ 的傅里叶变换 $\Psi(\omega)$ 满足"允许性条件"：

$$C_\psi = \int_{-\infty}^{+\infty} \frac{|\Psi(\omega)|^2}{|\omega|} \mathrm{d}\omega < \infty \tag{6-16}$$

则称 $\psi(t)$ 为基本小波。如果 $\Psi(\omega)$ 在原点连续，则根据式（6-16）可知

$\Psi(0)=0$。因此小波函数 $\psi(t)$ 具有"波动"的特点，即在原点附近会突然偏离水平轴，而在其他区域又会快速地降为零[87-89]。

（2）连续小波变换

对于任意实数对 $(a，b)$，其中 $a\neq0$，则由小波函数 $\psi(t)$ 产生的连续小波为：

$$\psi_{(a,b)}(t)=\frac{1}{\sqrt{|a|}}\psi\left(\frac{t-b}{a}\right) \tag{6-17}$$

其中，a 为频率伸缩因子，即尺度参数；b 为时间平移因子，即时间中心参数。由小波变化的时频特性得：若 $\psi(t)$ 与其所对应的傅里叶变换 $\Psi(\omega)$ 均符合窗口函数，且中心位置分别为 $E(\psi)$、$\Delta(\psi)$，窗口宽度分别为 $E(\Psi)$、$\Delta(\Psi)$，则连续小波函数 $\psi_{(a,b)}(t)$ 的傅里叶变换 $\Psi_{(a,b)}(\omega)$ 为：

$$\Psi_{(a,b)}(\omega)=\frac{1}{\sqrt{|a|}}\int_{-\infty}^{+\infty}\psi\left(\frac{t-b}{a}\right)\mathrm{e}^{-\mathrm{j}\omega t}\mathrm{d}t$$

$$=\frac{a}{\sqrt{|a|}}\mathrm{e}^{-\mathrm{j}b\omega}\Psi(a\omega) \tag{6-18}$$

且两者均满足窗口函数，中心位置和窗口宽度为：

$$\begin{cases}E[\psi_{(a,b)}]=b+aE(\psi)\\\Delta[\psi_{(a,b)}]=|a|\Delta(\psi)\end{cases}\quad\begin{cases}E[\Psi_{(a,b)}]=E(\psi)/a\\\Delta[\Psi_{(a,b)}]=\Delta(\psi)/|a|\end{cases} \tag{6-19}$$

因此连续小波函数 $\psi_{(a,b)}(t)$ 的时窗为：

$$[b+aE(\psi)-|a|\Delta(\psi),b+aE(\psi)+|a|\Delta(\psi)] \tag{6-20}$$

连续小波函数 $\psi_{(a,b)}(t)$ 的频窗为：

$$\left[\frac{E(\psi)}{a}-\frac{\Delta(\psi)}{|a|},\frac{E(\psi)}{a}+\frac{\Delta(\psi)}{|a|}\right] \tag{6-21}$$

由式（6-19）和式（6-20）可知当 $a>0$ 且较大时 $|a|\Delta(\psi)$ 将增大，$\psi_{(a,b)}(t)$ 的时窗宽度 $[b-|a|\Delta(\psi),b+|a|\Delta(\psi)]$ 将变宽，中心频率 $E(\Psi)/a$ 减小，因此可以检测到信号的低频部分；当 $a>0$ 且较小时 $|a|\Delta(\psi)$ 将减小，时窗 $[b-|a|\Delta(\psi),b+|a|\Delta(\psi)]$ 将变窄，中心频率 $E(\Psi)/a$ 增大，因此可以检测到信号的高频部分。小波变换的这种自适应性使其能够较好地处理许多信号，成为小波变换的主要优点之一[90-92]。

（3）二进制小波变换

式（6-16）中，只对尺度 a 进行二进制离散（$a_j=2^j，j\in Z$），而保持时间中心 b 连续，则可得二进制小波函数[93]：

$$\psi_{(2^j,b)}(t)=2^{-j/2}\psi[2^{-j}(t-b)] \tag{6-22}$$

二进制小波的稳定性条件为：

$$A\leqslant\sum_{j=-\infty}^{+\infty}|\Psi(\omega)|^2\leqslant B \tag{6-23}$$

函数 $f(t)$ 的二进制小波变化为：

$$W_f(2^j,b)=\int_{-\infty}^{+\infty}f(t)\psi_{(2^j,b)}(t)\mathrm{d}t \tag{6-24}$$

其反演公式如下：

$$f(t)=\sum_{k=-\infty}^{+\infty}2^{-j}\int_{-\infty}^{+\infty}W_f(2^j,b)\times g_{(2^j,b)}(t)\mathrm{d}b \tag{6-25}$$

其中，$g(t)$ 为二进制小波 $\psi(t)$ 的重构函数，$g(t)$ 应满足如下条件

$$\sum_{k=-\infty}^{+\infty}\Psi(2^{-j}\omega)G(2^{-j}\omega)=1 \tag{6-26}$$

其中，$G(\omega)$ 为 $g(t)$ 的傅里叶变换。

（4）离散小波变换

式（6-16）中，如果同时对尺度 a 和时间中心 b 进行二进制离散（$a_j=2^j$，$b_k=k/2^{-j}$，j、$k\in\mathbf{Z}$），则可得到离散小波函数[94]：

$$\psi_{j,k}(t)=2^{-j/2}\psi(2^{-j}t-k) \tag{6-27}$$

函数 $f(t)$ 的离散小波变换为：

$$W_f(2^j,k/2^{-j})=\int_{-\infty}^{+\infty}f(t)\psi_{(2^j,k/2^{-j})}(t)\mathrm{d}t \tag{6-28}$$

$\psi_{j,k}(t)$ 的小波基应满足：

$$\langle\psi_{j,k},\psi_{l,n}\rangle=\int_{-\infty}^{+\infty}\psi_{j,k}(t)\psi_{l,n}(t)\mathrm{d}t=\delta(j-l)\delta(k-n) \tag{6-29}$$

此时的离散小波也叫作正交小波，任意函数 $f(t)$ 的小波级数展开式为：

$$f(t)=\sum_{j=-\infty}^{+\infty}\sum_{k=-\infty}^{+\infty}d_{j,k}\psi_{j,k}(t) \tag{6-30}$$

其中，$d_{j,k}$ 为小波系数，其数值由下式计算：

$$d_{j,k}=\int_{-\infty}^{+\infty}f(t)\psi_{j,k}(t)\mathrm{d}t \tag{6-31}$$

（5）多分辨率分析

设 $L^2(\mathbf{R})$ 空间中存在一系列闭合子空间 $V_j(j\in\mathbf{Z})$，如果满足如下性质的则称 $V_j(j\in\mathbf{Z})$ 为多分辨近似[95]：

a. $\forall(j,k)\in\mathbf{Z}^2$，如 $x(t)\in V_j$ 则 $x(t-2^jk)\in V_j$；

b. $\forall j \in \mathbf{Z}$，$V_j \supset V_{j+1}$，即$\cdots V_0 \supset V_1 \supset V_2 \cdots V_j \supset V_{j+1} \cdots$；

c. $\forall j \in \mathbf{Z}$，如 $x(t) \in V_j$ 则 $x(t/2) \in V_{j+1}$；

d. $\lim\limits_{j \to \infty} V_j = \bigcap\limits_{j=-\infty}^{+\infty} V_j = \{0\}$；

e. $\lim\limits_{j \to \infty} V_j = \mathrm{Closure}\left(\bigcap\limits_{j=-\infty}^{+\infty} V_j\right) = L^2(R)$；

f. 存在基函数 $\theta(t)$ 使得 $\{\theta(t-k)\}$，其中 $k \in \mathbf{Z}$ 为 V_0 中的 Riesz 基。

6.3.2 截割电流信号的小波分解与重构

截割电机的 RMS 中不仅有 f_1、f_2、f_3 及其谐波成分，还包含时变非线性摩擦力矩引起的噪声，因此需要通过对 RMS 滤波来提取 f_1 所在频率段的信号。传统的低通滤波器在高频信号的处理上存在不足，会出现噪声残留或者有用信号被滤掉的现象[96,97]。由以上介绍可知，小波分析方法在时域和频域上均有不错的自适应性，擅长分析处理非平稳信号，能够很好地保存有用信号中的尖峰和突变部分[98,99]。因此可以使用小波分析方法来寻找与截割负载相对应的电流 RMS 信号并提取其特征值。

由于截割负载波动信号的主要频率为 1.61Hz，因此根据采样定理，将信号采样频率设为 80Hz，则其奈奎斯特频率为 40Hz。本试验采用 db2 小波对 RMS 进行 6 层分解，得到 7 个频带。截割电机电流的 RMS 原始信号及其小波分解后的各层系数如图 6-8 所示，其中 1~3 层的低频系数如图 6-9 所示，4~6 层的低频系数如图 6-10 所示，分解后 1~3 层信号的频域特性如图 6-11 所示，4~6 层信号的频率特性如图 6-12 所示。

通过计算可知所需的 1.61Hz 位于第 5 层 1.25~2.5Hz 的频带内。从图 6-12 的功率谱密度中可以看出，小波分解后第 5 层信号的频域特性与负载模拟信号一致。因此，提取出第 5 层信号的低频与高频部分对电流 RMS 信号进行小波重构，重构后的效果如图 6-13 所示。从图中可以看出，RMS 经过小波重构后在时域上是截割负载的滞后信号，能够准确地表现出截割负载的波动。

电流 RMS 信号在时域上是截割负载的时延信号，如图 6-13 所示。互相关函数被用来描述两个信号在时域（主要是滞后）上的统计特性，设两信号的表达式为 $x(t)$、$y(t)$，则它们的互相关系数 $R(x,y)$ 可表示为：

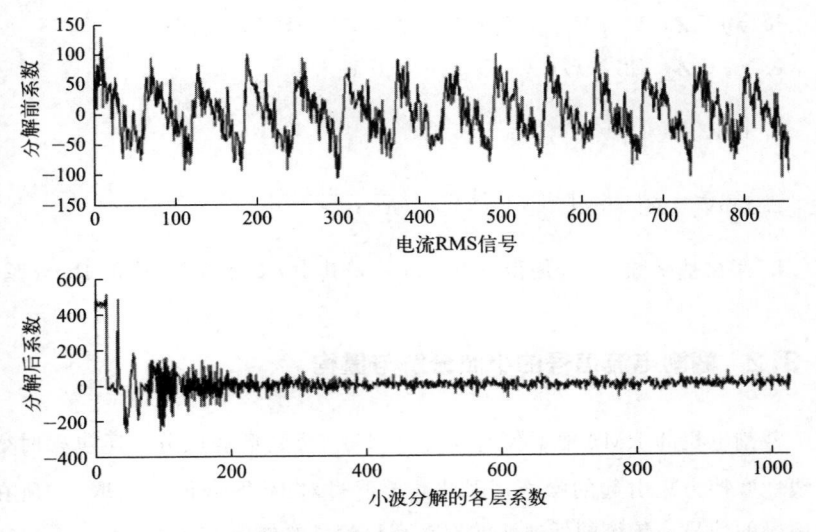

图 6-8　电流 RMS 信号及其小波分解后的各层系数

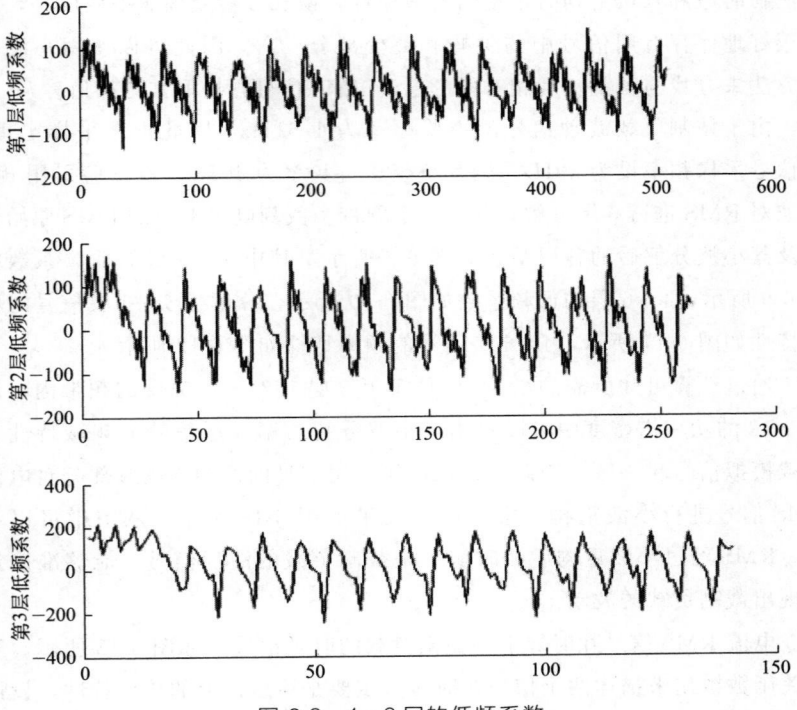

图 6-9　1~3 层的低频系数

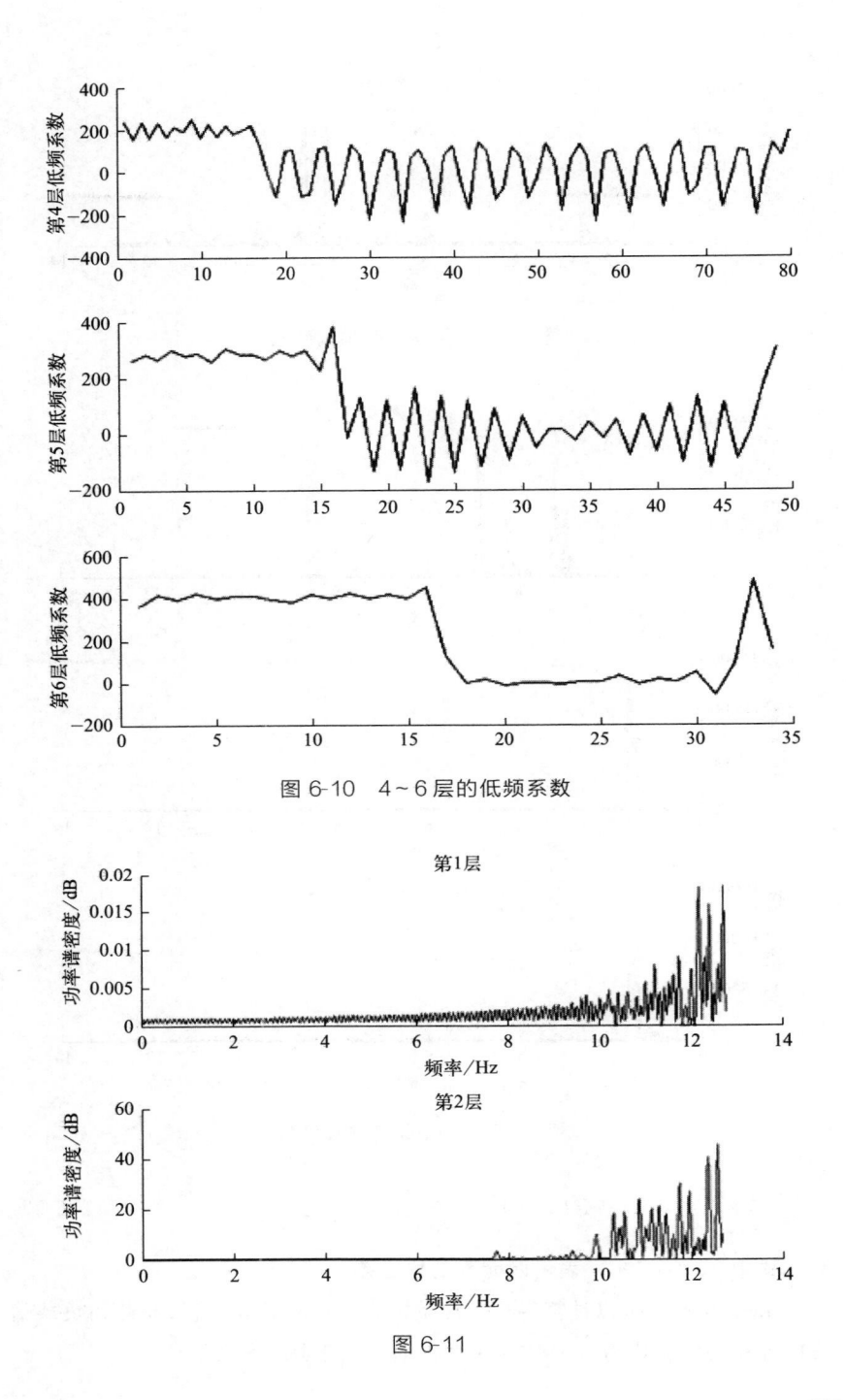

图 6-10　4~6层的低频系数

图 6-11

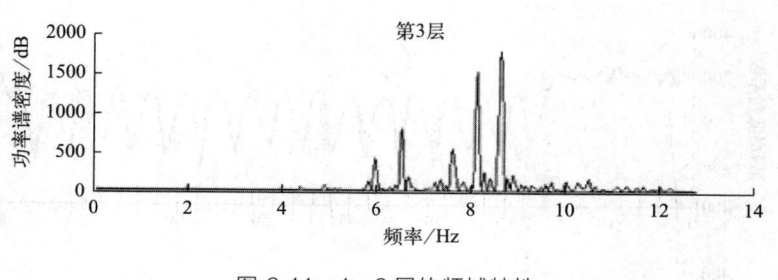

图 6-11　1~3层的频域特性

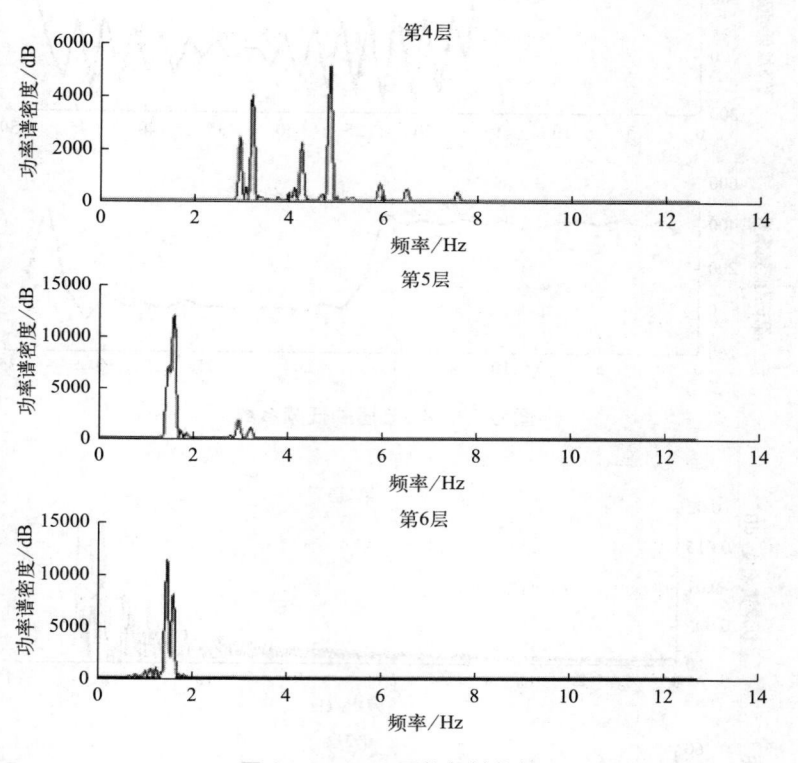

图 6-12　4~6层的频域特性

$$R(x,y) = \frac{C(x,y)}{\sqrt{C(x,x)C(y,y)}}$$ (6-32)

式中，$C(\cdot,\cdot)$ 表示两元素的协方差。

由式(6-32) 可以计算得出小波重构后的电流 RMS 信号与截割负载信号的互相关系数值为 0.8853，说明两信号属于高度相关。

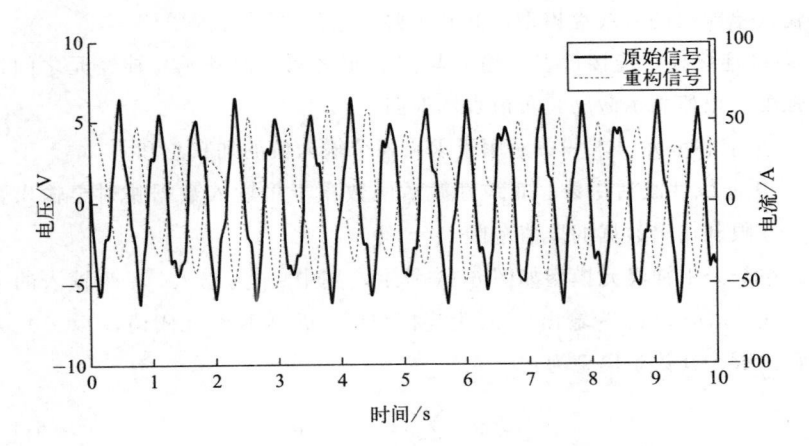

图 6-13　截割负载与小波重构信号的对应关系

6.4
基于电流谱的采煤机截割负载分析

由上一节的分析可知截割电机的电流信号能够反映出截割负载的变化情况，但两者并非线性关系，而是一个包含了电机转速、磁链以及摩擦力矩等影响因素的高度非线性模型。因此本书利用非线性处理能力较强的神经网络理论来建立截割负载与截割电流间模型，并以此模型计算采煤机截割负载的变化状况，控制采煤机的自适应截割。

6.4.1　人工神经网络

人工神经网络（Artificial Neural Network，ANN）是一种模仿人类大脑神经元的工作机制，并结合拓扑理论构成的信息处理系统[100]。这类系统具有非线性、并行性、自适应性、自学习性、自组织性等特点，并已广泛应用于控制论、计算机学、信息科学、心理学、物理学、力学等众多领域。现对人工神经网络的基本概述作一简单介绍[101,102]。

（1）神经元模型

神经元模型是生物神经元基本原理与数学建模方法相结合产生的一个

多输入单输出的非线性模型，其基本要素包括以下三点[103,104]：

① 连接权。连接权表示输入与神经元之间、神经元与神经元之间连接强度，正值表示激励，负值表示抑制。

② 求和单元。求和单元用于求出各个输入值的加权总和。

③ 非线性激活函数。非线性激活函数用于将输入数据映射至输出数据，并限制输出数据的取值范围。

单个人工神经元模型如图 6-14 所示，其中 x_i 为输入，n 为输入的个数，$i \in [1,n]$，y_j 为输出，w_{ji} 为连接权值，θ_j 为神经元阈值，$f(\cdot)$ 为激励函数，其数学模型为：

$$y_j(t) = f \sum_{i=1}^{n} (w_{ji} x_i - \theta_j) \tag{6-33}$$

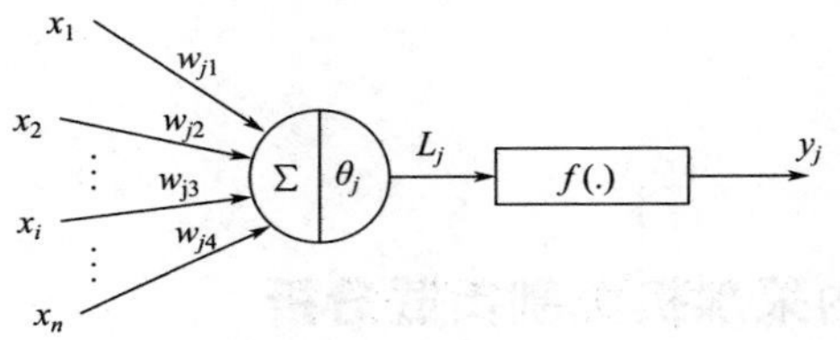

图 6-14　人工神经元模型

常用的激活函数 $f(\cdot)$ 有如下形式：

阶跃函数

$$f(x) = \begin{cases} 1, x \geq 0 \\ 0, x < 0 \end{cases} \tag{6-34}$$

Sigmoid 函数

$$f(x) = 1/[1 + \exp(-x)] \tag{6-35}$$

高斯型函数

$$\phi_k(x) = \exp\left(-\frac{\|x - c_k\|^2}{\sigma_k^2}\right) \tag{6-36}$$

式中，σ_k^2 为高斯函数宽度，c_k 为高斯函数中心。

(2) 人工神经网络的拓扑结构

人工神经网络由若干个神经元组成，神经元之间并行工作以完成对数据的处理工作，各个神经元的输出数据能够相互连接，并且具有多种连接方式，这种神经元间的连接方式称为网络拓扑结构[105]。常用的拓扑结构有前向网络和具有反馈输出的前向网络[106]，两者的主要区别在于输出层对输入层是否具有反馈作用，如图 6-15 与图 6-16 所示。

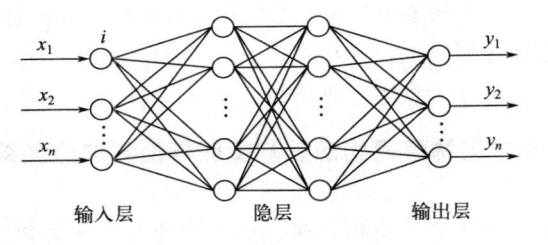

图 6-15 前向网络结构

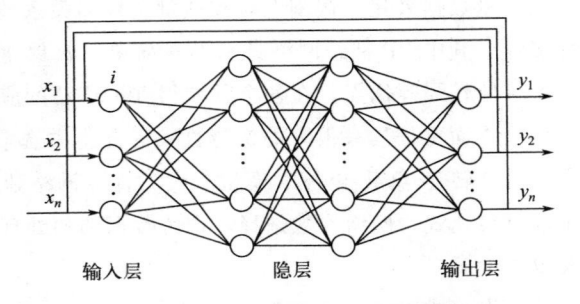

图 6-16 具有反馈输出的前向网络结构

（3）神经网络的学习方法

人工神经网络在将输入数据映射到输出数据的过程中，不断地调整连接权系数与阈值，以保证输出值尽可能地向期望值靠近，这种调整过程称为神经网络的学习，当所有的连接权与阈值均收敛到目标值时学习结束[107-109]。学习方法包括有导师学习方法和无导师学习方法两种，一般情况下均采用有导师学习方法。

有导师学习方法如图 6-17 所示，在给定输入数据的同时还需要给出输出数据的目标值，两者相结合构成一个训练对，多个这样的训练对构成神经网络的训练集[110-113]。神经网络首先通过输入数据计算出输出数据，

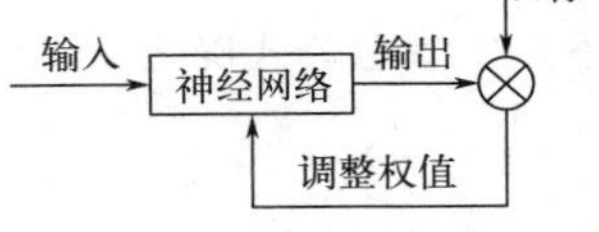

图 6-17 有导师学习方法

接着可以求出输出数据与目标值的误差，再根据该误差结合某种算法去调整各个连接权的系数，以减小输出值与目标值的误差[114-118]。按照这种方法将训练对逐一代入网络中不断地调整连接权系数，直至整个网络的输出误差达到允许的范围。

6.4.2 基于人工神经网络的截割负载与截割电流关系模型

由式（6-11）可知，在电机转速、系统磁链与摩擦力矩等诸多因素的影响下，截割负载与截割电流间有着极强的非线性关系，因此本节通过人工神经网络利用大量数据来建立截割电流和截割负载的关系模型。神经网络的类型多种多样，其中 BP 神经网络具有形式简单、收敛速度较快、逼近效果良好、容错性较强等优点，在各个领域得到了广泛的应用，尤其是在建立非线性模型方面更是具有很大的优越性，因此本书选取 BP 神经网络建立截割电机的"转速-负载-电流"模型。人工神经网络建模的主要步骤分为：确定信息表达式，网络参数选择，训练数据的预处理，训练参数的确定，以及样本检验。

（1）确定信息表达式

确定问题的参数空间，找出可测参数与不可测参数，从中确立系统的输入参数与输出参数。进行大量的分组实验，提取出输入参数与输出参数的数据作为神经网络的输入样本与输出样本。在截割电机"转速-负载-电流"的神经网络模型中，选择转速与定子电流作为输入样本，转矩作为输出样本，并根据不同的转速对样本进行分组。

（2）网络参数选择

网络参数选择包括确定神经网络的层数，输入节点与输出节点的数量，隐含层节点的数量以及激励函数的具体数值。对于截割电机"转速-负载-电流"的神经网络模型而言，系统采用 3 层的神经网络，即输入层、输出层以及中间的隐含层。其中输入层有 2 个神经元，输出层中有 1 个神经元，激励函数选用 Sigmoid 函数，具体的算法见式（6-35）；而隐含层中神经元的数量主要由以下三个参考公式确定：

$$\sum_{i=0}^{n} C_{n_1}^{i} > k \tag{6-37}$$

式中，k 为样本数量，n_1 为隐含节点数量，n 为输入节点数量，若 $i >$

n_1 则 $C_{n_1}^i = 0$。

$$n_1 = (n+m)^{1/2} + a \qquad (6\text{-}38)$$

式中，m 为输出节点数量，a 为整数且 $a \in [1,10]$。

$$n_1 = \log_2 n \qquad (6\text{-}39)$$

以上三个参考公式给出了隐含节点数量的取值范围，但实际应用过程中通常先选择少量的隐含节点建模，如果不能够达到误差要求再逐个增加，需要注意的是隐含节点数量过多或过少都可能造成神经网络的性能降低。

（3）训练数据的预处理

如果直接使用采集到的输入信号和输出信号进行神经网络建模，通常会导致误差过大而无法收敛，这主要是由于取值范围较大的数据会掩盖取值范围较小的数据，因此需要对数据进行归一化处理。常用的方法包括：权值法、均值法、最值法等。经过归一化处理后的数据均为 1 附近的数值，不会由于取值范围的差异而导致系统误差过大。

（4）训练参数的确定

根据具体问题确定出网络训练的模式与方法，神经网络的训练是指根据输出数值与期望数值间的误差调节连接权系数的过程。对于复杂问题往往需要几百甚至几千次的训练才能使系统达到收敛。训练参数包括系统允许的最大训练步数，训练目标的最小误差以及学习速率等。在建模过程中需要对这些参数逐一调整，以使得模型的性能达到最佳状态。

（5）样本检验

样本检验过程是指取训练样本之外的数据输入至已建立的神经网络模型中，计算出输出值并将其值与实际数据进行比较，以检验模型的健壮性。如果误差过大则需要对训练样本进行调整，而后生成新的模型再进行下一轮的样本检验，直至检验误差满足系统要求。

6.5
基于 CPSO-SVM 的采煤机截割负载识别方法

6.5.1 SVM 算法

支持向量机（Support Vector Machine，SVM）以统计学方法为基础，

建立在 VC 维（Vapnik-Chervonenkis Dimension）理论和结构风险最小化原则上的一种机器学习算法[119]，有着良好的分类精度和泛化性能[120]。其基本原理是利用非线性映射函数将数据样本映射到高维特征空间[121]，然后在高维特征空间中寻找一个超平面来分离训练样本点，这个超平面需要使训练样本点到它的距离达到最大[122]。

给定样本集 $\{(x_i, y_i),\ i = 1, 2, \cdots, l\}$，$x_i \in R^n$ 表示输入量，$y_i \in \{+1, -1\}$ 表示对应的输出量，l 为样本数。通过非线性映射函数 $\varphi(\cdot)$，将输入数据从原空间映射到高维特征空间，在高维特征空间中构造最优分类超平面。

$$f(\boldsymbol{x}) = \boldsymbol{\omega}\varphi(\boldsymbol{x}) + b = \sum_{k=1}^{l} \omega_k \varphi(x_k) + b = 0 \tag{6-40}$$

式中，$\boldsymbol{\omega}$ 为权值矢量，b 为阈值，$\boldsymbol{\omega}$ 和 b 确定了分类面的位置。分类超平面必须满足以下约束：

$$y_i f(x_i) = y_i[\boldsymbol{\omega}\varphi(x_i) + b] \geqslant 1, i = 1, 2, \cdots, l \tag{6-41}$$

引入松弛变量 ζ_i 可以使支持向量机解决一些线性不可分问题。分类超平面的优化问题为：

$$\min \frac{1}{2} \| \boldsymbol{\omega} \|^2 + c \sum_{i=1}^{l} \zeta_i, i = 1, 2, \cdots, l \tag{6-42}$$

其约束条件为：

$$\begin{cases} y_i(\boldsymbol{\omega}x_i + b) \geqslant 1 - \zeta_i \\ \zeta_i \geqslant 0 \end{cases} \tag{6-43}$$

式中，c 为惩罚参数，用于调节间隔最大和误分类最少之间的权重。引入 Lagrange 乘子 α_i 及核函数 $k(x_i, y_i) = \varphi(x_i)\varphi(x_j)$，$k(x_i, y_i)$ 满足 Mercer 条件，支持向量机可以处理非线性问题。分类超平面的选取可以化为二次规划的优化问题：

$$\max L(\boldsymbol{\alpha}) = \sum_{i=1}^{l} \alpha_i - \frac{1}{2} \sum_{i,j=1}^{l} \alpha_i \alpha_j y_i y_j k(x_i, x_j), i = 1, 2, \cdots, l \tag{6-44}$$

其约束条件为：

$$\begin{cases} \sum_{i=1}^{l} \alpha_i y_j = 0 \\ \alpha_i \geqslant 0 \end{cases} \tag{6-45}$$

其中，α_i 对应的点称为支持向量。通过式（6-44）可获得分类决策函数：

$$f(\boldsymbol{x}) = \mathrm{sgn}\left(\sum_{i,j=1}^{m} \alpha_i y_i k(x_i, x_j) + b\right) \qquad (6\text{-}46)$$

将待诊断样本输入训练好的 SVM，分类结果便会由式（6-46）给出。SVM 中常用的核函数有线性函数、径向基函数、多项式函数、S 基函数等[123]。径向基核函数 $[k(x,x_i)] = \exp(-\parallel x - x_i \parallel /2\sigma^2)$ 仅有一个参数 σ，选用此核函数时，SVM 需要确定的参数也较少。因此，本书选取径向基函数为支持向量机核函数。

6.5.2 PSO 算法

粒子群算法（Particle Swarm Optimization，PSO）是一种受鸟群觅食行为启发而提出的全局优化算法[124]。粒子的移动根据粒子本身的最优位置和整个粒子群的历代全局最优位置来确定，其优化过程中每一个粒子就是一个潜在解，这个解的优劣由问题所对应的适应度函数值决定，粒子群在可解空间内的寻优过程就是粒子的动态调整过程[125]。

首先，PSO 需要对一群粒子进行初始化，其中每个粒子都有三个特征，包括位置、速度和适应度值，而适应度值是决定粒子好坏的重要因素[126]。粒子通过跟踪个体极值 Pbest、群体极值 Gbest 和上个时刻速度的惯性来移动，个体极值 Pbest 是指单个粒子的适应度值达到最优时的位置，群体极值 Gbest 是指种群中所有粒子的适应度值达到最优时的位置[127]。PSO 迭代一次相当于粒子移动一次，每次迭代后需要重新计算粒子的适应度值，然后将新得到的粒子适应度值和迭代之前的粒子适应度值进行比较，最后决定是否再次移动粒子。

假设在 D 维的空间中，由 n 个粒子组成的种群位置为 $\boldsymbol{X} = (X_1, X_2, \cdots, X_n)$，其中第 i 个粒子位置为 $\boldsymbol{X}_i = (x_{i1}, x_{i2}, \cdots, x_{iD})^{\mathrm{T}}$，速度为 $\boldsymbol{V}_i = (v_{i1}, v_{i2}, \cdots, v_{iD})^{\mathrm{T}}$。每次迭代过程中，粒子通过更新个体最优位置 $\boldsymbol{P}_i = (p_{i1}, p_{i2}, \cdots, p_{iD})^{\mathrm{T}}$ 和全局最优位置 $\boldsymbol{P}_g = (p_{g1}, p_{g2}, \cdots, p_{gD})^{\mathrm{T}}$ 来更新自己的速度和位置，速度和位置的更新分别通过式（6-47）和式（6-48）来实现。

$$v_{id}^{k+1} = wv_{id}^{k} + c_1 r_1 (p_{id}^{k} - x_{id}^{k}) + c_2 r_2 (p_{gd}^{k} - x_{id}^{k}) \qquad (6\text{-}47)$$

$$x_{id}^{k+1} = x_{id}^{k} + v_{id}^{k+1} \qquad (6\text{-}48)$$

式中，$d = 1, 2, \cdots, D$，D 表示问题的维数；v_{id}^{k} 和 v_{id}^{k+1} 分别表示第 i 个粒子在第 k 次和第 $k+1$ 次迭代时第 d 维的速度分量；x_{id}^{k} 和 x_{id}^{k+1} 分别表示

第 i 个粒子在第 k 次和第 $k+1$ 次迭代时第 d 维的位置分量；p_{id}^k 表示第 i 个粒子在 k 次迭代过程中搜索到的最优位置的第 d 维分量；p_{gd}^k 表示整个粒子群迄今为止搜索的最优位置的第 d 维分量；c_1 和 c_2 为非负常数，称为加速因子，是每个粒子在 $\boldsymbol{P}_i$ 和 $\boldsymbol{P}_g$ 位置的随机加速权重，体现了自我认知能力和群体的社会引导对粒子的影响；r_1 和 r_2 为 [0, 1] 内均匀分布的随机数；w 是由 shi 等人于 1998 年引入的非负惯性因子，当 w 较大时有利于群体在较大的范围内搜索，防止陷入局部最优，较小的 w 则能使算法更快地收敛。为了避免粒子群进行盲目的搜索，一般的做法是将粒子群的位置限制在 $[-\boldsymbol{X}_{\max}, \boldsymbol{X}_{\max}]$ 范围内，速度限制在 $[-\boldsymbol{V}_{\max}, \boldsymbol{V}_{\max}]$ 范围内。

粒子群算法步骤如下：

步骤一，设置粒子群的规模并确定初始粒子群的位置和速度；

步骤二，选取适应度评价公式；

步骤三，粒子历代最优值进行比较，如果当前最优值好于本次迭代之前的，则更新粒子最优位置 $\boldsymbol{P}_i$；

步骤四，将所有粒子的适应度值与 $\boldsymbol{P}_g$ 的适应度值 f_g 进行比较，若某个粒子的适应度值优于 f_g 把这个粒子的位置赋予 $\boldsymbol{P}_g$，其适应度值赋给 f_g；

步骤五，由速度公式(6-47)和位置公式(6-48)更新粒子速度与位置；

步骤六，判断是否满足终止条件，如不满足，返回步骤二，否则停止迭代。

6.5.3 CPSO 算法

PSO 参数少、算法简单、收敛速度快，且易于实现，因此在组合优化、函数优化等方面有着大量的工程应用。但是，在面对高维问题时，由于存在较多的极值点，PSO 容易陷入局部最优，即早熟[128]。因为粒子总是朝当前的最优位置移动，这会造成粒子的趋同，使其多样性减少，影响算法的最终结果[129]。混沌现象在非线性动力系统中经常出现，因其具有遍历性和随机性，混沌策略也常被用于问题优化[130-131]，本书利用经典混沌模型中的 Logistic 映射来对 PSO 算法进行优化，Logistic 映射是由 Robert 于 1976 年发现的最为简单的混纯系统之一，其表达式为：

$$x_{k+1} = ux_k(1-x_k) \tag{6-49}$$

式中，k 为迭代次数，u 为控制参数，当 $u \in (0.35, 4.0)$，$x_1 \in (0,1)$，且 $x_1 \notin \{0.25, 0.5, 0.75\}$ 时进入混沌状态；而当 $u = 4$，$x_1 \in (0,1)$，且 $x_1 \notin \{0.25, 0.5, 0.75\}$ 时处于完全混沌状态。

在 PSO 中，参数 c_1、c_2、r_1、r_2 和 w 是决定 PSO 收敛速度的一些重要因素。标准 PSO 的前期收敛速度较快，但在后期收敛速度大幅减缓，粒子群的趋同性非常严重，很容易陷入局部最优的困境。为了解决这类缺陷，引入混沌优化算法和陷入局部最优的判断处理机制十分必要。这种方法能够有效加快算法后期的收敛速度，同时缓解振荡问题。本书使用了混沌模型来优化 PSO，主要体现在以下方面：

（1）粒子初始化

通过立方映射生成混沌变量，并用于混沌初始化，即：

$$z_{n+1} = 4z_n^3 - 3z_n \tag{6-50}$$

由于混沌变量 $-1 \leqslant z_n \leqslant 1$，$z_n \neq 0$，因此需要转换为粒子群算法中第 i 粒子在每个维度的 v_{id}^k 位置分量：

$$v_{id}^k = d_{i\min} + (1 + z_{id}^k) \frac{d_{i\max} - d_{i\min}}{2} \quad (i = 1, 2, \cdots, N) \tag{6-51}$$

式中，N 为粒子群规模；d 为粒子维度，$d_{i\max}$ 与 $d_{i\min}$ 为第 i 个粒子第 d_i 维决策变量的最大值和最小值，$d = 1, 2, \cdots, D$。

（2）惯性因子优化

惯性因子 w 对 PSO 的收敛性至关重要。为了平衡 PSO 的局部和全局搜索能力，提升算法的寻优能力，加快其收敛速度，将混沌引入到惯性因子 w，优化公式如下：

$$w_{k+1} = 4w_k(1 - w_k) \tag{6-52}$$

式中，k 为迭代次数，$w_1 \in (0,1)$，且 $w_1 \notin \{0.25, 0.5, 0.75\}$，$w_k$ 为第 k 次迭代时 PSO 算法采用的惯性因子。

（3）早熟的判断与处理

PSO 后期收敛速度缓慢，容易陷入局部最优，出现早熟现象。粒子的位置决定其适应度，因此可根据粒子群的状态进行早熟判断。本书采用粒子群的群体适应度方差 δ^2 作为早熟判断条件：

$$\delta^2 = \sum_{i=1}^{N} \left(\frac{f_i - f_{\text{avg}}}{f} \right)^2 \leqslant H \tag{6-53}$$

$$f = \max\{1, \max[\mathrm{abs}(f_i - f_{\mathrm{avg}})]\} \tag{6-54}$$

$$f_{\mathrm{avg}} = \frac{1}{N}\sum_{i=1}^{N} f_i \tag{6-55}$$

式中，f_i 为第 i 个粒子当代适应度函数值；f_{avg} 为基于粒子群体规模的平均适应度函数值；H 为早熟判断阈值，若 $\delta^2 \leqslant H$，则粒子群算法处于停滞状态，具有早熟特征。对于陷入早熟的粒子，通过混沌算法和 PSO，重置粒子的速度与位置，帮助粒子脱离局部最优：

$$v_{id}^{k+1} = 4v_{id}^{k}(1 - v_{id}^{k}) \tag{6-56}$$

6.5.4　CPSO 寻优 SVM 参数

SVM 算法主要由惩罚参数 c 和核函数参数 σ 决定其泛化能力。惩罚参数 c 决定对误差允许范围之外的样本的惩罚程度。c 的值过小，容易"欠学习"，值过大，又会"过学习"。因此，惩罚参数 c 的取值非常关键，当参数值逐渐增大到一定值后，就能够得到最佳的分类错误率以及最佳的支持向量数，再增加其值不会再提高 SVM 的分类性能，只会增加模型的训练时间。核函数参数 σ 反映径向基函数的宽度，影响着样本数据在高维空间中的分布复杂度，当 $\sigma^2 \to \infty$ 时，所有样本都为同类，算法的泛化能力几乎为 0，即会发生严重的"欠学习"现象；而当核函数参数 σ^2 的取值过小时，易出现"过学习"的现象。因此为了得到最佳的分类效果，就需要对 SVM 的参数进行优化。

利用 CPSO 算法优化 SVM 参数的主要步骤如下（图 6-18）。

步骤一：初始化 CPSO 算法的控制参数、粒子群体规模 N、最大迭代次数 T、惯性因子范围 $[w_{\min}, w_{\max}]$、加速因子范围 $[c_{\min}, c_{\max}]$、粒子群飞行速度范围 $[v_{\min}, v_{\max}]$、粒子早熟判断阈值 H、算法全局收敛和早熟收敛判断准则等，并在其应用的变化范围内随机初始化 SVM 参数；

步骤二：按式(6-50) 初始化 N 个混沌序列，按式(6-51) 转化为粒子位置分量，初始化粒子速度分量，评估粒子适应度值，设定各个粒子初始历史最优位置 P_i，找到初始全局最优位置粒子 P_g；

步骤三：按式(6-52) 更新算法惯性因子，按式(6-47) 和式(6-48) 更新粒子位置和速度，计算更新后粒子的适应度值，更新 P_i、P_g；

步骤四：按式（6-53）计算粒子群适应度方差 δ^2，进行早熟判断，若算法已处于早熟停滞状态，则执行步骤五，反之执行步骤六；

步骤五：按式（6-50）和式（6-51）重新产生 m 个新粒子，评估新粒子群适应度值，找出位置最优粒子，随机替换原算法某个粒子；

步骤六：如果算法当前迭代数已达到最大值或最优值符合优化条件，则结束算法，输出 SVM 的最优参数，反之执行步骤三。

6.5.5 采煤机的 CPSO-SVM 负载识别方法

虽然采煤机截割电机的电流信号能够反映出截割负载的变化情况，但两者并非线性关系，而是一个包含了电机转速、磁链以及摩擦力矩等影响因素的高度非线性模型。因此本书利用非线性处理能力较强的神经网络理论来建立截割负载与截割电流间模型，并以此模型计算采煤机截割负载的变化状况，控制采煤机的自适应截割。

由公式（6-11）可知，在电机转速、系统磁链与摩擦力矩等诸多因素的影响下，截割负载与截割电机电流间呈高度非线性关系，因此本书提出通过建立采煤机截割负载与截割电流间的关系模型来检测采煤机工作中负载变化的方法。这种方法不需要改变采煤机的任何机械部件和电子设备，也不需要安装额外的传感器，且系统受工作环境和地质条件的影响较小，能够增强负载识别的鲁棒性。考虑到支持向量机方法在解决小样本问题上良好的学习能力和泛化能力，因此本书拟采用支持向量机对采煤机的负载等级这一生产实际小样本问题进行识别。考虑到支持向量机参数人为设置对其分类结果的重要影响，拟引入粒子群算法进行参数寻优，以克服参数人为选择的随机性影响，直接得到优化结果。进一步考虑到PSO 在处理复杂函数时容易出现局部搜索能力差、搜索精度不高、易陷入局部最优、搜索后期易震荡等问题，拟进一步引入混沌粒子群算法作为优化方法，提高优化速度和优化精度，避免算法早熟和避免早期进入局部最优状态。

以上所述为采煤机负载动态识别模型的建立过程，该模型的样本数据均来自于西安煤矿机械有限公司的现场实验，具体的实验过程及结果将在后续实验部分作详细介绍。

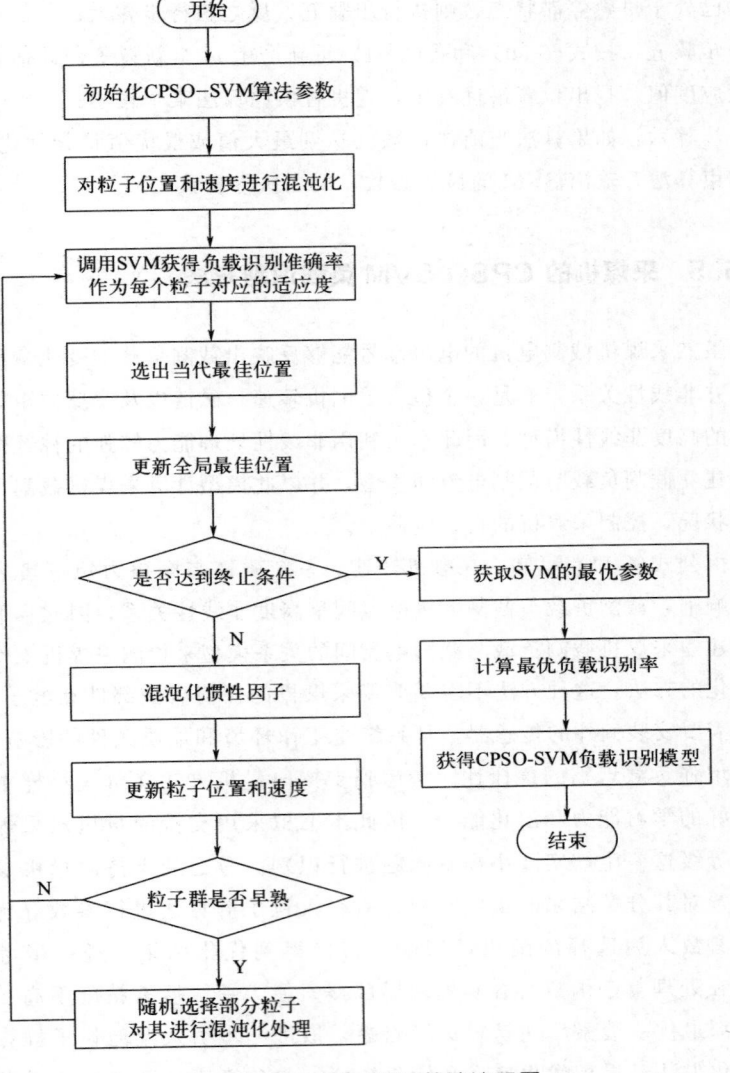

图 6-18　CPSO-SVM 算法流程图

思考题

1. 若已知采煤机截割部传动系统的电机转速不变，且此时截割电机的电磁转矩为 87.6N·m，截割负载力矩为 48.4N·m，那么此时系统摩擦力矩和 $\mathrm{d}\omega/\mathrm{d}t$ 为多少？

2. 请结合自己的理解，试着谈谈小波分析的优点及其在采煤机截割电流中应用的优势。

3. 请试着阐述人工神经网络在处理截割负载与截割电流时的优缺点及其应用时的简单步骤。

7 采煤机历史可靠性分析方法

7.1 现状分析

7.2 可靠性基本理论

7.3 采煤机整机历史可靠性
分析

采煤机作为综采工作面的关键设备，其可靠性不仅直接影响矿井的煤炭产量，而且关系到综采工作面操作人员和设备的安全。目前国内采煤机的开发与研制大多采用类比的方法，机械部件在原型机的基础上进行比例缩放，配以相应的电气设备，并对控制系统的部分参数进行调整。然而，市场上的机型繁杂、现场匹配性差、工作效率低，最终导致采煤机的可靠性低、维修条件差、维修时间长、维修成本高。对于没有合理、完善的维修计划与应急预案的企业，当井下采煤机突发事故时，为了在有限的空间与时间下尽快完成采煤机的维修，往往采取故障部位相关部件整体更换的方法，从而造成大量浪费。

然而，长期以来采煤机事故在国内外屡有发生：1999 年 1 月，平顶山某矿，采煤机电缆连接头疲劳损坏造成漏电致使整机掉电，现场人员甩掉保护继电器强行供电，导致一名采煤机司机触电身亡[49]。2009 年 2 月，榆林锦界矿 93104 工作面，采煤机在长期超负荷运行的情况下，右牵引减速箱扭矩轴断裂，轴承及轴承杯损坏，导致整个采煤工作面停产，修复时间长达 91 小时，直接经济损失 50 余万元[50]。2012 年 2 月，鄂尔多斯万利矿 42301 工作面，由于工作负荷过大加之冷却系统长期失修，采煤机左牵引变频器超温损坏，导致采面停产，修复时间达 34 小时，直接经济损失 30 余万元[50]。2009 年 4 月，澳大利亚 Hunter Valley 地区某煤矿，采煤机在大负载工作过程中，摇臂联轴器松动后飞出，击中一名采煤机司机，致使其当场死亡[51]。2013 年 6 月，澳大利亚 Queensland 地区某煤矿，采煤机供电电缆产生火花继而被烧毁，事故导致采面停产但未造成人员伤亡[52]。2013 年 11 月，美国俄亥俄州 Belmont 地区某煤矿，采煤工作面的液压油管疲劳损坏导致爆裂，喷射出的高压油击中在场的一名采煤机司机，致使其死亡[53]。

以上事故的发生除人为因素外，都是因为采煤机长期大载荷甚至超负荷工作，导致有效寿命期内某些关键系统或零部件就已经濒临失效，从而导致采煤事故的发生，其本质原因在于：采煤机作为机械、电气和液压系统高度集成的大型复杂设备，其部件的故障具有普遍的相关性[54]。忽略故障的相关性，在假设每个部件或故障模式相互独立的情况下简单地分析和计算部件和系统的可靠性，将导致误差过大[55]，甚至得出错误的结论。因此有必要在考虑各零部件相关失效的前提下，对采煤机整机的历史可靠性进行研究。

7.1
现状分析

　　国际上一直十分重视采煤机可靠性研究，进行了大量的研究工作。2011 年美国 Pennsylvania 大学的 Kinilakodi 教授，对包括采煤机在内的煤矿井下设备可靠性进行了综合评估，得出了设备可靠性与煤矿规模和产量相关的结论[56]。2012 年澳大利亚 Monash 大学的 Balaba 学者，利用双参数威布尔法对采煤机的故障数据进行了分析，得出了主要零部件的平均故障间隔时间与平均维护时间[57]。2012 年罗马尼亚 Petrosani 大学的 Brînzan 教授，在对三种不同型号采煤机的故障数据进行汇总后，分析了其故障分布规律，得出了采煤机主要零部件的寿命以及最佳维修间隔时间[58]。2013 年伊朗 Hamedan 大学的 Hoseinie 教授，在对 Tabas 煤矿 2 年的采煤机故障数据进行分析的基础上，对采煤机的喷雾系统和电缆系统进行了可靠性研究[59,60]，而后在相互独立的假设条件下，对采煤机整机的各子系统进行了建模，并依次对其可靠性进行了评估[61,62]。2013 年波兰 AGH 大学的 Bołoz 教授，在静态载荷的假设条件下，对采煤机截割滚筒的可靠性进行了仿真设计，以适用于井下薄煤层的开采[63]。2014 年澳大利亚 Queensland 大学的 McAree 教授，对采煤机的截割滚筒受力情况进行了理论推导和建模仿真，以便于精确计算截割滚筒的可靠性[64]。

　　近年来，国内在采煤机可靠性方面，也进行了大量的研究工作。例如，2011 年中国煤炭科学院的工程师黄秋来，对特定载荷作用下采煤机行走轮的失效分布函数与可靠性计算方法进行了研究，并利用 RELAX 软件对失效数据进行了可靠性分析[65]。2012 年太原理工大学的刘泽平，建立了采煤机主要机械部件的仿真模型，在各部件失效并且相互独立的假设条件下，利用 MATLAB 软件对采煤机进行可靠性分析，并就薄弱部件提出了改善意见[66]。2013 年辽宁工业大学的赵丽娟教授，利用 ADAMS 软件对采煤机进行了动力学仿真，在静态载荷下对摇臂壳体的疲劳寿命进行计算，得到摇臂壳体最小疲劳循环次数和疲劳损伤值[67]。2015 年中国矿业大学的邹殿龙，利用 ANSYS 软件对采煤机摇臂减速器进行了弯曲强度的可靠性分析，得出了特定工况下齿轮可靠度的主要影响因素[68]。2015年西安科技大学的马宪民教授，基于量子神经网络对采煤机的可靠性进行了理论分析与仿真，证明了该理论对于零部件非线性失效的适用性[69]。

以上国内外对采煤机可靠性的研究，极大提高了采煤机生产操作的安全性和工作效率，为进一步的研究奠定了良好的基础。然而可以看出，这些研究工作大多建立在各部件相互独立的假设条件下，针对某几个特定工作载荷，对采煤机的主要零部件或子系统进行可靠性分析，往往忽略了各部件或各失效模式间的相关性，并且未考虑实际工作载荷对于采煤机可靠性的影响，得到的可靠性数据与实际工作情况可能会存在一定差异。迄今为止，国际上尚未见到有关基于相关失效理论的采煤机整机动态可靠性研究，如果能够基于相关失效理论对采煤机整机的动态可靠性进行进一步的研究，从理论上来说，应该可以进一步提高采煤机实际生产操作的可靠性。

7.2
可靠性基本理论

可靠性的基本概念、评价指标与典型的可靠性模型是采煤机可靠性分析的理论基础。本章从狭义和广义两个角度对可靠性的基本概念进行阐述；列举了包括可靠度、失效概率、失效率、平均无故障工作时间、平均修复时间、有效度在内的可靠性评价指标；并阐述了包括串联模型、并联模型、混合模型、表决模型、旁联模型、网络模型在内的典型可靠性模型。

7.2.1 可靠性的基本概念

可靠性是指产品在规定条件下和规定时间间隔内完成规定功能的能力。此处的"产品"可以是研究对象的任何组件、零件、设备、系统等。"规定的条件"包括使用条件、环境、操作技术和其他条件，如工作负荷、环境温度、工作压力、环境湿度、工作噪声、磨损程度、腐蚀，这些规定条件必须在设备规范中明确指出，作为故障后确定责任方的关键要素。

"规定时间间隔"指制造商或用户规定的特定时间段。由于可靠性通常随着时间的推移而降低，因此产品在整个生命周期内不可能达到特定的可靠性目标，并且只能在指定的时间段内在允许的目标可靠性范围内运行。需要注意的是，此处的时间不仅限于日历时间，还可能是次数、距离和其他因素，如应力循环次数、设备里程等，具体取决于产品结构或工作特性。"规定功能"是指根据制造商的规定或用户的需要确定的功能。根据不同的应用场合或用途，同一设备的规定功能可能不同。产品失去指定功能后，不可修复的产品称为故障，可修复的产品称为失效。

机械产品的使用寿命是有限的。在使用过程中，它们会不断磨损、开裂或老化，导致故障。零件、设备、系统和其他产品通常随着使用时间的增长而出现不同程度的磨损、裂纹或老化，最终出现故障。故障后的一般处理方法包括报废和修理。对于不能修理和报废的产品，其可靠性称为狭义可靠性；对于维修后继续使用的产品，其可靠性称为广义可靠性。广义可靠性除了考虑可靠性的狭窄外，还需要考虑故障后修复的困难性，即维修性。由设计、制造和装配决定的零件、部件和系统的可靠性称为固有可靠性。产品在"广义使用条件"下固有可靠性的发挥程度称为使用可靠性；固有可靠性和服务可靠性的结合构成了系统可靠性。

可靠性的特征指标是量化度量产品可靠性程度的尺度，同时也是描述某一产品可靠性特征的有效指标。根据统一的可靠性特征指标，便可以在设计阶段用数序方法推导和预测出产品的可靠性；在制造阶段用实验方法来考核与评判产品的可靠性；在使用阶段用状态监测和数据统计的方法来获知产品当前的可靠性，预测产品未来一段时间的可靠性。常用的可靠性指标包括：可靠度、失效概率、失效率、平均寿命、维修度、平均修复时间、有效度等，以下将对本书中使用到的可靠性特征指标进行重点介绍。

7.2.2 可靠性特征指标

(1) 可靠度

可靠度（Reliability）定义为产品在规定条件下和规定时间内完成规定功能的概率，通常用符号 R 表示。因为可靠性是时间 t 的函数，所以大多情况下又可以写为 $R = R(t)$，称为可靠度函数，且具有累积分布函数的性质，表示在"规定的使用条件下"以及在"规定的时间内"，无故障地发挥其"规定功能"的零部件或系统占全部零部件或系统的比例。由此可知，可靠度 R 或可靠度函数 $R(t)$ 的取值范围在 $[0, 1]$ 内。若零部件或者系统在"规定的使用条件下和规定的时间内完成规定功能"这一事件（E）的概率采用 $P(E)$ 表示，那么可靠度作为反映零部件或系统正常工作时间（寿命）这个随机变量（T）的概率分布可表示为以下形式：

$$R(t) = P(E) = P(T \geqslant t) \quad 0 \leqslant t \leqslant \infty \tag{7-1}$$

假设 $t = 0$ 时，有相同规格的 N 个产品开始工作，到了 t 时刻有 $n(t)$ 个产品发生故障，即在 t 时刻还有 $N - n(t)$ 个产品继续正常工作，则该产品的可靠度 $R(t)$ 的估计值为：

$$\hat{R}(t) = \frac{N - n(t)}{N} \tag{7-2}$$

需要注意的是，上述可靠度计算公式中的起始时间 $t = 0$，而实际使用过程中往往是从产品的某一段工作时间去提取数据，计算它在该时间段内的可靠度。

（2）失效概率

失效概率（Failure Probability）又称为不可靠度，它是与可靠度相对应的可靠性指标。表示部件或系统在"规定使用条件"和"规定时间内"无法完成"规定功能"的概率，通常用符号 F 表示。由于失效概率也是时间 t 的函数，因此也称为失效概率函数或不可靠度函数，并记录为 $F(t)$。由于它还具有累积分布函数的性质，因此也称为累积失效概率。可以看出，失效概率与可靠度之间存在互补关系，可以用以下形式表示：

$$F(t) = 1 - R(t) = P(T < t) \quad 0 \leqslant t \leqslant \infty \tag{7-3}$$

假设 $t = 0$ 时，有相同规格的 N 个产品开始工作，到了 t 时刻有 $n(t)$ 个产品发生故障，即在 t 时刻还有 $N - n(t)$ 个产品继续正常工作，则该产品的失效概率 $F(t)$ 的估计值为：

$$\hat{F}(t) = \frac{n(t)}{N} \tag{7-4}$$

由以上定义可知，可靠度与失效概率均是相对于某一特定时间段而言的，如果所指的时间段发生变化，则该零部件或系统的可靠度、失效概率等可靠性指标也将发生变化。

（3）失效概率密度

失效概率密度，通过从时间 t 推导失效概率来获得，时间 t 记录为

$f(t)$。表示单位时间内产品失效引起的失效概率，包括 T，其表达式如下：

$$F(t) = \int_0^t f(x)\,\mathrm{d}x \tag{7-5}$$

$$f(t) = \frac{\mathrm{d}F(t)}{\mathrm{d}t} = -\frac{\mathrm{d}R(t)}{\mathrm{d}t} \tag{7-6}$$

假设 $t=0$ 时，有相同规格的 N 个产品开始工作，到了 t 时刻有 $n(t)$ 个产品发生故障，而到了 $t+\Delta t$ 时刻又共有 $n(t+\Delta t)$ 个零件发生故障，$\Delta n(t)=n(t+\Delta t)-n(t)$，则该产品的失效概率密度 $f(t)$ 的估计值为：

$$\hat{f}(t) = \frac{F(t+\Delta t)-F(t)}{\Delta t} = \frac{n(t+\Delta t)-n(t)}{\Delta t} = \frac{\Delta n(t)}{N\Delta t} \tag{7-7}$$

（4）失效率

失效率（Failure Rate）也称瞬时失效率，指工作到 t 时刻还没有失效的产品，在接下来的单位时间 Δt 内，会发生失效的概率大小。失效率也称为故障率，由于它是时间 t 的函数，因此也称为失效率函数，常用 $\lambda(t)$ 表示。按照失效率的定义，在 t 时刻正常工作的产品，在（t，$t+\Delta t$）时间内发生故障导致失效的概率可以记为 $P(t<T\leqslant t+\Delta t\,|\,T>t)$，则当 Δt 趋近于 0 时，即为 t 时刻的失效率，其表达式为：

$$\lambda(t) = \lim_{\Delta t\to 0}\lambda(t,\Delta t) = \lim_{\Delta t\to 0}\frac{1}{\Delta t}P(t<T\leqslant t+\Delta t\,|\,T>t)$$

$$= \frac{F'(t)}{R(t)} = \frac{f(t)}{R(t)} = -\frac{R'(t)}{R(t)} \tag{7-8}$$

进一步推导可得：

$$\lambda(t)\mathrm{d}t = -\frac{\mathrm{d}R(t)}{R(t)} \tag{7-9}$$

上式积分可得：

$$\int_0^t \lambda(t)\mathrm{d}t = -\ln R(t) \tag{7-10}$$

由此可以得到可靠度的又一计算公式：

$$R(t) = \exp\left[-\int_0^t \lambda(t)\mathrm{d}t\right] \tag{7-11}$$

通过以上公式，可以看出可靠性与产品的失效率直接相关，失效率越小则可靠性就越高；相反，失效率越大可靠性也就越低。假设 $t=0$ 时，有相同规格的 N 个产品开始工作，到了 t 时刻有 $n(t)$ 个产品发生故障，

而到了 $t+\Delta t$ 时刻又共有 $n(t+\Delta t)$ 个零件发生故障，$\Delta n(t)=n(t+\Delta t)-n(t)$，则该产品的失效率 $\lambda(t)$ 的估计值为：

$$\hat{\lambda}(t)=\frac{\Delta n(t)}{[N-n(t)]\Delta t} \tag{7-12}$$

（5）平均寿命

平均寿命是指产品寿命的平均值。它不仅是最常用的寿命指标之一，也是重要的可靠性评价指标之一，能直观地反映产品的可靠性。对于不可修复产品（即故障后无法修复且需要更换的产品）和可修复产品（即故障后可通过维护恢复功能的产品），平均寿命的含义不同。平均寿命通常用符号 θ 表示，设产品总体的失效概率密度为 $f(t)$，则平均寿命的表达式为：

$$\theta=\int_{0}^{+\infty}tf(t)\mathrm{d}t=\int_{0}^{+\infty}R(t)\mathrm{d}t \tag{7-13}$$

对于不可修复产品，平均使用寿命是指从开始使用到完全失效的平均工作时间。此时，平均使用寿命也称为故障前的平均值，记作 MTTF（Mean Time To Failure）。设测试产品的总数为 n，第 i 个产品失效前的工作时间为 t_i（单位 h），则其 MTTF 的估计值可以按下式计算：

$$\hat{\mathrm{MTTF}}=\frac{1}{n}\sum_{i=1}^{n}t_i \tag{7-14}$$

对于可修复产品，平均寿命是指两次相邻故障之间的间隔。此时的平均值也称为平均无故障时间，记作 MTBF（Mean Time Between Failure）。设测试产品的总数为 n，第 i 个产品失效前的工作时间为 t_i（单位 h），第 i 个产品从第 $j-1$ 次故障到第 j 次故障之间的有效工作时间为 t_{ij}（单位 h），则其 MTBF 的估计值可以按下式计算：

$$\hat{\mathrm{MTBF}}=\frac{1}{\sum\limits_{i=1}^{n}n_i}\sum_{i=1}^{n}\sum_{j=1}^{n_i}t_{ij} \tag{7-15}$$

（6）可靠寿命

可靠寿命是指可靠度等于某一给定值 r 时产品的寿命，通常表示为 $t(r)$，即 $R[t(r)]=r$。可靠寿命的表达式如下：

$$t(r)=R^{-1}(r) \tag{7-16}$$

其中，$R^{-1}(r)$ 是 $R(r)$ 的反函数。当产品可靠度 $R=0.5$ 时，该产品的寿命定义为中位寿命；当产品可靠度 $R=\mathrm{e}^{-1}$（约为 0.368）时，该产品的寿命定义为特征寿命。可以看出，当产品工作到可靠寿命为 $t(r)$ 时，会有（$1-r$）比例的产品失效；当产品工作到中位寿命 $t(0.5)$ 时，会有一半的产品失效；当产品工作到特征寿命 $t(e^{-1})$ 时，会有 63.2% 的产品失效。如果某产品的失效规律服从指数分布，则其特征寿命与平均寿命相等，因此会有大约 63.2% 的产品在达到其平均寿命前就发生失效，也就是说仅有大约 36.8% 的产品能够工作到该产品的平均寿命。

7.2.3 维修性特征指标

维修性的概念为：在规定的使用条件下，当可维修的产品发生故障后，按照规定的方法进行维修时，在规定的时间内恢复该产品规定功能的能力。如果将产品的维修时间定义为从故障发生到完全修复所经历的故障诊断、维修准备、维修实施耗时之和，并记作 Y；将维修时间 Y 的分布函数命名为维修分布，记作 $G(t)$，则：

$$G(t) = P(Y \leqslant t) \tag{7-17}$$

此时如 Y 为连续随机变量，则其维修密度函数 $g(t)$ 可以表示为：

$$g(t) = G'(t) \tag{7-18}$$

在产品可靠性相同的情况下，产品的可维修性可以通过维修程度、维修率、平均维修时间等指标来衡量。

（1）维修度

维修度（Maintainability）是在规定的使用条件下，产品发生故障后，按照规定的方法，在规定时间内（0，t）完成修复的概率。由定义可知，维修度是维修时间 t 的函数，因此维修度又被称为维修度函数，它表示发生故障而失效的产品，经历了一段时间 t 后，能够得到维修并恢复其正常功能的累积概率。用函数 $M(t)$ 表示维修度，则其表达式如下：

$$M(t) = P(Y \leqslant t) = G(t) \tag{7-19}$$

显然 $0 \leqslant M(t) \leqslant 1$，且如果 $M(t)$ 越大，则说明该产品越容易被修复。

（2）修复率

同失效率相似，修复率定义为在 t 时刻还没有被修复的产品，在单位时间 Δt 内，被修复并恢复其功能的概率，用函数 $u(t)$ 表示。显然地，修复率 $u(t)$ 越大，代表修复产品所需的时间越短，即在接下来的单位时

间 Δt 内产品由失效状态转变为正常状态的概率越大。修复度的表达式如下：

$$u(t)=\lim_{\Delta t \to 0}\frac{1}{\Delta t}\times\frac{m(t)\Delta t}{1-M(t)}=\frac{m(t)}{1-M(t)} \qquad (7\text{-}20)$$

其中，$m(t)$ 为修复时间的概率密度函数，即

$$m(t)=\frac{\mathrm{d}M(t)}{\mathrm{d}t} \qquad (7\text{-}21)$$

若修复度 $M(t)$ 满足指数分布，即 $M(t)=1-\mathrm{e}^{-u(t)}$ 则修复率为常数 u。

（3）平均修复时间

平均修复时间是指维修产品恢复其正常功能所需的平均维修时间，记为 MTTR（Mean Time To Repair），其表达式如下：

$$\text{MTTR}=E(Y)=\int_{0}^{+\infty}t\,\mathrm{d}M(t) \qquad (7\text{-}22)$$

平均修复时间的估计值可以用总的产品维修时间除以总的产品维修次数计算，设 $\sum t_{\mathrm{r}}$ 为总的产品维修时间，N_{r} 为总的产品维修次数，则平均修复时间估计值如下：

$$\widehat{\text{MTTR}}=\frac{\sum t_{\mathrm{r}}}{N_{\mathrm{r}}} \qquad (7\text{-}23)$$

7.2.4　有效性特征指标

有效性也称为可用性。它综合反映了产品的可靠性和可维护性。它是衡量可修产品使用效率的广义可靠性评价指标。有效度是有效性的重要特征指标。

有效度（Availability）又称为可用度、利用率、可利用率，是综合了可靠度与维修度的特征指标，反映了产品的广义可靠性。其定义为：在一定时间内产品"具有或保持其规定功能"的概率大小，记为 A 或 $A(t)$。对于可修复产品，只要在故障发生后的规定时间内修复并恢复正常功能，仍包括在有效性概率范围内；对于不可修复的产品，维护程度仅取决于可靠性，可靠性在价值上是相等的。根据计算有效性所考虑的时间范围，有不同的有效性计算方法，主要分为以下几种形式：

（1）瞬时有效度

瞬时有效度（Instantaneous Availibility）是指在某一瞬时，产品保持

其正常功能的概率，又称为瞬时利用率，记作 $A(t)$。该指标常用在理论分析中，只反映当前 t 时刻的产品有效度，而与之前的工作状态是否失效无关。

（2）平均有效度

平均有效度（Mean Availibility）是指在时间区间 $[t_1, t_2]$ 内，可维修产品有效度的平均值，记为 $\overline{A(t)}$。

$$\overline{A(t)} = A(t_1, t_2) = \frac{1}{t_2 - t_1} \int_{t_1}^{t_2} A(t) \mathrm{d}t \qquad (7\text{-}24)$$

（3）稳态有效度

稳态有效度（Steady Availibility）又称为时间有效度（Time Availibility）或可工作时间比（Up Time Ratio，UTR），记作 $A(\infty)$ 或 A。稳态有效度是时间趋近于无穷大时的平均有效度，其表达式如下：

$$A = \lim_{t \to \infty} A(t) \qquad (7\text{-}25)$$

稳态有效度也可以表示为以下形式，其中 MTBF 为平均无故障工作时间，MTTR 为平均修理时间。

$$A = \frac{\mathrm{MTBF}}{\mathrm{MTBF} + \mathrm{MTTR}} \qquad (7\text{-}26)$$

（4）固有有效度

固有有效度（Inherent Availibility）可表示为

$$A = \frac{\mathrm{MTBF}}{\mathrm{MTBF} + \mathrm{MADT}} \qquad (7\text{-}27)$$

式中，MADT（Mean Active Down Time）代表平均实际不能工作的时间，MTBF 代表平均无故障工作时间。

7.2.5 可靠性中常用的概率分布

寿命是产品可靠性的重要评价指标，然而产品寿命是在一定范围内变化的随机变量，服从一定的分布规律，如果能够获知产品寿命的分布规律，则可以快速计算出其他的可靠性数据，因此获得产品寿命的分布规律具有非常重要的意义。然而数据的分布规律很多，直接判断出产品寿命属于哪种分布规律较为困难，一般有以下方法：根据产品的实际应用情况来判断。产品的寿命分布规律与产品类型关系不大，而与其内在结构、物理化学性质、机械性能，与产品工作时的受力情况以及失效时的物理过程直接相关。对产品的失效情况进行分析，能够判断出其失效模式或失效机理与哪种失效概率分布相关，进而确定该产品的寿命分布规律。通过实验或者现场搜集，获取产品的失效数据，用统计学方法推断出该产品寿命属于哪种概率分布，常用的概率分布包括二项分布、指数分布、正态分布、泊松分布、对数正态分布和威布尔分布。

（1）二项分布

二项分布属于离散型分布，在可靠性分析中具有广泛的应用，在冗余系统中，通常用于计算同一机组并联运行的可靠性指标。二项分布意味着在 n 个独立的伯努利检验中，每个检验结果只有两种可能性，两个结果是否相对独立与检验结果无关。此时，每个独立测试中事件是否发生的概率保持不变，因此该测试称为 n 次重复伯努利测试，当测试次数等于 1 时，二项分布服从 0-1 分布。可以看出，二项分布是一个离散分布，在可靠性试验或产品设计中，用于平行工作单元组成的冗余系统的可靠性数据分析；另外在产品的可靠性抽样检测中，也会用到二项分布。但实际工作中，真正完全独立重复的事件并不多见的，因此应当结合实际情况来确定是否使用二项分布来进行可靠性建模。

如果在 n 次重复试验中 A 发生的次数用 X 表示，则 X 为随机变量，其取值范围为 0，1，2，3，$\cdots$，n，则此随机变量 X 的分布可以表示为

$$P_n(X=k)=C_n^k p^k q^{n-k} \quad (k=0,1,2,\cdots,n) \tag{7-28}$$

上式中随机变量 X 被称为服从二项分布 $B(n,p)$。

随机变量 X 的累积分布函数为

$$F(k)=P(X\leqslant k)=\sum_{r=0}^{n} C_n^r p^r q^{n-r} \tag{7-29}$$

随机变量 X 的期望为

$$E(X)=\sum_{k=0}^{n} kP(X=k)=np \tag{7-30}$$

随机变量 X 的方差为

$$D(X)=\sum_{k=0}^{n} [k-E(x)]^2 P(X=k)=npq \tag{7-31}$$

（2）泊松分布

泊松分布也是一种离散分布，是二项分布的一种特殊形式。它通常用于描述单位时间内随机事件的数量。在二项分布中当 $\lim_{n\to\infty} np=\lambda$（常量）

时，式(7-28)可表示为

$$P(X=k)=\frac{\lambda^k}{k!}e^{-\lambda} \quad (k=0,1,2,\cdots,\lambda>0) \tag{7-32}$$

此时随机变量 X 被称为服从参数为 λ 的泊松分布。

随机变量 X 取值不大于 k 时的累积分布函数为

$$F(k)=P(X\leqslant k)=\sum_{r=0}^{k}\frac{\lambda^r}{r!}e^{-\lambda} \tag{7-33}$$

随机变量 X 的期望为

$$E(X)=\sum_{k=0}^{\infty}kP(X=k)=\lambda \tag{7-34}$$

随机变量 X 的方差为

$$D(X)=\sum_{k=0}^{\infty}[k-E(X)]^2 P(X=k)=\lambda \tag{7-35}$$

（3）指数分布

指数分布是一种非常重要的失效分布。它具有故障率恒定的特点。它已广泛应用于电子设备和机电设备的事故失效期，在复杂系统的整机可靠性分析中也具有很强的适用性。某设备寿命分布 X 的概率密度函数如果为

$$f(t)=\lambda e^{-\lambda t} \quad (t\geqslant 0,\lambda>0) \tag{7-36}$$

且其分布函数为

$$F(t)=1-e^{-\lambda t} \quad (t\geqslant 0) \tag{7-37}$$

则 X 被称为是服从参数 λ 的指数分布，服从指数分布的可靠性具备以下特征：

可靠度函数为

$$R(t)=e^{-\lambda t} \tag{7-38}$$

失效率函数为

$$\lambda(t)=f(t)/R(t)=\lambda e^{-\lambda t}/e^{-\lambda t}=\lambda \tag{7-39}$$

平均寿命为

$$E(X)=\lambda^{-1} \tag{7-40}$$

寿命方差为

$$\sigma^2=D(X)=\lambda^{-2} \tag{7-41}$$

可靠寿命为

$$t(r)=\lambda^{-1}\ln r^{-1} \tag{7-42}$$

（4）正态分布

正态分布在工程问题中具有广泛的应用，各种误差、材料磨损寿命、疲劳失效都可以近似为正态分布。某设备寿命分布 X 的概率密度函数如果为

$$f(t) = \frac{1}{\sigma\sqrt{2\pi}}\exp\left[-\frac{(t-\mu)^2}{2\sigma^2}\right] \quad -\infty < t < +\infty \tag{7-43}$$

则 X 被称为是服从参数 μ 和 σ 的正态分布 $N(\mu,\sigma^2)$，μ 和 σ 被称为是正态分布的位置和尺度参数。

当 $\mu=0$，$\sigma=1$ 时，X 被称为服从标准正态分布 $N(0,1)$，此时的分布密度函数 $\varphi(t)$ 和分布密度函数 $\Phi(t)$ 分别可以表示为

$$\varphi(t) = \frac{1}{\sqrt{2\pi}}\mathrm{e}^{-t^2/2} \quad -\infty < t < +\infty \tag{7-44}$$

$$\Phi(t) = \frac{1}{\sqrt{2\pi}}\int_{-\infty}^{t}\mathrm{e}^{-\mu^2/2}\mathrm{d}\mu \tag{7-45}$$

服从正态分布 $N(\mu,\sigma^2)$ 的可靠性具备以下特征：

可靠度函数为

$$R(t) = \frac{1}{\sqrt{2\pi}}\int_{\frac{t-\mu}{\sigma}}^{+\infty}\mathrm{e}^{-\mu^2/2}\mathrm{d}\mu = 1-\Phi\left(\frac{t-\mu}{\sigma}\right) \tag{7-46}$$

失效率函数为

$$\lambda(t) = \frac{f(t)}{R(t)} = \frac{\dfrac{1}{\sigma\sqrt{2\pi}}\mathrm{e}^{\frac{-(t-\mu)^2}{2\sigma^2}}}{\dfrac{1}{\sqrt{2\pi}}\displaystyle\int_{\frac{t-\mu}{\sigma}}^{+\infty}\mathrm{e}^{-\mu^2/2}\mathrm{d}\mu} = \frac{\varphi\left(\dfrac{t-\mu}{\sigma}\right)\sigma^{-1}}{1-\Phi\left(\dfrac{t-u}{\sigma}\right)} \tag{7-47}$$

平均寿命为

$$E(X) = \mu \tag{7-48}$$

寿命方差为

$$D(X) = \sigma^2 \tag{7-49}$$

（5）对数正态分布

对数正态分布在可靠性分析中越来越受到重视，并被应用于裂纹扩展、疲劳腐蚀等失效分析中。当设备寿命分布 X 的对数 $\ln X$ 服从参数为 μ 和 σ 的正态分布 $N(\mu,\sigma^2)$ 时，X 被称为服从对数正态分布，其分布密度函数为：

$$f(t) = \frac{1}{t\sigma\sqrt{2\pi}} \exp\left[-\frac{(\ln t - \mu)^2}{2\sigma^2}\right] \quad t > 0, -\infty < \mu < +\infty, \sigma > 0$$

$$(7\text{-}50)$$

累积分布函数为

$$F(t) = \int_0^t \frac{1}{x\sigma\sqrt{2\pi}} \exp\left[-\frac{(\ln x - \mu)^2}{2\sigma^2}\right] dx = \Phi\left(\frac{\ln t - \mu}{\sigma}\right) \quad (7\text{-}51)$$

可靠度函数为

$$R(t) = 1 - \Phi\left(\frac{\ln t - \mu}{\sigma}\right) \quad (7\text{-}52)$$

失效率函数为

$$\lambda(t) = \frac{\varphi\left(\dfrac{\ln t - \mu}{\sigma}\right)(t\sigma)^{-1}}{1 - \Phi\left(\dfrac{\ln t - \mu}{\sigma}\right)} \quad (7\text{-}53)$$

平均寿命为

$$E(X) = e^{\mu + \sigma^2/2} \quad (7\text{-}54)$$

寿命方差为

$$\sigma^2 = D(X) = e^{2(\mu + \sigma^2/2)}(e^{\sigma^2} - 1) \quad (7\text{-}55)$$

（6）威布尔分布

威布尔（Weibull）分布在数据拟合上具有很强的弹性，能够全面描述浴缸曲线的各个阶段。近年来，它在可靠性分析中得到了广泛的应用。大量数据表明，局部失效导致整体功能停止的部件、设备和系统的寿命服从威布尔分布。下面给出了三参数威布尔分布的密度函数

$$f(t) = \frac{m}{\alpha}(t - r)^{m-1} \exp\left[-\frac{(t-\gamma)^m}{\alpha}\right] \quad (t \geq \gamma) \quad (7\text{-}56)$$

式中，m 为形状参数，影响分布密度曲线的基本形状；γ 为位置参数或起始参数，设备在时间 γ 前的可靠度为 100%，在 γ 之后开始失效；α 为尺度参数，能够在不改变分布形状的前提下改变标尺大小。

当 $\gamma = 0$ 时，威布尔分布即为双参数威布尔分布，密度函数表示为

$$f(t) = \frac{m}{\alpha}t^{m-1} \exp\left(-\frac{t^m}{\alpha}\right) \quad (t \geq 0) \quad (7\text{-}57)$$

当 $m = 0$ 时，威布尔分布即为双参数指数分布，密度函数表示为

$$f(t) = \frac{1}{\alpha} \exp\left(-\frac{t-\gamma}{\alpha}\right) \quad (t \geq \gamma) \quad (7\text{-}58)$$

当 $m=1$ 且 $\gamma=0$ 时，威布尔分布即为指数分布，密度函数表示为

$$f(t)=\frac{1}{\alpha}\mathrm{e}^{-t/\alpha} \quad (t\geqslant 0) \tag{7-59}$$

三参数威布尔分布的累积分布函数为

$$F(t)=1-\exp\left(-\frac{(t-\gamma)^m}{\alpha}\right) \quad (t\geqslant\gamma) \tag{7-60}$$

三参数威布尔分布的可靠度函数为

$$R(t)=\exp\left(-\frac{(t-\gamma)^m}{\alpha}\right) \quad (t\geqslant\gamma) \tag{7-61}$$

三参数威布尔分布的失效概率密度为

$$\lambda(t)=\frac{m}{\alpha}(t-\gamma)^{m-1} \quad (t\geqslant\gamma) \tag{7-62}$$

7.2.6　典型的可靠性模型

典型的可靠性模型根据其复杂性和是否具有备用功能可分为三类：非备用模型、备用模型和网络模型。在实际工程应用中，无论系统结构有多复杂，都可以看作是几个典型模型的组合。在典型的可靠性模型中，非备用模型又称串联模型；备用模型可分为工作备用模型和非工作备用模型。工作备用模型包括并联模型、混合模型、表决模型，非工作备用模型主要是旁联模型。以下将介绍典型的可靠性模型。为了简化问题，需要作出以下假设：

① 零部件或系统只可能有故障和正常两种状态，不存在其他的第三种状态；

② 零部件或系统各单元的故障，是相互独立的；

③ 不考虑由于输入错误，而导致的零部件或系统故障；

④ 当软件可靠性未列入到系统可靠性模型中时，则认为软件是完全可靠的；

⑤ 当人员可靠性未列入到系统可靠性模型中时，则认为人员是完全可靠的。

（1）串联模型

假设一个系统由 n 个单元组成，其中只有当所有单元均无故障时，系统才能正常工作，即系统中任何单元的故障都会导致系统故障，则该系统

称为"可靠性串联系统"，或简称串联系统，其可靠性框图如图7-1所示。

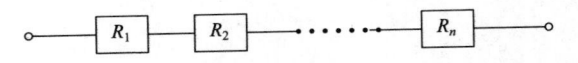

图 7-1 串联系统的可靠性框图

由图7-1可知，单元1至单元n在系统中串联分布，只要其中一个单元发生故障，系统均无法正常工作。单元1、单元2、…、单元n的可靠度变量分别为R_1，R_2，…，R_n。由串联系统的特点，可以推导出其可靠性数学模型，即串联系统的可靠度为：

$$R_s(t) = R_1(t)R_2(t)\cdots R_n(t) = \prod_{i=1}^{n} R_i(t) \tag{7-63}$$

上式中，$R_s(t)$ 表示系统在 t 时刻是否处于正常工作的概率，也就是系统在 t 时刻的可靠度；$R_i(t)$ 为系统中第 i 个单元在 t 时刻是否正常工作的概率，也就是系统中第 i 个单元在 t 时刻的可靠度 $(i=1,2,3,\cdots,n)$。

式(7-63) 表明，串联系统的总可靠度为组成系统各单元可靠度的乘积。如果各单元的可靠性寿命均为指数型分布，且各单元的工作时间 t 均相同，则每个单元的可靠度 $R_i(t)$ 为：

$$R_i(t) = e^{-\lambda_i t} \tag{7-64}$$

上式中 λ_i 为系统中第 i 个单元的失效率。如果假设系统的工作时间也为 t，则此时系统的可靠度 $R_s(t)$ 为

$$R_s(t) = \prod_{i=1}^{n} R_i(t) = \exp\left(-\sum_{i=1}^{n} \lambda_i t\right) = \exp(-\lambda_s t) \tag{7-65}$$

并且，此时系统的失效率 λ_s 为系统中各单元的失效率之和，其表达式为：

$$\lambda_s = \sum_{i=1}^{n} \lambda_i \tag{7-66}$$

由式(7-65) 可以看出，如果串联系统中各单元的可靠性寿命均为指数分布，则串联系统总的可靠性寿命依然是指数分布。因此可知，系统的平均故障间隔时间 MTBF_s 为：

$$\mathrm{MTBF}_s = \frac{1}{\lambda_s} = \frac{1}{\sum_{i=1}^{n} \lambda_i} \tag{7-67}$$

应注意的是，只有在指数分布的情况下，系统故障率 λ_s 才能够用来计算系统的 MTBF_s，这对于其他分布的系统无效。从式(7-67) 可以看

出，随着串联系统中机组数量的增加，系统的 $\mathrm{MTBF_s}$ 值将减小，即系统的可靠性将降低。此外，为了提高串联系统的整体可靠性，应该首先提高系统中最弱单元的可靠性。

（2）并联模型

设某系统由 n 个单元组成，只要其中任意一个单元没有故障，则整个系统就能够正常工作，即只有当系统中所有单元均发生故障时，系统才失效，则称此系统为"可靠性并联系统"，或简称为并联系统。并联系统又称为最简单的工作贮备（冗余）系统，其中多个单元并联可以有效提高系统的任务可靠性，但是系统整体的基本可靠性却随之下降。这是因为系统中任何一个单元发生故障，都需要进行维修，增加了系统的维修保养费用，因此设计时应进行综合考虑，其可靠性框图如图 7-2 所示。

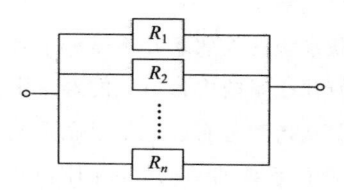

图 7-2　并联系统的可靠性框图

上图中，单元 1、单元 2、……、单元 n 的可靠度变量分别为 R_1，R_2，…，R_n。并联系统的不可靠度等于其中各单元不可靠度的乘积，设系统的不可靠度为 $F_s(t)$，各单元的不可靠度为 $F_i(t)$，则系统的总体不可靠度表达式如下：

$$F_s(t) = \prod_{i=1}^{n} F_i(t) = \prod_{i=1}^{n} [1 - R_i(t)] \tag{7-68}$$

由系统的可靠度 R 与不可靠度 F 之和等于 1，可以得到并联系统可靠度的表达式为：

$$R_s(t) = 1 - F_s(t) = 1 - \prod_{i=1}^{n} [1 - R_i(t)] \tag{7-69}$$

并联系统可靠性模型比串联系统复杂，当 $n=2$ 时，系统即为二单元并联系统，该系统可靠度为：

$$R_s(t) = 1 - \prod_{i=1}^{2} [1 - R_i(t)] = 1 - [1 - R_1(t)][1 - R_2(t)]$$

$$= R_1(t) + R_2(t) - R_1(t)R_2(t) \tag{7-70}$$

当系统中各单元的寿命均服从指数分布，并且各单元与系统的工作时间均为 t 时，将式(7-64)代入式(7-70)，可以得到两个寿命呈指数分布的单元并联后的可靠度为：

$$R_s(t) = e^{-\lambda_1 t} + e^{-\lambda_2 t} - e^{-(\lambda_1 + \lambda_2)t} \tag{7-71}$$

失效率 $\lambda_s(t)$ 与可靠度 $R_s(t)$ 之间的关系表达式为：

$$\lambda_s(t) = -\frac{1}{R_s(t)} \frac{dR_s(t)}{dt} \tag{7-72}$$

上式所表述的失效率与可靠度间的关系普遍适用，将式(7-71)代入式(7-72)可得当 $n=2$ 时的并联系统失效率为

$$\lambda_s = \frac{\lambda_1 e^{-\lambda_1 t} + \lambda_2 e^{-\lambda_2 t} - (\lambda_1 + \lambda_2) e^{-(\lambda_1 + \lambda_2)t}}{e^{-\lambda_1 t} + e^{-\lambda_2 t} - e^{-(\lambda_1 + \lambda_2)t}} \tag{7-73}$$

由上式可知，并联系统的失效率并不是一个常数，而是随时间变化的函数。也就是说，即使并联系统中各单元的寿命服从指数分布，并联系统总的寿命分布也不再服从指数分布，这与串联系统截然不同。因此，不可以再利用式(7-67)来获得系统的平均故障间隔时间 MTBF_s，而只能使用普遍适用的积分方式来计算得出 MTBF_s：

$$\mathrm{MTBF}_s = \int_0^\infty R_s(t) dt = \frac{1}{\lambda_1} + \frac{1}{\lambda_2} - \frac{1}{\lambda_1 + \lambda_2} \tag{7-74}$$

由以上各公式可知，尽管并联系统的失效率不是常数，但并联系统的平均故障间隔时间 MTBF_s 是个常数。而且，并联系统的可靠度 $R_s(t)$ 大于系统中各单元的可靠度 $R_i(t)$，并且系统的并联级数越多，其系统的总可靠度就越高。但在机械系统中，并联技术的增加会带来系统结构复杂、重量增大、成本提高的问题，因此一般并联级数不高。例如，当在动力传动、安全保护、制动装置中采用并联设计时，通常 n 的取值范围为 $2\sim3$。

（3）混联模型

在实际的工程应用中，并非所有系统都是简单的串并联结构。它们通常是串并联混合的，称为混合系统。混合系统通常可以划分为几个典型的串联或并联子系统，然后采用"等效模型法"获得系统的整体可靠性。对于复杂度较低的系统，在具体计算过程中，仅采用串并联的基本计算公式，即可根据各子系统的可靠性计算混合系统的整体可靠性。混合模型包括"串-并"和"并-串"两种。

① 串-并联系统

"串-并联系统"是由 m 个"子系统"串联组成的，而每个子系统是又由 n 个单元并联组成的。串-并联系统的可靠性框图如图 7-3 所示，其中，R_{ij} 是第 i 个子系统中第 j 个单元处的可靠度（$i=1，2，\cdots，m$；$j=1，2，\cdots，n$）。

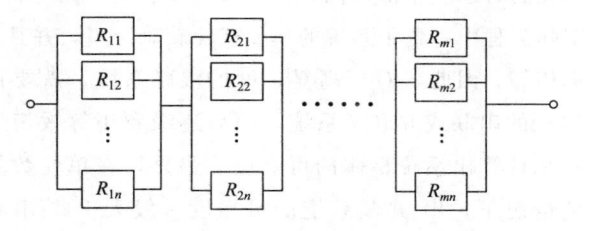

图 7-3　串-并联系统的可靠性框图

假设任何一个子系统都是由 n 个相同的单元并联组成的，并且每个单元的可靠度均为 R_d，则由式(7-69) 可知，系统中子系统的可靠度为：

$$R_p = 1-(1-R_d)^n \tag{7-75}$$

因此，由 m 个该子系统串联组成的系统的总体可靠度为：

$$R_s = (R_p)^m = \left[1-(1-R_d)^n\right]^m \tag{7-76}$$

② 并-串联系统

"并-串联系统"是通过 m 个子系统并联而成的，其中每个子系统又是由 n 个独立的单元串联组成的。并-串联系统的可靠性框图如图 7-4 所示，其中，R_{ij} 是第 i 个子系统中第 j 个单元处的可靠度（$i=1，2，\cdots，m$；$j=1，2，\cdots，n$）。

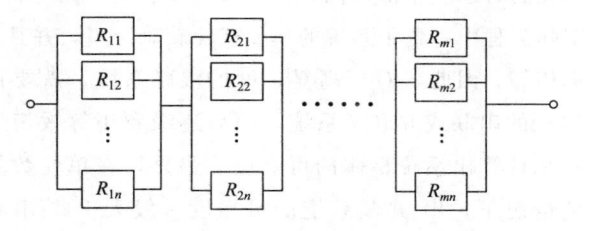

图 7-4　并-串联系统的可靠性框图

假设任何一个子系统都是由 n 个相同的单元串联组成的，并且每个单元的可靠度均为 R_d，则其中子系统的可靠度 R_c 为：

$$R_c = R_d^n \tag{7-77}$$

因此，由 m 个该子系统并联组成的系统的总体可靠度为：

$$R_s(t) = 1 - F_s(t) = 1 - \prod_{i=1}^{m}(1 - R_c)$$
$$= 1 - (1 - R_c)^m = 1 - (1 - R_d^n)^m \qquad (7\text{-}78)$$

在上述图 7-4 中，假设各个子系统是由 n 个完全相同的单元组成的，且其中每个单元的可靠度全部相同，该假设可以有效降低可靠性模型的复杂度，但在实际工程中，各子系统的单元式比较难统一，并且各单元的可靠度也未必都相等。因此，对于高复杂度的混联系统，需要首先将系统简化为若干典型的串联或并联子系统，而后逐级利用等效模型法进行计算，最后再汇总计算出系统整体的可靠度。另外，在单元数量和单元可靠度均相同的情况下，串-并联系统的可靠度一般大于并-串联系统的可靠度。

（4）表决模型

表决系统属于工作贮备系统。它同时将系统中每个单元的输出信号输入到特定的"表决器"中。投票者可以根据预设的"投票规则"检测各单元的工作状态，从而判断和隔离系统中的故障单元。当未发生故障的单元数量少于规定的"有效单元"数量时，系统就可以正常工作，这种可靠性系统被称为表决系统。假设某表决系统由 n 个单元组成，其中只要有 k 个或 k 个以上单元不发生故障，系统就能够正常工作，则称 k 为系统的有效单元数，称此系统为"n 中取 k 不故障系统"，简称"n 中取 k 系统"，记作 $k/n(G)$。显然当 $k=1$ 时，$1/n(G)$ 即为并联系统；当 $k=n$ 时，$n/n(G)$ 就变为了串联系统，$k/n(G)$ 系统可靠性框图如图 7-5 所示。

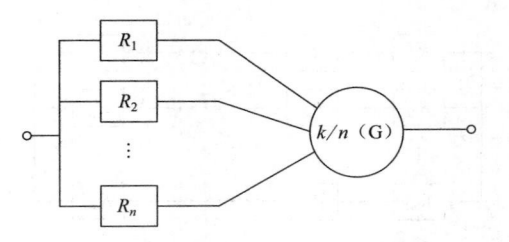

图 7-5　$k/n(G)$ 系统可靠性框图

上图中的"$k/n(G)$"即为 n 中取 k 的表决器。假设表决器的可靠度很高并趋近于 1，并进一步假设系统中各单元的可靠度相等且均为 R_d，则该系统的总体可靠度为：

$$R_{s} = \sum_{i=k}^{n} C_{n}^{i} R_{d}^{i} (1 - R_{d})^{n-i} \tag{7-79}$$

上式中，C_{n}^{i} 表示从 n 个单元中抽取出 i 个正常单元的组合数量，公式为：

$$C_{n}^{i} = \frac{n!}{i!(n-i)!} \tag{7-80}$$

如果系统中各单元的可靠度均是时间 t 的函数，且均服从指数分布，则系统的总体可靠度为：

$$R_{s}(t) = \sum_{i=k}^{n} C_{n}^{i} \mathrm{e}^{-i\lambda t} (1 - \mathrm{e}^{-\lambda t})^{n-i} \tag{7-81}$$

由式(7-81) 可知，虽然系统中各单元的寿命服从指数分布，但表决系统的寿命服从二项分布而不是指数分布，因此系统的 $\mathrm{MTBF_{s}}$ 只能够采用对可靠度的积分进行计算，其表达式如下所示，其中 λ 为各单元的失效率。

$$\mathrm{MTBF_{s}} = \int_{0}^{\infty} R_{s}(t) \mathrm{d}t = \sum_{i=k}^{n} \frac{1}{i\lambda} \tag{7-82}$$

表决系统 $k/n(\mathrm{G})$ 常应用于数字电路以及自动控制系统中，其中"多数表决系统"是一个应用特例，也就是 $(i+1)/(2i+1)(\mathrm{G})$ 系统。其中，$i+1=k$；$2i+1=n$。当该系统由 $(2i+1)$ 个奇数单元组成时，系统是否"正常"由其中 $(i+1)$ 个单元的工作状态决定。而在多数表决系统里，又以 $i=1$ 的"三中取二系统"最为常用，即 $2/3(\mathrm{G})$ 表决系统，该系统的可靠性框图如图 7-6 所示。

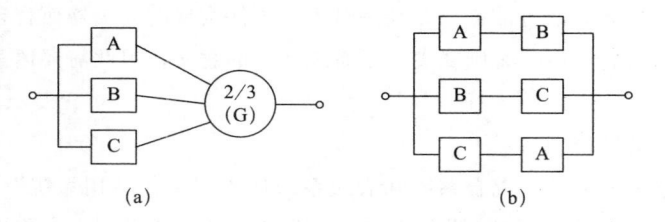

(a)　　　　　　　　　(b)

图 7-6　$2/3$（G）表决系统可靠性框图

图 7-6 中（b）为（a）的等效模型，假设图中单元 A、B、C 的寿命服从指数分布，并且具有相同的可靠度，则将 $k=2$，$n=3$ 代入式(7-81) 和式(7-82)，便可以求得 $2/3(\mathrm{G})$ 系统的可靠度 $R_{2/3}(t)$ 和 $\mathrm{MTBF_{2/3}}$，其表达式如下：

$$R_{2/3}(t) = 3e^{-2\lambda t} - e^{-3\lambda t} \qquad (7\text{-}83)$$

$$\text{MTBF}_{2/3} = \frac{5}{6\lambda} \qquad (7\text{-}84)$$

对于 3 单元并联系统 1/3(G) 而言，将 $k=1$、$n=3$ 代入式(7-82) 可以求得系统平均故障间隔时间为：

$$\text{MTBF}_{1/3} = \frac{11}{6\lambda} \qquad (7\text{-}85)$$

对于 3 单元串联系统 3/3(G) 而言，将 $k=3$、$n=3$ 代入式(7-82) 可以求得系统平均故障间隔时间为：

$$\text{MTBF}_{3/3} = \frac{1}{3\lambda} \qquad (7\text{-}86)$$

对比式(7-84)、式(7-85) 和式(7-86) 可知，三个单元组成的 2/3(G) 表决系统的平均故障间隔时间，比由相同单元组成的串联系统 3/3(G) 的平均故障间隔时间长；比由相同单元组成的并联系统 1/3(G) 的平均故障间隔时间短；并且低于一个单元的平均故障间隔时间。由此可见，表决系统的系统整体可靠性介于并联系统与串联系统之间。

以上的各项分析均建立在表决器完全可靠的前提情况下，如果表决器本身不完全可靠，则还应考虑表决器的可靠度，这时整个表决系统的可靠度为：

$$R_s(t) = R_v \sum_{i=k}^{n} C_n^i R_d^i (1 - R_d)^{n-i} \qquad (7\text{-}87)$$

上式中，R_v 为表决器的可靠度。由上式可知，表决器的可靠度在整个系统中占相当大的比重，因此在设计时就要使得表决器的可靠度要远远高于各组成单元的可靠度。尤其是对于用硬件实现的表决器而言，对其可靠度的要求将更高，否则就失去了系统冗余的意义，因此需要慎重使用表决系统。

（5）旁联模型

上述并联系统、混合系统和表决系统属于"工作备用系统"。它的共同特点是所有单元同时工作，每个单元同时充当工作单元，又作为贮备单元。在"非工作备用"系统中，只有一台机组工作，其他机组不工作，即处于待机（备用）状态；当工作单元发生故障时，系统立即分配第一个备用单元接管工作；如果更换的机组也出现故障，系统将立即分配下一个备用机组接管工作；因此，系统将不会停止正常工作，直到所有备用单元发生故障。因此，该系统称为非工作备用系统，也称为"旁联系统"。显然，在非工作备用系统中至少需要一个故障检测器和一个机组切换开关。根据备用机组在备用期间的不同故障率，非工作备用系统可分为冷备用系统和热备用系统、温备用系统。冷备用系统是指系统中处于备用状态的机组不能发生故障，即备用机组的故障概率为零；热备用系统是指系统中处于备用状态的机组可能发生故障，且备用机组的故障概率等于工作机组的故障概率；温备用系统是指系统中处于备用状态的机组可能发生故障，备用机组的故障概率介于冷备用系统和热备用系统之间。可以看出，当热备用系统处于备用模式时，也可能发生故障。

从以上概念可以看出，冷备用系统只是一种理想状态，在实际工程应用中并不存在，仅用于模型简化过程。在实际应用过程中，即使备用机组未通电，也会受到温度、湿度、振动、冲击等因素的影响，可能出现故障。因此，故障概率不是零，但故障概率没有运行期间高，而是介于工作和非工作之间。因此，热备用系统在实际工程中更为普遍。一般来说，热备用系统中备用机组的性能一直处于缓慢恶化的过程中，直至最终累积为故障。由于热备用系统及其备用单元在备用过程中可能发生故障，因此可靠性数学模型比冷备系统的可靠性数学模型更为复杂。下文仅简要介绍冷备用系统的可靠性。

假设在冷备用系统中存在 n 个单元，而只有一个单元工作，其余 $(n-1)$ 个单元均不工作，处于待机（备用）状态，冷备用系统的可靠性框图如图 7-7 所示。

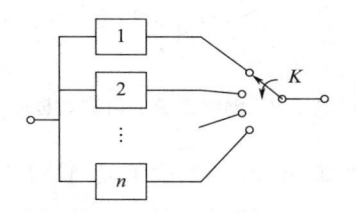

图 7-7　冷备用系统的可靠性框图

在上图中，K 是一个集成故障检测和转换开关的装置。此外，假设故障检测器和转换开关完全可靠，且每个机组的寿命服从指数分布，则系统的总平均无故障时间等于系统中每个机组的平均无故障时间之和，其表达式为：

$$\mathrm{MTBF_s} = \sum_{i=1}^{n} \mathrm{MTBF}_i = \sum_{i=1}^{n} \frac{1}{\lambda_i} \tag{7-88}$$

由式(7-88)可以看出，非工作备用系统的最大优点是大大提高了系统的任务可靠性，但其缺点也十分显著：增加了设备冗余成本，会使得系统结构相对复杂，并且对故障检测和切换开关的可靠性要求会非常高，其失效率应低于任一单元失效率的50%。因此，应谨慎选择非工作备用系统并进行综合权衡。

（6）网络模型

在实际工程应用中，除了上述的串联、并联、混联、表决和旁联这些典型的模型之外，还存在一类更为复杂的网络模型，其系统具有冗余或替代功能以避免单个单元故障所导致的失效，但并非采用并联、表决或旁联形式，而是采用一种网络连接的形式。图 7-8 是网络系统的可靠性框图，从图中可以看出，其可靠性的数学模型复杂，难以建立一般表达式；此外，网络模型可靠性框图中的单元具有流向，反映了系统中各种功能之间的流动关系。复杂网络模型的可靠性数学建模比较困难，但可以采用完全枚举法和条件概率法对其进行描述。

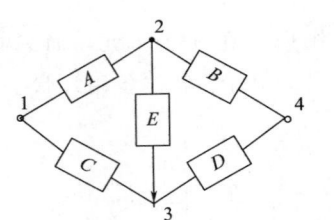

图 7-8　网络系统的可靠性框图

由图 7-8 可知，当单元 A、B，或单元 A、D、E，或单元 C、D 都无故障时，系统功能才能保证正常。因此利用完全列举法，该网络系统的可靠度表达式为：

$$
\begin{aligned}
R_s(t) &= P(AB \cup ADE \cup CD) \\
&= P(AB) + P(ADE) + P(CD) - P(ABDE) \\
&\quad - P(ABCD) - P(ACDE) + P(ABCDE) \\
&= R_A R_B + R_A R_D R_E + R_C R_D - R_A R_B R_D R_E \\
&\quad - R_A R_B R_C R_D - R_A R_C R_D R_E + R_A R_B R_C R_D R_E
\end{aligned} \tag{7-89}
$$

对于单元数较少的网络系统，完全枚举法是非常有效的，在枚举过程中可以很好地分析系统。然而，对于具有大量元素的复杂系统，完全枚举法的工程量将非常大。此时，计算机可以根据遍历的思想自动求解，从而大大减少复杂系统的工程计算量。根据总概率定律，条件概率法是一种允许系统在特定时间由选定单元分解的方法。当然，随着系统中元素数量的增加，条件概率法求解的难度也随之增加。然而，对于单元数较少的系统或某些特殊的复杂系统是非常有效的。

除上述两种方法外，最小路径集和最小割集方法在工业研究领域中也被广泛应用于构建系统的可靠性模型。同时，这两种方法对于整个系统可靠性的相关性分析非常有效，有助于提高系统的可靠性，减少致命故障的发生。

7.3
采煤机整机历史可靠性分析

采煤机是典型的机电液一体化的复杂设备，长期在恶劣环境下工作，并且受到时间、空间的约束故其维修难度大、成本高。因此在设计过程中，根据经验和计算对其硬件结构的可靠性进行了分析。但实际工作过程中，由于地质条件恶劣，超负荷工作，缺乏有计划的维护保养等问题，采煤机在工作过程中发生故障而导致停机抢修的情况时有发生。因此有必要对采煤机的硬件结构进行分析，结合常见故障，建立采煤机零部件与系统的可靠度框图，并结合现场的实际维修数据建立采煤机的可靠性模型，并在此基础上对可靠性数据进行分析，以指导现场制订维护保养计划与配件储备计划。

7.3.1 采煤机硬件结构

采煤机的主要硬件结构包括：牵引部、截割部、液压系统、电控系统、附属装置。对于采煤机主要硬件结构的研究，有利于后续采煤机故障的建模与分析。

（1）牵引部结构分析

采煤机牵引部主要由牵引电机、传动箱和外牵引机构组成。牵引部由牵引电机驱动，为了适应不同的煤层地质条件的需要，牵引电机采用变频器变频调速控制以获得不同的电机转速，从而带动采煤机按照所需的速度前进。

牵引部安装在采煤机靠近采空区一侧的两端，通过液压拉杆与采煤机主体连接。牵引部分装有驱动轮，驱动轮与采煤工作面刮板输送机上的齿轨啮合，在驱动轮的旋转下驱动采煤机沿刮板输送机运行。牵引部分上的导靴用于确保驱动轮和齿轮导轨之间的正确接合。牵引传动箱配有制动器，当采煤机停止时制动器锁定，以防止采煤机滑动。牵引传动箱上下各有三个凹槽，凹槽底部与主机架定位块对接，以保证牵引传动箱的安装精度要求。牵引传动箱的输入端通过轴与牵引电机连接，第一轴通过齿轮 1 与第二轴连接，齿轮 1 通过花键与第二轴连接，第二轴通过齿轮 2 与第三轴连接，齿轮 2 通过齿轮 3 与第三轴相连，齿轮 3 通过花键带动太阳齿轮转动，太阳齿轮将运动传递给行星机构，行星机构利用两端带花键的轴将减速后的动力传递给外部牵引机构，从而驱动采煤机。图 7-9 所示为牵引部传动箱结构。

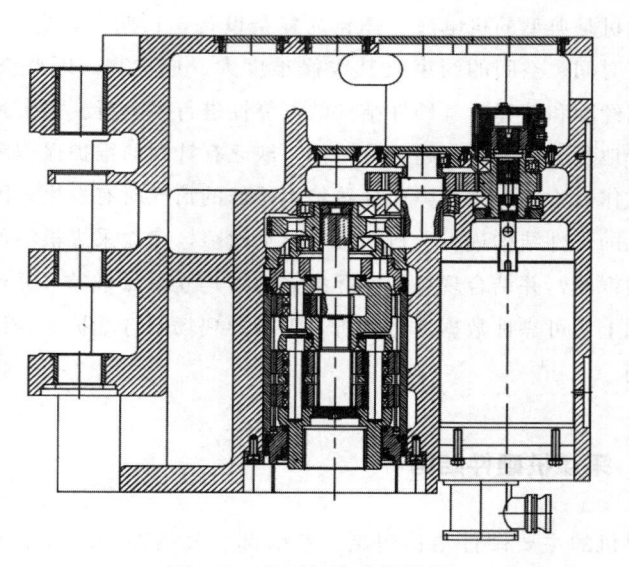

图 7-9　牵引部传动箱结构

（2）截割部结构分析

采煤机的截割部由截割电机、齿轮减速箱、滚筒等组成。其中，左右两个摇臂均由交流电机驱动，通过齿轮减速箱降低转速提高转矩，并将动力传给截割滚筒，驱动其旋转以实现截割煤层的功能。为满足不同煤层高度的需要，采煤机可以通过升降摇臂调整整机采高。当然，摇臂的调节范围受调高油缸行程与提升托架半径的影响，只能在一定范围内动作。采煤机截割部的传动系统结构如图 7-10 所示。由摇臂端部的交流电动机直接通过联轴器与齿轮轴相连，之后通过接下来的四个惰轮将旋转运动传递至行星轮减速机构的输入端，之后通过两级行星轮传动，降低转速增大扭矩后最终带动滚筒转动实现截割煤壁的功能。另外，电机的采空侧端部装有离合器，通过插拔离合手柄能够使滚筒与电机输出端连接或断开，起到过载保护与方便检修的作用。

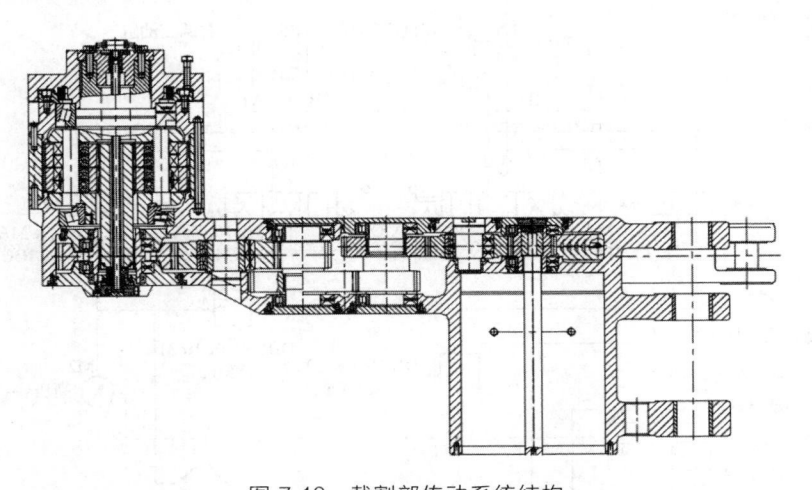

图 7-10　截割部传动系统结构

滚筒是采煤机的主要工作输出机构。其主要功能包括：通过滚筒上的截割齿从煤壁上截割煤；通过滚筒上的螺旋叶片将截割的煤装载到刮板输送机上。另外，滚筒上的外喷雾冷却装置可以起到减少煤尘、延长截齿寿命的作用。此外，转鼓的结构参数直接影响到煤块率、煤尘粒径和整机的稳定性。截割滚筒采用螺旋焊接结构。为提高采煤机的工作效率，刀具采用齿座、齿套和截齿三件式组合结构，增加了端盘、刀片和壳体的厚度，提高了滚筒的可靠性。滚筒端板设计为碟形结构，可有效降低滚筒截割过程中端板与煤壁之间的摩擦阻力。截割滚筒通过锥形法兰结构与摇臂输出轴连接，并用螺栓轴向固定，防止截割滚筒在采煤机工作过程中轴向移动。

（3）液压系统结构分析

采煤机的液压系统主要负责摇臂、破碎滚筒、掩护板的升降以及制动抱闸的任务，其系统结构主要由液压泵、过滤器、压力表、阀组、接头、三通、油管、油缸等组成，如图 7-11 所示。其中，调高阀组采用电子阀和手动阀共存的冗余模式，确保在电子阀发生故障失效后，还可以手动对调高油缸进行调节。液压系统中设有安全回路，当系统内油压超过设定的安全值后，安全回路动作卸载油压，从而防止系统中的油缸过载。

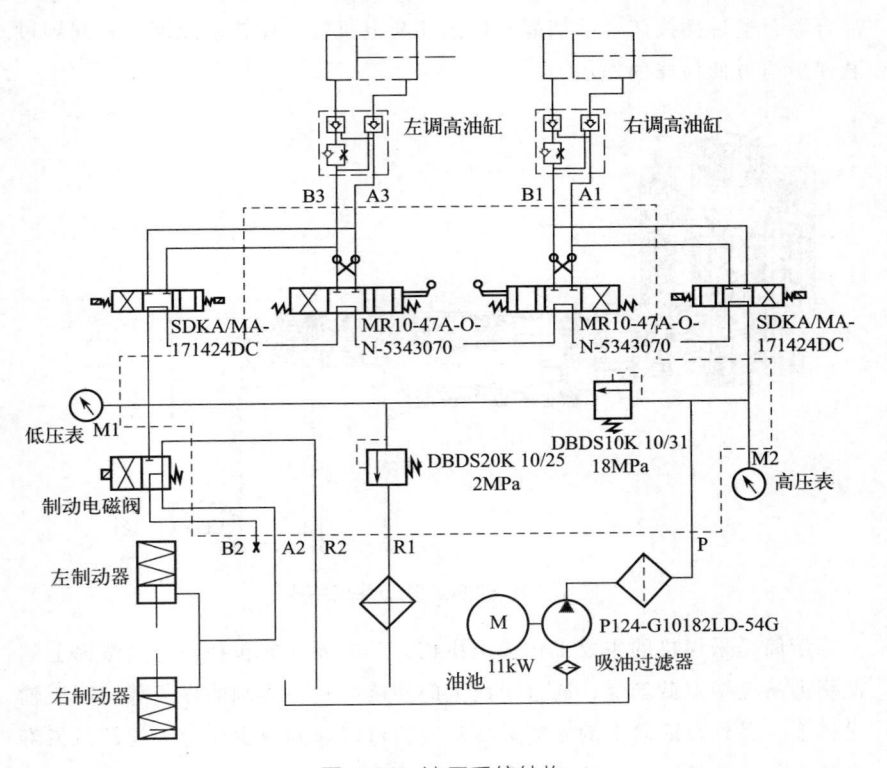

图 7-11　液压系统结构

（4）电控系统结构分析

采煤机的电控系统主要由先导回路、高压回路、变压器、遥控器、主控制器、变频器、输出电磁阀、输入传感器、输入按钮等组成。采煤机靠拖拽电缆提供动力输入，先导回路负责在前方刮板机等其他设备准备就绪后允许动力电缆供电。动力电缆通过高压隔离开关连接到电控系统回路上，而后经过变压器降低电压供其他电气设备使用。电控系统的核心是主控制器，控制器通过有线或无线方式接受输入按钮的命令并控制输出设备执行相应的动作，在运行过程中通过传感器获取各设备的工作状态，如果发现设备数据异常，再根据具体严重程度决定是报警还是停机。图 7-12 所示为主控制器结构。

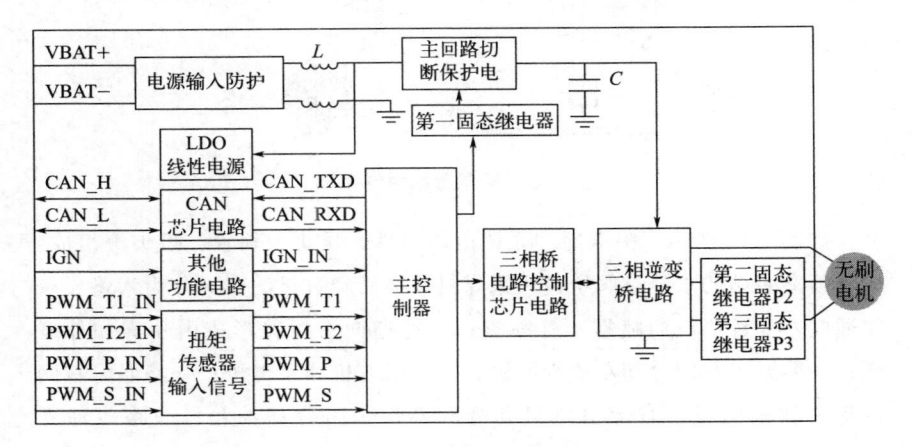

图 7-12 主控制器结构

电控系统中的继电器、变压器、线缆接头、按钮等在现场工作过程中，由于高强度的振动导致其可靠性较差。电控系统故障一般较容易恢复，但查找故障源往往比较困难，需要结合现场经验进行具体分析。

（5）附属装置结构分析

① 支撑滑靴组件

支撑滑靴组件安装于采煤机靠近煤壁侧的两端，起到支撑采煤机重量，使其沿刮板机方向运动的作用。支撑滑靴组件的结构如图 7-13 所示，支撑滑靴组件主要由滑靴架、滑靴轴、销轴、平滑靴组成。

② 喷雾冷却系统

采煤机喷雾冷却系统的主要功能是减少工作面上的煤尘量、稀释瓦斯、湿润煤层，改善操作人员的工作条件。采煤机喷雾冷却系统用于冷却切割电机、牵引电机、泵电机，用于冷却采煤机截割传动部分和牵引传动部分，用于冷却采煤机的油箱、变压器和变频器。

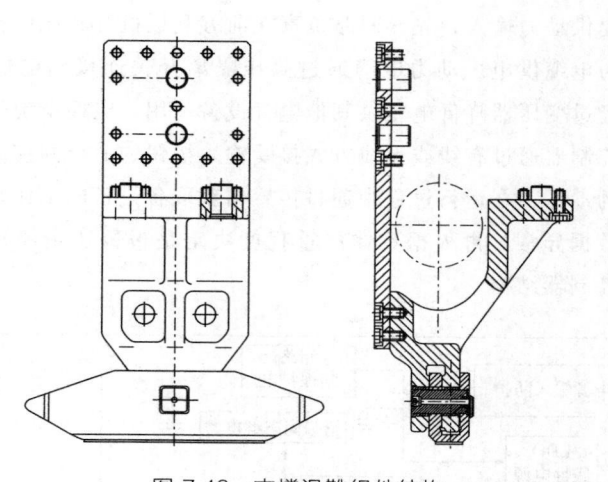

图 7-13　支撑滑靴组件结构

　　如图 7-14 所示。喷雾冷却系统由阀组件、接头、软管、喷头等组成。来自喷雾泵站的水经过阀组进入采煤机，而后经过过滤器后分为六路：一路通向左摇臂形成内喷雾和外喷雾；一路通向右摇臂形成内喷雾和外喷雾；一路通向左侧冷却左截割电机、左牵引电机和泵电机；一路通向右侧冷却右截割电机、右牵引电机和变频器；一路冷却油箱；一路冷却变

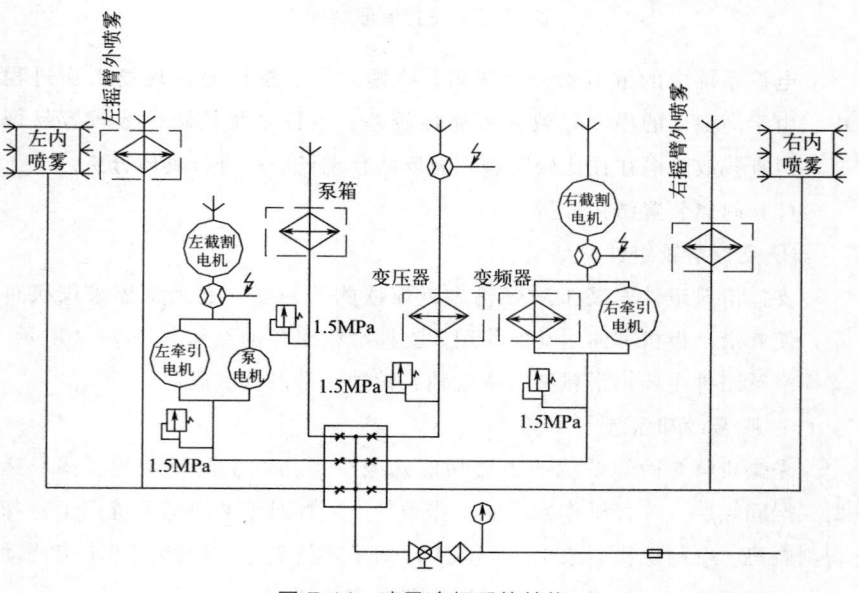

图 7-14　喷雾冷却系统结构

压器。

③ 拖缆装置

如图 7-15 所示，拖缆装置由拖缆架、销轴、链条等组成。当采煤机沿采煤工作面运行时，拖缆装置能够起到拖拽电缆和水管的作用，保护其在拖拽时不会被拉坏，并保持电缆夹在工作面输送机的电缆槽内水平运动。在实际工作过程中，由于采煤机沿采面的往复运动，以及截割过程中的剧烈振动，经常发生由电缆脱轨或电缆反复折叠挤压所导致的故障。

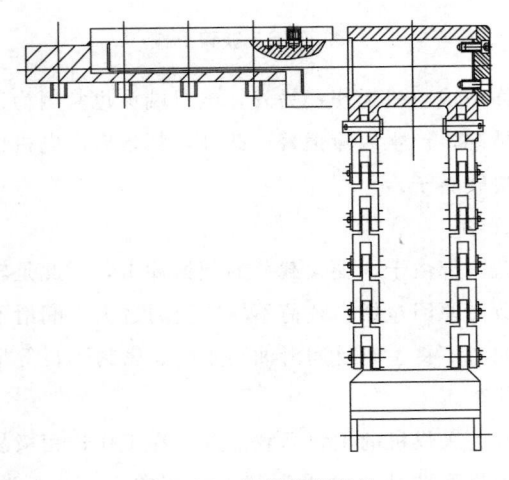

图 7-15　拖缆装置结构

④ 破碎机构

破碎机构是采煤机的可选附属装置，一般安装在大型采煤机上。在较厚煤层开采过程中，落煤程度较大，有必要使用破碎机构来破碎煤，以便煤流能够顺利通过机身底部。破碎机构主要由摇臂、液压缸、破碎滚筒等部件组成，如图 7-16 所示。通过液压缸的伸缩调节破碎滚筒的高度。

7.3.2　采煤机常见故障

综采工作面的工况条件复杂，导致采煤机的实际故障类型繁杂，现针对常见的故障类型进行分析。

（1）电机故障

在电机输出轴装配过程中，如果安装不到位，将导致齿套与外齿不同

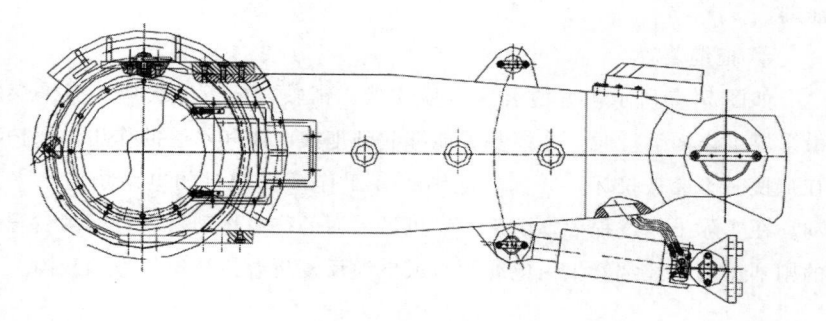

图 7-16　破碎机构

轴的情况，从而造成电机损伤；另外，电机端头也常因为进油、进水而造成绝缘降低的情况，产生故障报警；此外，频繁启停电机也会造成电机过热报警，甚至烧毁转子。

（2）轴承故障

牵引部与截割部由于承受大载荷的频繁冲击，因此是轴承故障的频发部件，其主要故障原因包括：载荷不均、受力过大、润滑不良以及制造缺陷等。其中，润滑不良主要是润滑油路不畅、密封不良等情况导致的。

（3）滑靴故障

导向滑靴作为采煤机的主要承载部件，在工作过程极易损坏，其主要原因在于在刮板机弯曲处极易受到刮板的侧向力，从而造成磨损甚至撕裂；另外，滑靴在设计加工过程中如内档尺寸较小也将造成与刮板间的干涉现象，从而造成滑靴严重磨损。

（4）行走轮故障

由于夹矸以及刮板机弯曲过大等问题，经常导致行走轮承受过大的冲击载荷，如果行走轮铸造过程中存在缺陷则极易产生裂纹甚至断裂；另外，行走轮与销排连接处常出现节距变化，导致啮合过程中产生额外的冲击或磨损。

7.3.3　采煤机可靠性框图

采煤机的硬件结构包括牵引系统、截割系统、液压系统、电控系统、附属装置等子系统，无论哪个子系统发生故障都将影响采煤机的正常运行，因此采煤机的硬件系统是由牵引系统、截割系统、液压系统、电控系统、附属装置组成的串联系统，并且各子系统中的主要零部件也均为串联关系。据此可构建出采煤机硬件系统主要零部件的可靠性框图，作为建立采煤机可靠性模型的依据。

（1）牵引子系统（见图 7-17）

采煤机牵引系统主要由牵引电机、牵引传动箱、外牵引串联组成。其中，牵引传动箱由一轴组件、二轴组件、三轴组件、行星机构、箱体串联组成；外牵引主要由轴、轴承、齿轮组件、箱体串联组成。

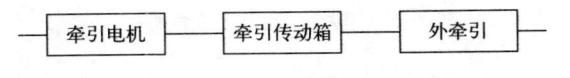

图 7-17 牵引子系统可靠性框图

（2）截割子系统（见图 7-18）

采煤机截割系统主要由截割电机、摇臂、滚筒串联组成。其中，摇臂主要由齿轮、齿轮轴、轴承、轴承座、密封圈、密封座、垫圈等串联组成。

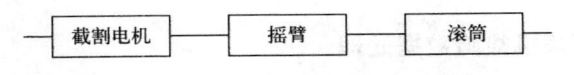

图 7-18 截割子系统可靠性框图

（3）液压子系统（见图 7-19）

采煤机液压系统主要由液压泵、过滤器、液压仪表、阀组、接头、三通、油管、调高油缸等串联组成。其中，调高油缸主要由活塞杆、端盖、缸体、阀组、轴套、压盖、销轴、密封圈等串联组成。

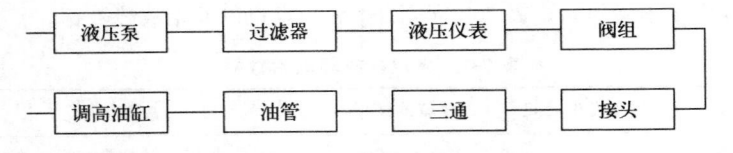

图 7-19 液压子系统可靠性框图

（4）电控子系统（见图 7-20）

采煤机电控系统主要由先导回路、高压回路、变压器、遥控器、主控制器、变频器、输出电磁阀、输入传感器、输入按钮等串联组成。

（5）附属子系统（见图 7-21）

采煤机辅助装置主要由拖缆装置、喷雾冷却系统、破碎机构、主机架、支撑滑靴等串联组成。其中，支撑滑靴主要由滑靴架、滑靴轴、滑靴架销轴、滑靴轴挡板、平滑靴等串联组成。

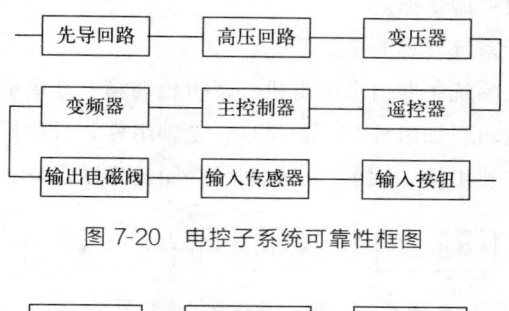

图 7-20　电控子系统可靠性框图

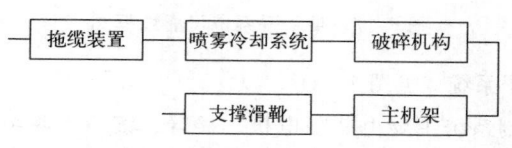

图 7-21　附属子系统可靠性框图

7.3.4　采煤机故障数据处理

采煤机整机的可靠性研究，需要首先对采煤机工作过程中的故障数据进行调研收集与处理，在此基础上进行可靠性分析计算，并以此作为采煤机可靠性设计、研究、分析、评定和改进的有效依据。通过有计划、有目的地收集和分析系统各组成单元的可靠性数据，可定量评定系统的可靠性水平，发现其可靠性的薄弱环节和产生原因，经过改进，使系统的性能与可靠性水平不断提高，表 7-1 为某工作面采煤机的原始故障数据。

表 7-1　采煤机故障原始数据

日期	故障发生时间	故障维修时间	故障情况
1/21	06:10	06:10—08:00	采煤机调高泵油管漏油
1/30	09:30	09:30—11:30	采煤机机头截割电机故障
2/10	06:00	06:00—14:30	采煤机不牵引,行走部损坏
2/18	03:00	03:00—05:50	采煤机机头力矩轴花键损坏
2/27	04:25	04:25—14:25	采煤机机尾截割电机轴承断裂
3/10	08:50	08:50—13:30	采煤机机尾滚筒损坏
3/18	21:00	21:00—23:00	采煤机机尾液压锁损坏

日期	故障发生时间	故障维修时间	故障情况
3/26	11:00	11:00—14:30	采煤机机头行走部损坏
4/01	12:00	12:00—14:00	采煤机滚筒轴头油封损坏
4/15	09:00	09:00—10:40	采煤机机身对口螺栓松
5/02	06:30	06:30—10:00	采煤机顶闸,采煤机电缆缺相
5/16	20:35	20:35—01:25	采煤机不升降,阀堵塞
5/30	03:30	03:30—06:30	采煤机电缆被挤开破口
6/05	22:00	22:00—24:40	采煤机不启动
6/14	04:00	04:00—07:00	采煤机顶闸
6/20	04:00	04:00—07:00	采煤机调高泵故障
6/30	08:20	08:20—13:00	采煤机不升降
7/10	20:40	20:40—23:20	采煤机行走部三条螺栓断裂
7/19	08:50	08:50—10:10	采煤机履带断裂
7/22	04:10	04:10—09:30	采煤机摇臂定位销子掉落
7/29	20:50	20:50—23:50	采煤机电缆顶闸,接线盒损坏
8/03	12:20	12:20—13:25	采煤机油管漏油
8/06	05:30	05:30—06:30	采煤机漏油,空心螺栓垫坏
8/10	10:30	10:30—12:00	采煤机顶闸,截割电机进水
8/16	10:20	10:20—12:00	采煤机不牵引
8/21	21:30	21:30—01:30	采煤机漏油
8/26	03:00	03:00—06:00	机头截割电机损坏,电缆缺相
8/28	11:50	11:50—14:30	采煤机电缆漏电
9/01	13:30	13:30—14:30	采煤机接触器故障
9/05	08:50	08:50—10:20	采煤机截割电机螺栓损坏
9/07	22:40	22:40—24:40	采煤机截割电机力矩轴承损坏

现场收集到的采煤机原始故障数据,往往杂乱无章不能直接用于对系统可靠性的分析判断,需要首先对数据进行汇总处理。作为可维修系统,采煤机的可靠性数据中最重要的是无故障工作时间和故障维修时间,因此对以上原始数据处理后的采煤机故障数据如表7-2所示。

表 7-2 采煤机故障处理数据

序号	无故障工作时间/min	故障维修时间/min
1	14950	110
2	13160	120

续表

序号	无故障工作时间/min	故障维修时间/min
3	15630	510
4	11340	170
5	13045	600
6	16105	280
7	12250	120
8	10920	210
9	8700	120
10	19980	100
11	24330	210
12	21005	350
13	19135	180
14	9750	160
15	11880	180
16	8640	180
17	14660	280
18	15140	160
19	12250	80
20	4040	320
21	11080	180
22	6690	60
23	3910	60
24	6060	90
25	8630	100
26	7870	240
27	6090	180
28	3410	160
29	5860	60
30	5480	90
31	3710	120

7.3.5 采煤机可靠性模型拟合

可靠性模型拟合的过程就是利用概率论与数理统计相关理论对可靠性

数据进行分析并找出其分布规律的过程，主要过程如图 7-22 所示。其主要步骤包括：在对采煤机现场故障数据进行搜集的基础上，获取无故障工作时间与故障维修时间并绘制直方图，假设无故障工作时间及故障时间的分布类型，进行参数估计，并对假设分布类型进行检验等。本书根据无故障工作时间和故障维修时间的直方图，假设其故障分布类型，而后使用假设概率分布对参数进行估计，并通过 K-S 检验法利用采煤机实际故障数据对假设的分布函数进行检验。分别得到采煤机无故障运行时间与故障维修时间的参数估计与假设检验结果。

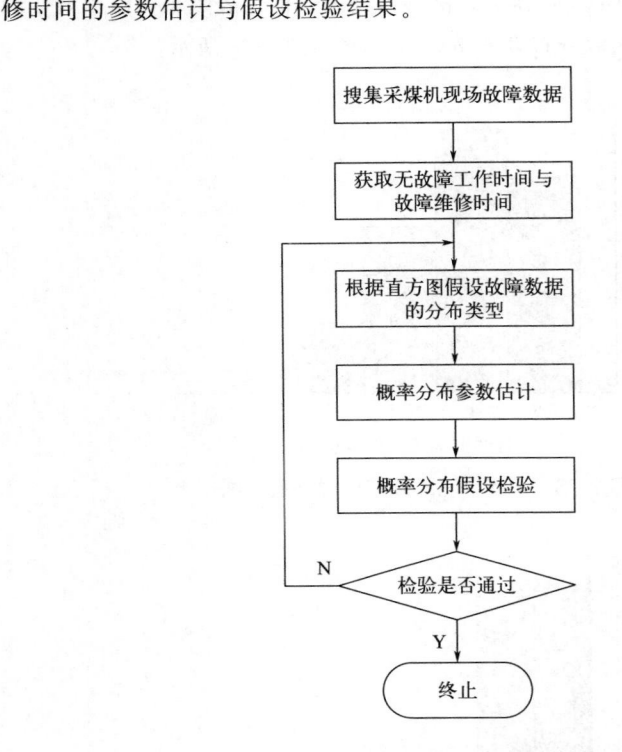

图 7-22 采煤机可靠性模型拟合框图

（1）可靠性数据分布频数直方图

由表 7-2 可得无故障工作时间为

data1＝[14950,13160,15630,11340,13045,16105,12250,10920,8700,19980,24330,21005,19135,9750,11880,8640,14660,15140,12250,4040,11080,6690,3910,6060,8630,7870,6090,3410,5860,5480,3710]

故障维修时间为

data2＝[110,120,510,170,600,280,120,210,120,100,210,350,180, 160,180,180,280,160,80,320,180,60,60,90,100,240,180,160,60,90,120]

将采煤机无故障工作时间数据 data1 的区间中点存放于向量 nb1 中

nb1＝[5000,10000,15000,20000,25000]

将采煤机故障维修时间数据 data2 的区间中点存放于向量 nb2 中

nb2＝[100,200,300,400,500,600,700]

则利用 MATLAB 中的 hist 函数，能够得到采煤机无故障工作时间与采煤机故障维修时间的频数分布直方图如图 7-23 与图 7-24 所示。

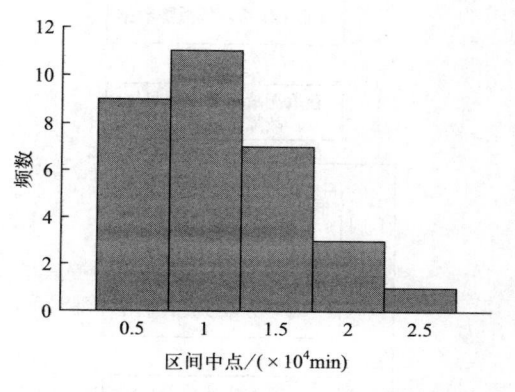

图 7-23　采煤机无故障工作时间直方图

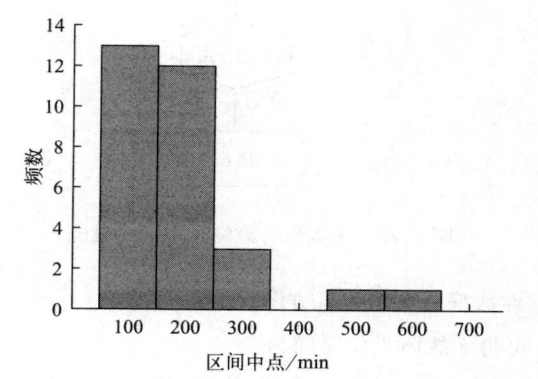

图 7-24　采煤机故障维修时间直方图

（2）参数估计与假设检验

根据直方图中的形状，假设可靠性数据服从某一概率分布，而后再利用 MATLAB 中的对应的功能命令进行概率分布验证。本例中初步判断为正态分布函数，利用 cdfplot 命令可以获取故障数据的均值与标准差，而后通过 normcdf 命令构建拟合的正态分布，并通过 kstest 命令对假设的概率分布进行验证。

从表 7-3 中可以看出对采煤机无故障工作时间进行的假设检验结果中，$H=0$ 表示接受其符合正态分布的假设，统计量 Ksstat 小于临界值 CV 也表示接受其符合正态分布的假设，其置信度为 0.95。

表 7-3　采煤机无故障工作时间参数估计与假设检验

参数	μ	σ	H	Ksstat	CV
数值	1.1152e+04	5.4519e+03	0	0.0929	0.2379

从表 7-4 中可以看出对采煤机故障维修时间进行的假设检验结果中，$H=0$ 表示接受其符合正态分布的假设，统计量 Ksstat 小于临界值 CV 也表示接受其符合正态分布的假设，其置信度为 0.95。

表 7-4　采煤机故障维修时间参数估计与假设检验

参数	μ	σ	H	Ksstat	CV
数值	191.2903	133.1100	0	0.2304	0.2379

7.3.6　采煤机可靠性数据分析

利用以上可靠性模型的拟合结果，结合可靠性分析中常用的概率分布相关理论，可以进一步得出采煤机相关可靠性指标。

平均无故障时间 MTBF＝1.1152e+04 h

平均修复时间 MTTR＝191.2903 h

平均有效度 A＝MTBF/(MTBF＋MTTR)＝0.9831

由表 7-5 中可以看出，在该采煤机各子系统的故障维修时间中，截割子系统和液压子系统的故障占比较高，分别为 36.16% 与 24.22%；其次主要为牵引子系统与附属装置子系统的故障，占比分别为 15.22% 与 15.74%；而电控子系统的故障维修时间占比仅为 8.65%，这也反映出虽然电控子系统故障排查较为困难但实施维修工作却较为便捷。

表 7-5　采煤机各子系统故障统计表

项目	牵引子系统	截割子系统	液压子系统	电控子系统	附属子系统
故障维修时间/min	880	2090	1400	500	910
占比	15.22%	36.16%	24.22%	8.65%	15.74%

思考题

1. 可靠性特征指标主要有哪些？分别描述了系统可靠性的哪些方面？

2. 热备用（Hot Standby）和冷备用（Cold Standby）系统的可靠性有什么特点？为什么说热备用系统的可靠性数学模型比冷备用系统的更复杂？

3. 混联模型中串-并联系统和并-串联系统在可靠性方面有什么不同？

4. MTBF 和 MTTR 分别指的是可靠性的哪些指标？如何通过 MTBF 和 MTTR 计算平均有效度？

5. 采煤机历史可靠性分析主要涉及哪些环节？其中最关键的是哪几个环节？

8 基于相关失效的采煤机动态可靠性分析方法

8.1　现状分析

8.2　相关基本理论

8.3　采煤机的动态可靠性分析

8.4　采煤机各切削模式下工作载荷实时监测系统的建立

8.5　动态载荷作用下的基于人工智能的采煤机各切削模式实时动态可靠性建模

采煤机的运行是一个典型的动态过程，传统的可靠性分析理论与方法大多针对的是零部件或系统的静态特性，而实际生产过程中，工作载荷等动态变化的因素将直接影响到采煤机零部件与系统的可靠性。另外，一般的可靠性分析都假设组件之间的故障失效是独立的，忽视了零件间失效的相关性，得出的可靠性数据存在较大误差。因此，有必要对基于相关失效的采煤机动态可靠性分析方法进行深入研究。

8.1
现状分析

8.1.1　相关失效的研究现状

1969 年，Epler 教授首次提出相关失效模型[70]，其最初模型来源于波音公司研究院 Marshall 和美国 Stanford 大学 Olki 教授的多维指数分布模型[71]。此后，国际上掀起了相关失效研究的热潮，比如：美国通用原子能公司的 Fleming，提出了 β 因子模型[72]，具有参数个数少，简单灵活易于掌握的特点，成为应用于可靠性分析的第一个参数模型。美国 Argonne 国家实验室的 Vaurio，提出了基本参数（BP）模型，各阶失效概率可以直接通过已知的失效数据计算得出，但在缺乏相关失效数据的情况下往往会导致模型出现较大误差[73]。之后，美国波音公司 Fleming，基于 β 因子模型再次提出了多希腊字母（MGL）模型[74]，成为目前相关失效分析时广泛使用的多参数模型之一。美国 Maryland 大学的 Mosle 教授，提出了 α 因子模型（AFM），与 β 因子模型相比提高了计算的精确度[75]。2012 年瑞士 Žilina 大学的 Ilavský 教授，利用马尔科夫链建立了相关失效模型，并将其应用到对可靠度关联控制系统的研究[76]。2015 年智利 Adolfo 大学的 Barrera 教授，利用 Marshall-Olkin 耦合模型，对相关失效情况下的通信网络可靠性进行了分析研究[77]。2015 年英国 Durham 大学的 Coolen 教授，基于 Survival Signature 模型分析了系统中各部件的相关失效，进而预测了系统的可靠性[78]。

国内对于相关失效的研究也已有 20 年历史：1995 年哈尔滨工业大学的安伟光教授，在著述中阐明了机械系统失效的相关性[79]。此后，东南大学的冷护基教授，讨论了相关失效在系统可靠性分析中的影响[80]。清华大学核能所的李铎教授，引入了 β 因子模型，用于计算由相关失效导致系统失效的概率[81]。中国工程院的王光远院士，提出了一种计算条件概率的方法，使得串联系统相关失效的可靠性问题得到了初步解决[82]。东北大学的谢里阳教授，建立了相关失效的多维离散化模型[83]；提出了"应力-强度"干涉理论，并应用次序统计量理论分析与构建了相关失效系统的可靠性模型[84]。近年来，国内相关失效理论得到了进一步的发展和应用：2012 年东北大学的张义民教授及其团队，对具有相关失效模式转子系统的可靠性进行了研究，并通过数值计算验证了其有效性[85]。2013年中国矿业大学的何富连教授及其团队，对支架液压系统相关失效可靠性的计算分析方法进行了研究，并推导出了相关失效的离散化计算公式[86]。2014 年中国核动力研究院贺理工程师及其团队，采用 β 因子模型分别计算出不考虑相关失效和考虑相关失效情况下的平均失效概率，得出了系统越安全相关失效对平均失效概率的影响力越大的结论[87]。2015 年同济大学的曾小清教授及其团队，通过对列控系统失效特征的分析、建模和计算表明，相关失效对系统安全有着显著影响。

由以上国内外对于相关失效的研究现状可以看出，相关失效的存在具有普遍性，并且对系统的可靠性有很大影响。目前国内外学者已成功利用相关失效理论对机械部件、通信网络、控制系统、核能方面的可靠性问题进行了研究。但迄今为止，国际上尚未见到有关针对采煤机各部件及子系统相关失效问题的研究，如果将相关失效理论引入到采煤机部件及其整机的可靠性研究中，从理论上来说，应该可以进一步提高采煤机实际生产操作的可靠性。

8.1.2 动态可靠性的研究现状

近几年来，国外在动态可靠性方面，进行了大量的研究工作。2006年意大利 Palermo 大学的 Beckera 教授，考虑到离散状态变换点的不确定性，基于 Markov 方法提出了一种动态可靠性理论。2011 年法国 Lorraine理工学院的 Castañeda 教授，利用随机混合自动机（SHA）模型分析了典型动态系统的可靠性，并将数据与 Petri 网络模型以及 Markov 模型进行了对比，验证了模型的可行性。2012 年美国 Illinois 理工学院的 Modares教授，利用离散状态模型对外部载荷进行仿真，进而分析了外部载荷作用下剪切梁的可靠性，并将结果与 Monte Carlo 法进行了横向对比，证明了算法的正确性。2013 年德国 Paderborn 大学的 Anwer 教授，在硬件设计过程中充分考虑动态载荷对可靠性的影响，在容错机制允许的前提下，寻求载荷与可靠性间权衡的最优解。2014 年澳大利亚 New South Wales 大学的 Do 教授，利用改进的粒子群优化算法，对不确定动态载荷作用下的可靠性动态评估方法进行了研究，并用 Monte Carlo 算法验证了数据的正确性。2015 年瑞典皇家理工学院的 Kumar 教授，利用 Markov 模型提出了动态混合可靠性评估方案，并将其应用到核电站的可靠性研究中，取得了良好的预期效果。

近年来，国内在动态可靠性方面，也进行了大量的研究工作。2006 年东南大学的苏春教授及其团队，将 Petri 网理论与 BDD 算法、Markov 过程相结合，对液压系统的动态可靠性进行了研究，得到了不同故障分布规律下液压系统可靠性指标的变化规律。2010 年清华大学陈茂银教授及其团队，提出了一种针对具有隐式退化过程非线性动态系统的基于粒子滤波的一致性分布式可靠性预测方法，并对系统的动态可靠性进行了预测分析。2011 年北京航空航天大学的曾声奎教授及其团队，利用 Monte Carlo 抽样分析法，对随机载荷作用下的舵机动态可靠性进行了分析，取得了良好的效果。2012 年清华大学的童节娟教授及其团队，对核电领域内主流的动态可靠性分析方法进行了对比研究，论述了各方法的特点与适用范围，并对未来的发展趋势进行了分析。2013 年吉林大学的秦大同教授及其团队，建立了风力发电机齿轮传动系统的动态可靠性模型，深入研究了风力发电机齿轮传动系统的可靠性和失效率。2014 年浙江大学王慧芳教授及其团队，利用最小二乘支持向量机对变压器的动态可靠性进行了建模，结果表明该模型具有识别度高且计算速度快的优点。

8.2
相关基本理论

通常系统整体的可靠度是从系统中零部件的可靠度估计出来的。但是，上述传统的可靠性分析方法是以"各个零部件的失效相互独立"为前提，根据系统的具体逻辑结构（串联、并联、旁联、网络、混联、表决等）构建系统的可靠性模型的。而由于机械系统中各个零部件所承受的工作载荷一般是相互关联的随机载荷，"各个零部件的失效相互独立"的条件并不适用于大多数机械系统。通常情况下，工作载荷和零件性能均是随机变量，系统中各个零部件的失效模式既不是完全独立的，也不是完全相关的。总之，系统中各个零部件失效的相关性源于工作载荷的相关性与随机性，零部件之间的性能差异有助于降低该失效的相关性。

8.2.1 应力-强度干涉模型

应力-强度干涉模型，也称为载荷-强度干涉模型，广泛用于机械零部件和系统的可靠性分析与计算。在应力-强度干涉模型中，可靠度可以定义为影响产品失效的应力不超过控制产品失效的强度的概率。这里的应力和强度是广义的概念，应力包括导致零部件或系统失效的所有外部因素：机械载荷、温湿度、振动、噪声、腐蚀等；强度包括零部件和系统对各种应力的抵抗能力：抗拉强度、抗压性、抗冲击性、耐热性、耐湿性、耐腐蚀性等。如果强度 δ 的概率密度函数表示为 $f_\delta(\delta)$，应力 s 的概率密度函数表示为 $f_s(s)$，则可靠度 R 的表达式为：

$$R = P(\delta > s) = \int_{-\infty}^{+\infty} f_s(s) \int_s^{+\infty} f_\delta(\delta) \mathrm{d}\delta \mathrm{d}s$$

$$= \int_{-\infty}^{+\infty} f_\delta(\delta) \int_{-\infty}^{\delta} f_s(s) \mathrm{d}s \mathrm{d}\delta \qquad (8\text{-}1)$$

此时，失效率 F 的表达式为：

$$F = 1 - R = \int_{-\infty}^{+\infty} f_s(s) \int_{-\infty}^s f_\delta(\delta) \mathrm{d}\delta \mathrm{d}s$$

$$= \int_{-\infty}^{+\infty} f_\delta(\delta) \int_\delta^{+\infty} f_s(s) \mathrm{d}s \mathrm{d}\delta \qquad (8\text{-}2)$$

从应力-强度干涉模型概念可以看出，如果外部应力大于零部件或系统的强度，零部件或系统就会失效。需要注意的是，失效概率的大小与应力-强度干扰区域的大小具有相关性，但在数值上并非等于实际干涉区域的面积大小。除了适用于零部件的可靠性建模，应力-强度干涉模型还能够直接用于系统的可靠性建模。在实际工程应用过程中，应力与强度通常应为同一纲量，但在机械系统零部件可靠性设计与分析中，一般较容易获得的数据是载荷与强度的概率分布特征。由于载荷的单位通常为牛顿（N）、千克（kg）等，而强度的单位通常为兆帕（MPa）、牛每平方米（N/m²）等。并且，与强度相同量纲的应力也并不总是由单一外部载荷作用而引起，通常情况下是多个外载荷同时作用的结果。所以，式(8-1)往往不可直接用来计算系统零部件的可靠度，为此，需要将应力-强度干涉模型进行拓展。以单一失效模式下系统零部件的可靠度为例，假设零部件只受到单一载荷作用，强度 δ 的概率密度函数是 $f_\delta(\delta)$，载荷 L 的概率密度函数是 $f_L(L)$，由载荷 L 所产生的应力函数是 $s(L)$，则此时系统零部件的可靠度可以使用应力-强度模型进行表达：

$$R = \int_{-\infty}^{+\infty} f_L(L) \int_s^{+\infty} f_\delta(\delta) \mathrm{d}\delta \mathrm{d}L \tag{8-3}$$

当系统中的零部件受到多个相互独立载荷的作用时，假设其强度 δ 的概率密度函数是 $f_\delta(\delta)$，载荷 L_i 的概率密度函数是 $f_{L_i}(L_i)$，$s(L_1, L_2, \cdots, L_n)$，其是由 n 个相互独立的载荷作用产生的应力函数。则此时零部件的可靠度表达式为：

$$R = \int_{-\infty}^{+\infty} f_{L_n}(L_n) \cdots \int_{-\infty}^{+\infty} f_{L_1}(L_1) \int_{s(L_1, L_2, \cdots, L_n)}^{+\infty} f_\delta \mathrm{d}\delta \underbrace{\mathrm{d}L_1 \cdots \mathrm{d}L_n} \tag{8-4}$$

在此基础上，对应力-强度干涉模型做进一步延伸，假设系统中零部件工作载荷的循环次数 n 可理解为广义上的应力，并且零部件的失效循环次数 N 可理解为广义上的强度，则可以得出疲劳可靠性分析中常用的"载荷循环数-疲劳寿命"干涉模型的表达式：

$$R = P(N > n) = \int_0^{+\infty} f_n(n) \int_n^{+\infty} f_N(N) \mathrm{d}N \mathrm{d}n$$
$$= \int_0^{+\infty} f_N(N) \int_0^N f_n(n) \mathrm{d}n \mathrm{d}N \tag{8-5}$$

其中，零部件处于某载荷循环作用时最大循环次数 n 的概率密度函数为 $f_n(n)$，在该循环作用载荷下零部件的疲劳寿命概率密度函数为 $f_N(N)$。

8.2.2 共因失效模式下零部件可靠性模型

共因失效是由某种共同原因所导致的系统多重失效现象。共因失效普遍存在于机电工程系统中，是一种重要的失效形式。由于一个系统零部件在一个生命周期内通常具有多个失效模式，并且每个失效模式大部分是由相同的外部载荷作用引起的，因此在具有多个失效模式的机械零部件中也广泛存在着共因失效。利用应力-强度干涉模型，可在不假设各零部件的失效模式相互独立的情况下，通过建立由随机载荷引起的零部件共因失效可靠性模型，并推导出机械零部件在多种失效模式并存时的可靠度计算方法。

在机械零部件具有多种失效模式的情况下，假设载荷为确定值 L，任意一种失效模式不会发生的概率，即为该失效模式下，强度大于载荷 L 所引起应力的概率。由于是否出现任何一种失效模式完全取决于该失效模式下强度性能状态，因此此时零部件各失效模式之间是完全独立的。因此，当载荷为确定值 L 时，零部件的可靠度表示如下：

$$R(L) = P\left[\bigcap_{i=1}^{m} \delta_i > s_i(L)\right] = \prod_{i=1}^{m} P[\delta_i > s_i(L)]$$

$$= \prod_{i=1}^{m} \int_{s_i(L)}^{+\infty} f_i(\delta_i) \mathrm{d}\delta_i = \prod_{i=1}^{m} 1 - F_i[s_i(L)] \qquad (8\text{-}6)$$

其中，δ_i 是失效模式 i 对应的强度，$f_i(\delta_i)$ 是强度 δ_i 对应的概率密度函数，$F_i(s_i)$ 是强度 s_i 对应的累积分布函数，$s_i(L)$ 是由载荷 L 引起的对应于失效模式 i 的应力，m 是失效模式的数量。式(8-6) 称为载荷为确定值 L 时零部件的条件可靠度。如果载荷 L 为随机变量，并且其概率密度函数为 $f_L(L)$，则依据连续变量的全概率公式，能够推导出零部件可靠度 R 的表达式为：

$$R = \int_{-\infty}^{+\infty} \left\{ \prod_{i=1}^{m} \int_{s_i(L)}^{+\infty} f_i(\delta_i) \mathrm{d}\delta_i \right\} f_L(L) \mathrm{d}L$$

$$= \int_{-\infty}^{+\infty} \left\{ \prod_{i=1}^{m} 1 - F_i[s_i(L)] \right\} f_L(L) \mathrm{d}L \qquad (8\text{-}7)$$

式(8-7) 是多种失效模式下零部件的可靠性模型，在模型建立过程中没有特意进行失效独立假设，而是利用条件可靠度，结合应力-强度干涉模型与全概率公式，建立零部件在多种失效模式下的可靠性模型。另外，该模型也无需计算失效模式间的相关系数，因为没作失效独立假设，该模型能够反映出各失效模式间由随机载荷所引起的共因失效。

8.2.3 相关失效系统可靠性模型

传统的系统可靠性模型建立在系统中各零部件和单元的失效完全相互

独立的假设之上。然而，在实际工程应用中，大部分系统都不是独立失效的，系统中各零部件相关失效的程度取决于外载荷的不确定性和强度的不确定性。特别是在机械系统的情况下，相关失效是普遍存在的，忽略机械系统失效的相关性，在完全相互独立假设下对系统的可靠性进行分析与计算，往往会导致较大的误差，甚至得出错误的结论。接下来将直接利用应力-强度干涉模型建立考虑系统层共因失效的串联、并联和旁联的可靠性模型。

如果已知载荷为 L，则由应力-强度干涉模型可以得到，可靠度等于强度随机变量大于载荷 L 的概率。在这种情况下，各个零部件是否失效取决于零部件本身的性能，而与系统中其他零部件无关，这样系统中各个零部件的失效是相互独立的。载荷为确定值 L 时的系统可靠度被称为系统在载荷 L 条件下的条件可靠度，其表达式如下：

① 串联系统条件可靠度

$$R_{s}(L) = \left[\int_{L}^{+\infty} f_{\delta}(\delta)\mathrm{d}\delta \right]^{n} = \left[1 - F_{\delta}(L) \right]^{n} \tag{8-8}$$

② 并联系统条件可靠度

$$R_{p}(L) = 1 - \left[\int_{0}^{L} f_{\delta}(\delta)\mathrm{d}\delta \right]^{n} = 1 - \left[F_{\delta}(L) \right]^{n} \tag{8-9}$$

③ 旁联系统条件可靠度

$$R_{k/n}(L) = \sum_{i=k}^{n} C_{n}^{i} \left[\int_{L}^{+\infty} f_{\delta}(\delta)\mathrm{d}\delta \right]^{i} \left[\int_{0}^{L} f_{\delta}(\delta)\mathrm{d}\delta \right]^{n-i}$$

$$= \sum_{i=k}^{n} C_{n}^{i} \left[1 - F_{\delta}(L) \right]^{i} \left[F_{\delta}(L) \right]^{n-i} \tag{8-10}$$

当载荷 L 是一个随机变量而不是一个确定值，累积分布函数与概率密度函数分别是 $F_{L}(L)$ 和 $f_{L}(L)$ 时，根据连续变量全概率公式可以得出随机载荷作用下的系统可靠度表达式为：

① 串联系统条件可靠度

$$R_{s}(L) = \int_{-\infty}^{+\infty} \left[\int_{L}^{+\infty} f_{\delta}(\delta)\mathrm{d}\delta \right]^{n} f_{L}(L)\mathrm{d}L$$

$$= \int_{-\infty}^{+\infty} \left[1 - F_{\delta}(L) \right]^{n} f_{L}(L)\mathrm{d}L \tag{8-11}$$

② 并联系统条件可靠度

$$R_{p}(L) = \int_{-\infty}^{+\infty} \left\{ 1 - \left[\int_{-\infty}^{L} f_{\delta}(\delta)\mathrm{d}\delta \right]^{n} \right\} f_{L}(L)\mathrm{d}L$$

$$= \int_{-\infty}^{+\infty} \{1 - [F_\delta(L)]^n\} f_L(L) \mathrm{d}L \tag{8-12}$$

③ 旁联系统条件可靠度

$$R_{k/n} = \int_{-\infty}^{+\infty} \left\{ \sum_{i=k}^n C_n^i \left[\int_L^{+\infty} f_\delta(\delta) \mathrm{d}\delta \right]^i \left[\int_0^L f_\delta(\delta) \mathrm{d}\delta \right]^{n-i} \right\} f_L(L) \mathrm{d}L$$

$$= \int_{-\infty}^{+\infty} \left\{ \sum_{i=k}^n C_n^i [1 - F_\delta(L)]^i [F_\delta(L)]^{n-i} \right\} f_L(L) \mathrm{d}L \tag{8-13}$$

上述的系统可靠性模型中，并未特意作出失效独立的假设，通过系统条件可靠度，结合确定载荷下零部件失效相互独立这一结论，直接在系统层运用应力-强度干涉模型建立串联、并联、旁联系统的可靠性模型。由于未作失效独立性假设，因此所建立的可靠性模型能够反映相关失效下的系统与零部件失效特征。

8.2.4　Copula 相关性理论

零件失效往往是共因失效、从属失效、共模失效三种模式共同作用的结果，而被广泛应用于金融领域的 Copula 函数却能够为零件失效相关性的分析提供一种有效的手段。1959 年美国伊利诺伊理工学院的 Sklar 教授指出：一个联合分布可以分解为 k 个边缘分布和一个 Copula 函数，后者可以描述变量之间的相关性。Copula 理论的提出提供了一种新思路，将复杂高维的联合分布问题转化为边际分布和相关性两个问题。如果 $H(\cdot,\cdot)$ 为具有边缘分布 $F(\cdot)$ 和 $G(\cdot)$ 的联合分布函数，则存在一个满足以下条件的 Copula 函数。

$$H(x,y) = C[F(x), G(y)] \tag{8-14}$$

此后，通过边缘分布函数 $F(\cdot)$、$G(\cdot)$ 和 Copula 函数 $C(\cdot,\cdot)$ 的密度函数 $c(\cdot,\cdot)$，可以求出分布函数 $H(\cdot,\cdot)$ 的概率密度函数：

$$h(x,y) = c[F(x), G(y)] f(x) g(y) \tag{8-15}$$

其中，$c(u,v) = \dfrac{\partial C(u,v)}{\partial u \partial v}$，$u = F(x)$，$v = G(y)$；$f(\cdot)$、$g(\cdot)$ 分别为 $F(\cdot)$、$G(\cdot)$ 的概率密度函数。

此外，Sklar 教授还给出了 Sklar 定理：设 H 是一个 n 维分布函数，它的边缘分布为 $F_1(\cdot)$，$F_2(\cdot)$，…，$F_n(\cdot)$，则对 R^n 中的所有 X，存在一个 n 维的 Copula 函数，使得：

$$H(x_1, x_2, \cdots, x_n) = C[F_1(x_1), F_2(x_2), \cdots, F_n(x_n)] \qquad (8\text{-}16)$$

如果 $F_1(\cdot)$，$F_2(\cdot)$，$\cdots$，$F_n(\cdot)$ 连续，则 C 是唯一的。否则 C 的唯一性将在 $\mathrm{Ran}F_1 \times \mathrm{Ran}F_2 \times \cdots \times \mathrm{Ran}F_n$ 上确定。反之，如果 C 是 n 维Copula 函数，$F_1(\cdot)$，$F_2(\cdot)$，$\cdots$，$F_n(\cdot)$ 是分布函数，则存在由式(8-16)定义的 n 维分布函数 H，它的边缘分布为 $F_1(\cdot)$，$F_2(\cdot)$，$\cdots$，$F_n(\cdot)$。

Copula 函数具有以下重要性质：

① 对于 $u, v \in [0,1]$ 中的任意一点 (u,v)，$C(u,v)$ 是非减的。这表明，当 u 不变时，$C(u,v)$ 将随着 v 的增大而增大或不变；当 v 不变时，$C(u,v)$ 将随着 u 的增大而增大或不变。

② $C(u,0) = C(0,v) = 0$，$C(u,1) = u$，$C(1,v) = v$。这表明，对于 u, $v \in [0,1]$ 中的任意一点 (u,v)，如果 $u=0$ 或 $v=0$，则 $C(u,v) = 0$；对于 $u, v \in [0,1]$ 中的任意一点 (u,v)，如果 $u=1$ 或 $v=1$，则 $C(u,v)$ 的值完全由 v 或 u 确定。

③ $\forall u1 \leqslant u_2$，$v_1 \leqslant v_2$，u_1, u_2, v_1, $v_2 \in [0,1]$，那么

$$C(u_2, v_2) - C(u_2 - v_1) - C(u_1, v_2) + C(u_1, v_1) \geqslant 0$$

这表明，对于 $u, v \in [0,1]$ 中的任意一点 (u,v)，如果 u 和 v 同时增大，则 $C(u,v)$ 的值也会相应增大。

④ 对于 $u, v \in [0,1]$ 中的任意一点 (u,v)，有 $\max(u+v-1, 0) \leqslant C(u,v) \leqslant \min(u,v)$。

⑤ 对于任意的 u_1, u_2, v_1, $v_2 \in [0,1]$，有 $|C(u_2, v_2) - C(u_1, v_1)| \leqslant |u_2 - u_1| + |v_2 - v_1|$。

⑥ 若 u, v 独立，则 $C(u,v) = uv$。

8.3
采煤机的动态可靠性分析

由各煤矿现场采集到的采煤机历史故障数据，引入条件可靠度，运用全概率公式在考虑相关失效的前提下，利用"应力-强度"干涉理论，得到多种失效模式下各零部件的历史可靠性数据；采用逐层分解的思想，将采煤机的系统结构依次划分至零部件级别；结合已求出的各零部

件可靠性数据，利用 Copula 函数和 Sklar 定理对划分的各单元逐级逆向合并，最终建立采煤机整机的历史可靠性模型；在上述采煤机整机历史可靠性模型基础上，结合与其相对应的采煤机历史工作载荷数据，利用 Weibull 函数拟合出动态载荷作用下采煤机的可靠性修正模型；利用可靠性修正模型结合采煤机载荷监测系统提供的当前实际工作载荷，预报采煤机工作过程中的实时动态可靠性数据。图 8-1 所示为采煤机可靠性数据分析流程。

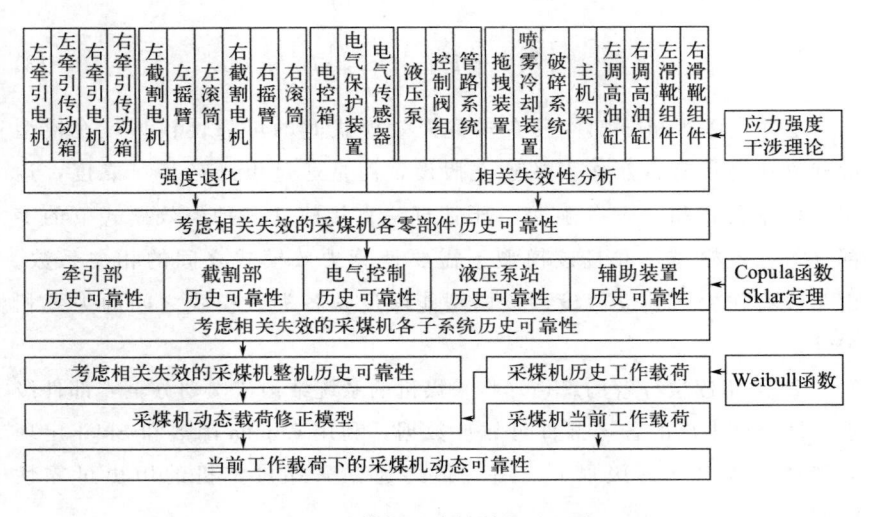

图 8-1　采煤机可靠性数据分析流程

　　① 由各煤矿现场采集到的采煤机历史故障数据，引入条件可靠度，运用全概率公式，在考虑相关失效的前提下，利用"应力-强度"干涉理论，得到多种失效模式下各零部件的历史可靠性数据。

　　当具有多种失效模式的采煤机零部件的外部工作载荷为 L 时，不发生任何一种失效模式的概率为对应的强度随机变量大于外部载荷 L 所引起的应力的概率。此时，零部件的各个失效模式之间是相互独立的。在这种情况下，是否出现任何一种失效模式完全取决该失效模式所对应的强度情况。因此，载荷为确定值 L 时的零部件可靠度可表示为：

$$R(L) = P\left(\bigcap_{i=1}^{m} \delta_i > s_i(L)\right) = \prod_{i=1}^{m} P[\delta_i > s_i(L)]$$

$$= \prod_{i=1}^{m} \int_{s_i(L)}^{+\infty} f_i(\delta_i) \mathrm{d}\delta_i = \prod_{i=1}^{m} 1 - F[s_i(L)] \tag{8-17}$$

上式中，δ_i 为失效模式 i 所对应的强度，$f_i(\delta_i)$ 为强度 δ_i 的概率密度函数，$F_i(\delta_i)$ 为强度 δ_i 的累积分布函数，$s_i(L)$ 为由载荷 L 所引起的对应失效模式 i 的应力，m 为失效模式数。式(8-17) 即为零部件在载荷为确定值 L 时的条件可靠度。当载荷 L 为随机变量且其概率密度函数为 $f_L(L)$ 时，由连续变量的全概率公式可知零部件的可靠度 R 可表示为：

$$R = \int_{-\infty}^{+\infty} \left\{ \prod_{i=1}^{m} \int_{s_i(L)}^{+\infty} f_i(\delta_i) \mathrm{d}\delta_i \right\} f_L(L) \mathrm{d}L$$

$$= \int_{-\infty}^{+\infty} \left\{ \prod_{i=1}^{m} 1 - F_i[s_i(L)] \right\} F_L(L) \mathrm{d}L \qquad (8\text{-}18)$$

上式是采煤机零部件具有多种失效模式时的可靠性模型，在模型的建立中并没有特意作失效独立假设，而是通过引入条件可靠度，运用全概率公式和"应力-强度"干涉理论直接建立多种失效模式下的零部件可靠性模型，并且该模型不需要计算失效模式之间的相关系数。由于没有作失效独立假设，该模型能够反映各失效模式之间的失效相关性。

② 采用逐层分解的思想，将采煤机的系统结构依次划分至零部件级别；结合已求出的各零部件可靠性数据，利用 Copula 函数和 Sklar 定理对划分的各单元逐级逆向合并，最终建立采煤机整机的历史可靠性模型。

如图 8-2 所示，首先将采煤机的系统结构依次划分为部件、子系统、整机三个级别。而后由已得到的各部件的历史可靠性求出子系统的历史可靠性，再由各子系统的可靠性数据建立采煤机整机的历史可靠性模型。

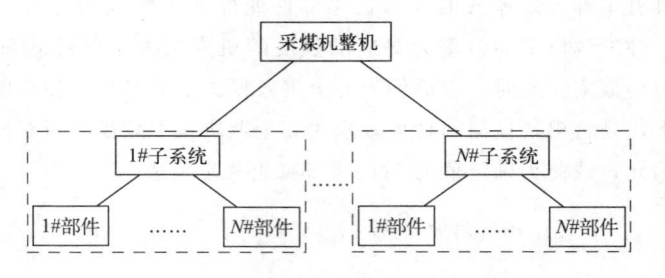

图 8-2 采煤机系统结构划分

根据 Sklar 定理，Copula 函数可用于分离和研究边缘分布和变量之间的相关结构，降低建模和分析多变量概率模型的难度。假设一个采煤机的子系统由 n 个部件串联而成，设 T_i 为第 i 个部件的寿命，$F_i(t)$ 为 T_i 的分布函数；可靠度为 $R_i(t) = P(T_i > t) = 1 - F_i(t)$，$i = 1, 2, \cdots, n$；串联系统的寿命为 $T = \min(T_1, T_2, \cdots, T_n)$，$T_1$，$T_2$，$\cdots$，$T_n$ 的联合分布函数为 $H(t_1, t_2, \cdots, t_n) = P\{T_1 \leqslant t_1, T_2 \leqslant t_2, \cdots, T_n \leqslant t_n\}$。由 Sklar 定理，存在一个 n 维 Copula 函数，使得 $H(t_1, t_2, \cdots, t_n) = C^n[F_1(t_1), F_2(t_2), \cdots, F_n(t_n)]$。式中，$C^n(\cdot)$ 表示 n 维 Copula 函数，由于 $F_i(t)$ 是连续的，所以 $C^n[F_1(t_1), F_2(t_2), \cdots, F_n(t_n)]$ 是唯一的。串联系统的可靠度可表示如下：

$$
\begin{aligned}
R(t) &= P\{\min(T_1, T_2, \cdots, T_n) > t\} \\
&= P(T_1 > t, T_2 > t, \cdots, T_n > t) \\
&= 1 - \sum_{i=1}^{n} F_i(t) + (-1)^k \times \sum_{1 \leqslant i_1 < i_2 < \cdots < i_k \leqslant n} C^n[F_{i_1}(t), F_{i_2}(t), \cdots, F_{i_k}(t), \\
&\underbrace{1, 1, \cdots, 1}_{\text{其余}n-k\text{项}}]
\end{aligned} \tag{8-19}
$$

式中，$2 \leqslant k \leqslant n$。

因此，可以在不研究多维随机变量联合分布函数的前提下，通过构造适当的 Copula 函数，由已知的各部件历史可靠性数据，求解相关失效条件下的采煤机各子系统的历史可靠性，进而建立相关失效条件下的采煤机整机的历史可靠性模型。

③ 在上述采煤机整机历史可靠性模型基础上，结合与其相对应的采煤机历史工作载荷数据，利用 Weibull 函数拟合出动态载荷作用下采煤机的可靠性修正模型。

设采煤机的标准工作载荷为 S_0，所对应的可靠性特征寿命为 η_0；设任意非标准工作载荷为 S_i，所对应的可靠性特征寿命为 η_i。则 S_i 相对于 S_0 的可靠性修正系数 k_i 可定义为：

$$
k_i = \eta_0 / \eta_i \quad i = 1, 2, \cdots, n \tag{8-20}
$$

从中可以看出，所求的采煤机可靠性修正模型即为 k_i 的集合。常用的寿命分布模型有指数分布、威布尔分布、伽马分布和对数正态分布等。其中威布尔分布有着较强的数据拟合能力，且能够反映系统的失效机理。三参数威布尔分布的概率密度函数为：

$$f(t) = \begin{cases} \dfrac{\beta}{\alpha} \left(\dfrac{t-\gamma}{\alpha} \right)^{\beta-1} \exp\left[-\left(\dfrac{t-\gamma}{\alpha} \right)^{\beta} \right], & t \geqslant \gamma \\ 0, & t < \gamma \end{cases} \qquad (8\text{-}21)$$

上式中，β 为形状参数，且 $\beta > 0$，其反映出产品不同时期内的故障机理：如果 $\beta < 1$，则认为系统处于早期故障期，故障率递减；如果 $\beta = 1$，则认为系统运行稳定，故障率保持不变；如果 $\beta > 1$，则认为系统处于耗损期，在此期间系统的故障率递增。α 为尺度参数，$\alpha > 0$。γ 为位置参数。由于采煤机可能在使用初期发生故障，因此 $\gamma = 0$，则三参数威布尔分布可变为两参数威布尔分布，可靠性修正模型可以定义为：

$$\ln\eta = a + b\varphi(S) \qquad (8\text{-}22)$$

其中 η 为工作载荷 S 下的可靠性特征寿命。借助不同载荷下的采煤机历史可靠性模型，可以利用最小二乘法计算出未知参数 a，b。设由采集到的故障数据所计算出的采煤机历史可靠性模型数量为 k，则应用最小二乘法可得到 a，b 的估计值为：

$$\hat{b} = \frac{l_{\varphi(S)\ln\eta}}{l_{\ln\eta\ln\eta}} = \frac{\sum\limits_{i=1}^{k} \left[\varphi(S_i) - \overline{\varphi}(S_i) \right] (\ln\eta_i - \overline{\ln\eta_i})}{\sum\limits_{i=1}^{k} (\ln\eta_i - \overline{\ln\eta_i})^2}$$

$$= \frac{\sum\limits_{i=1}^{k} \varphi(S_i)\ln\eta_i - k\,\overline{\varphi}(S_i)\,\overline{\ln\eta_i}}{\sum\limits_{i=1}^{k} (\ln\eta_i)^2 - k\,\overline{\ln\eta_i}^2} \qquad (8\text{-}23)$$

$$\hat{a} = \overline{\ln\eta} - \hat{b}/\varphi(S) \qquad (8\text{-}24)$$

上式即为采煤机可靠性修正模型，在满足一定约束条件的情况下，可以对上式进行求解，一般取相关系数的上区间作为约束条件。

④ 利用可靠性修正模型结合采煤机载荷监测系统提供的当前实际工作载荷，预报采煤机工作过程中的实时动态可靠性数据。

可以看出，采煤机截割部的传动系统主要包括交流异步电机、轴承、联轴器和传动齿轮等，除截割负载外，还有惯性负载和摩擦力负载。其中系统惯性负载包括电机惯量、传动齿轮惯量和负载惯量等；系统摩擦力负载包括反向电磁力负载和轴承摩擦力负载。因此可得如下方程：

$$T_e = J\,\mathrm{d}\omega/\mathrm{d}t + T_f + T_c \tag{8-25}$$

式中 T_e 为截割电机的电磁转矩；J 为系统总体惯量；ω 为电机角速度；T_c 为截割负载力矩；T_f 为系统摩擦力矩。在电机转速不变的情况下，可知 $\mathrm{d}\omega/\mathrm{d}t = 0$，此时式（8-25）可简化为：

$$T_e = T_f + T_c \tag{8-26}$$

由交流异步电动机的电压方程和磁链方程整理可以得到：

$$T_e = 1.5 n_p (i_{s\beta}\psi_{sa} - i_{sa}\psi_{s\beta}) \tag{8-27}$$

式中，n_p 为电机极对数，i_{sa}、$i_{s\beta}$ 分别是定子电流在 α 轴和 β 轴上的分量，ψ_{sa}、$\psi_{s\beta}$ 分别是定子磁链在 α 轴和 β 轴上的分量。

由式（8-25）和式（8-26）可得：

$$T_c = 1.5 n_p (i_{s\beta}\psi_{sa} - i_{sa}\psi_{s\beta}) - T_f \tag{8-28}$$

式（8-28）即为滚筒截割负载与截割电机电流之间的关系式，可以看出截割电机电流能够反映滚筒截割负载的变化情况。因此，通过监测采煤机电机的电流、电压信号可以实时获取其工作过程中的载荷状况。选择平均故障间隔时间（MTBF）为特征寿命指标，相关系数约束大于 0.85，联合可靠度修正方程（8-23）与（8-24），即可求出采煤机实际工作载荷 S 下的实时可靠性特征寿命 η。从而使现场管理人员能够通过实时的 MTBF 数据，合理地增减采煤机的工作载荷，储备备件，以及制订维修计划，进而达到减少事故发生，避免设备和人员损失，保障企业安全、稳定、高效生产的目的。

8.4
采煤机各切削模式下工作载荷实时监测系统的建立

在前面研究的基础上，所建立的采煤机各切削模式下工作载荷实时监测系统的功能模块组成图如图 8-3 所示。

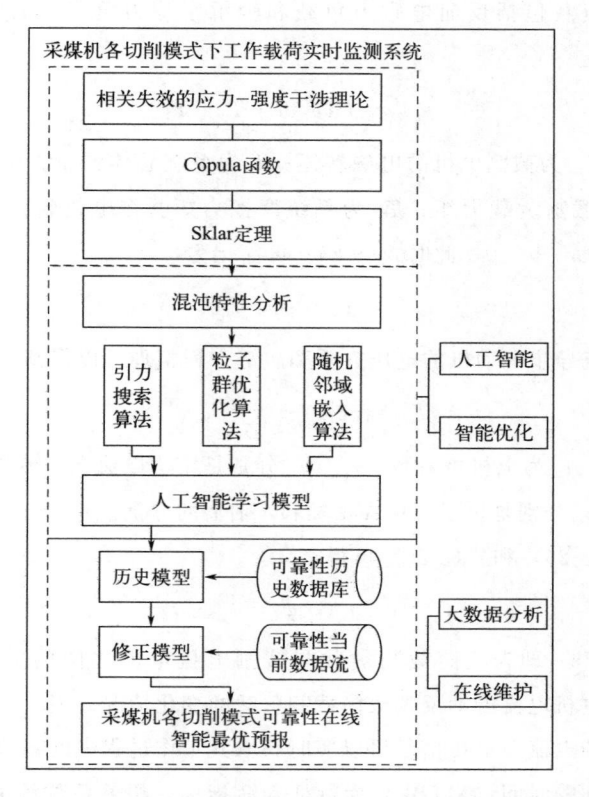

图 8-3　采煤机各切削模式下工作载荷实时监测系统的功能模块组成图

8.5

动态载荷作用下的基于人工智能的采煤机各切削模式实时动态可靠性建模

本研究采用了多种机器学习方法对采煤机各切削模式实时动态可靠性进行了建模，包括加权最小二乘支持向量机（WLSSVM）、相关向量机（RVM）、高斯过程分类器（GP）。

Vapnik 提出的标准支持向量机（SVM）最初是为解决分类问题而特别是二分问题而创建的，因此它是模式识别和分类问题中一种流行且有效的工具。此外，在引入替代损失函数之后，SVM 可以应用于回归问题。然而，标准 SVM 问题的解决方案是通过求解二次程序获得的，这会耗时。为了改善这个弱点，通过将二次优化问题转化为求解线性方程组的问题，提出了支持向量法（LSSVM）的最小二乘法版本。LSSVM 的回归函数可以写成

$$y = f(x) = w^T \varphi(x) + b \tag{8-29}$$

给定的训练集是数据对 $\{x_i, y_i\}_{i=1}^M$，其中 M 表示训练数据集的大小，x_i 表示提供数据特征的输入变量，y_i 表示输出数据。非线性映射函数 φ 将输入变量映射到更高维空间，使低维空间中的非线性问题成为线性。然后在这个所谓的高维空间中处理并求解线性回归问题。LSSVM 通过统计学习输入数据与输出数据之间的关系来找出函数 f，旨在通过求解以下优化问题来最小化正则化风险。

$$\min_{w,b,\xi} R(w,\xi) = \frac{1}{2} w^T w + \frac{1}{2} \gamma \sum_{i=1}^M \xi_i^2 \tag{8-30}$$

受到平等约束。

$$y_i = w^T \varphi(x_i) + b + \xi_i, \quad i = 1, \cdots, M \tag{8-31}$$

其中 $\frac{1}{2} w^T w$ 用作函数的平坦度测量，ξ 是一个松弛变量，用于促进更大可行区域的解，而 γ 是一个正则化常数，它决定了模型训练误差与模型训练误差之间的权衡。模型平整度。

与标准 SVM 的损失函数不同，拉格朗日函数定义为

$$L(w,b,\xi,a) = R(w,\xi) - \sum_{i=1}^M \alpha_i (w^T \varphi(x_i) + b + \xi_i - y_i) \tag{8-32}$$

其中 α_i 是拉格朗日乘数。消除了 w 和 ξ_i 后的最优性条件

$$\begin{cases} \dfrac{\partial L}{\partial w} = 0 \rightarrow w = \sum_{i=1}^M \alpha_i \varphi(x_i) \\ \dfrac{\partial L}{\partial b} = 0 \rightarrow \sum_{i=1}^M \alpha_i = 0 \\ \dfrac{\partial L}{\partial \xi_i} = 0 \rightarrow \alpha_i = \gamma \xi_i, \quad i = 1, \cdots, M \\ \dfrac{\partial L}{\partial \alpha_i} = 0 \rightarrow w^T \varphi(x_i) + b + \xi_i - y_i = 0, \quad i = 1, \cdots, M \end{cases} \tag{8-33}$$

可以写成以下线性方程的解

$$\begin{bmatrix} 0 & 1_v^T \\ 1_v & K + \gamma^{-1} I \end{bmatrix} \begin{bmatrix} b \\ \alpha \end{bmatrix} = \begin{bmatrix} 0 \\ y \end{bmatrix} \tag{8-34}$$

其中 $y = [y_1, \cdots, y_M]^T$，$1_v = [1, \cdots, 1]^T$，$\alpha = [\alpha_1, \cdots, \alpha_M]^T$ 和 I 是一

个单位矩阵。

最后，LSSVM 模型的功能估计变为

$$f(x) = \sum_{i=1}^{M} \alpha_i K(x, x_i) + b \tag{8-35}$$

其中 a，b 是方程式的解。K 表示对应的核函数

$$K(x, x_i) = \varphi(x_i)^{\mathrm{T}} \varphi(x) \tag{8-36}$$

根据美世的条件，本研究使用 RBF 内核，其公式为

$$K(x, x_i) = e^{\frac{\|x-y\|^2}{2\sigma^2}} \tag{8-37}$$

为了使估计更加鲁棒，通过用因子 v_i 对误差变量 $\xi_i = \alpha_i / \gamma$ 进行加权，提出了加权 LSSVM（WLSSVM）模型。基于先前对 LSSVM 的推导，优化问题变为

$$\min_{w^*, b^*, \xi^*} R(w^*, \xi^*) = \frac{1}{2} w^{*\mathrm{T}} w^* + \frac{1}{2} \gamma \sum_{i=1}^{M} v_i \xi_i^{*2} \tag{8-38}$$

受到平等约束。

$$y_i = w^{*\mathrm{T}} \varphi(x_i) + b^* + \xi_i^*, \quad i = 1, \cdots, M \tag{8-39}$$

拉格朗日变成了

$$L(w^*, b^*, \xi^*, a^*) = R(w^*, \xi^*) - \sum_{i=1}^{M} \alpha_i^* (w^{*\mathrm{T}} \varphi(x_i) + b^* + \xi_i^* - y_i) \tag{8-40}$$

在式（8-40）中，未知变量用符号 * 标记。根据最优性条件和消除 w^*，ξ_i^*，可以得到 KKT 系统

$$\begin{bmatrix} 0 & 1_v^{\mathrm{T}} \\ 1_v & K + V_\gamma \end{bmatrix} \begin{bmatrix} b^* \\ a^* \end{bmatrix} = \begin{bmatrix} 0 \\ y \end{bmatrix} \tag{8-41}$$

其中矩阵 V 表示为

$$V_\gamma = diag \left\{ \frac{1}{\gamma v_1}, \cdots, \frac{1}{\gamma v_M} \right\} \tag{8-42}$$

根据 LSSVM 情况下的误差变量 $\xi_i = \alpha_i / \gamma$ 确定权重 v_i 的选择。然后通过设置获得稳健的估计

$$v_i = \begin{cases} 1, & |\xi_i / \hat{S}| \leqslant c_1 \\ \dfrac{c_2 - |\xi_i / \hat{S}|}{c_2 - c_1}, & c_1 \leqslant |\xi_i / \hat{S}| \leqslant c_2 \\ 10^{-4}, & \text{其他} \end{cases} \tag{8-43}$$

其中 S 表示误差变量 ξ_i 的标准偏差的稳健估计：

$$\hat{S} = \frac{IQR}{2 \times 0.6745} \tag{8-44}$$

IQR 表示四分位数范围，即第 75 百分位数和第 25 百分位数之间的差异。常量 c_1，c_2 的典型选择是 $c_1 = 2.5$ 和 $c_2 = 3$。可以重复地迭代式(8-39)～式(8-43) 以找到最终解。

相关向量机 RVM 的训练是在贝叶斯框架下进行的，通过引入超参数赋予权重向量零均值的高斯先验分布来确保模型的稀疏性，超参数可以采用最大化边缘似然函数的方法来估计。整个模型的目的是根据样本集和先验知识设计一个系统，使系统对新数据能预测输出。

设 $\{x_n\}_{n=1}^N$ 为输入向量，$t = [t_1, t_2, \cdots, t_N]^T$ 为目标向量，假设目标是一个带有附加噪声的模型样本。

$$t_n = y(x_n, w) + \varepsilon_n \tag{8-45}$$

式中，ε_n 为附加噪声，且满足期望为 0，方差为 σ^2 的 Gaussian 分布：$\varepsilon \sim N(0, \sigma^2)$。函数 $y(x)$ 的定义式如下：

$$y(x, w) = \sum_{i=1}^N w_i K(x, x_i) + w_0 = \sum_{i=1}^N w_i \phi_i(x) \tag{8-46}$$

其中，$K(x, x_i)$ 是核函数且 $\phi_i(x) = K(x, x_i)$，$w = [w_0, w_1, \cdots, w_N]$ 是与核函数对应的权值向量。一般取 RBF 核函数，表达式如下：

$$K(x, x_k) = \exp\{-\|x - x_k\|^2 / 2\sigma_1^2\} \tag{8-47}$$

式中，σ_1 为核参数。目标可以定义为

$$p(t_n | x_n) = N(t_n | y(x_n), \sigma^2) \tag{8-48}$$

假设 t_n 服从独立分布，则样本数据集的似然估计概率为：

$$p(t | w, \sigma^2) = (2\pi\sigma^2)^{-N/2} \exp\left\{-\frac{1}{2\sigma^2}\|t - \Phi w\|^2\right\} \tag{8-49}$$

式中，向量 $t = [t_1, t_2, \cdots, t_N]$，$w = [w_0, w_1, \cdots, w_N]$，$\Phi$ 是 $N \times (N+1)$ 维的设计矩阵，即 $\Phi = [\phi(x_1), \phi(x_2), \cdots, \phi(x_N)]^T$，$\phi(x_n) = [1, K(x_n, x_1), K(x_n, x_2), \cdots, K(x_n, x_N)]^T$。

通常，对于多参数（权重）的回归模型，其最大似然会得到过拟和的结果，而在相关向量回归模型中，通过使用 Bayesian 框架，使模型具有泛化性。RVM 为每一个权值定义了高斯先验概率分布来约束参数：

$$p(w | \boldsymbol{\alpha}) = \prod_{i=0}^N N(w_i | 0, \alpha_i^{-1}) \tag{8-50}$$

式中，$\boldsymbol{\alpha}$ 为 $N+1$ 维超参数向量。在计算过程中，超参数值的大小，

控制着先验分布对各参数的影响强弱，而且是造成模型稀疏型的主要原因。

RVM 方法假设超参数向量 $\boldsymbol{\alpha}$ 和协方差 σ^2 超先验分布为 Gamma 分布，分别如式（8-51）和式（8-52）所示，通常取 $a=b=c=d=0$。

$$p(\boldsymbol{\alpha}) = \prod_{i=0}^{N} \mathrm{Gamma}(\alpha_i \mid a, b) \tag{8-51}$$

$$p(\sigma^{-2}) = \mathrm{Gamma}(\sigma^{-2} \mid c, d) \tag{8-52}$$

通过计算，已经定义了先验概率，根据贝叶斯准则，得到如下后验概率：

$$p(\boldsymbol{w}, \boldsymbol{\alpha}, \sigma^2 \mid t) = \frac{p(t \mid \boldsymbol{w}, \boldsymbol{\alpha}, \sigma^2) p(\boldsymbol{w}, \boldsymbol{\alpha}, \sigma^2)}{p(t)} \tag{8-53}$$

然后给出一个新的测试样本 x_*，预测相应的目标 t_*，按照预测分布：

$$p(t_* \mid t) = \int p(t_* \mid \boldsymbol{w}, \boldsymbol{\alpha}, \sigma^2) p(\boldsymbol{w}, \boldsymbol{\alpha}, \sigma^2 \mid t) \mathrm{d}w \mathrm{d}\boldsymbol{\alpha} \mathrm{d}\sigma^2 \tag{8-54}$$

对于这样的连续分布，无法直接完成这些计算，必须寻找一个有效的近似。可以将后验概率分解为

$$p(\boldsymbol{w}, \boldsymbol{\alpha}, \sigma^2 \mid t) = p(\boldsymbol{w} \mid t, \boldsymbol{\alpha}, \sigma^2) p(\boldsymbol{\alpha}, \sigma^2 \mid t) \tag{8-55}$$

关于权重的后验概率分布式如下：

$$p(\boldsymbol{w} \mid t, \boldsymbol{\alpha}, \sigma^2) = \frac{p(t \mid \boldsymbol{w}, \sigma^2) p(\boldsymbol{w} \mid \boldsymbol{\alpha})}{p(t \mid \boldsymbol{\alpha}, \sigma^2)}$$

$$= (2\pi)^{-(N+1)/2} \mid \Sigma \mid^{-1/2} \exp\left\{ -\frac{1}{2}(\boldsymbol{w} - \boldsymbol{\mu})^{\mathrm{T}} \Sigma^{-1} (\boldsymbol{w} - \boldsymbol{\mu}) \right\} \tag{8-56}$$

其后验协方差和均值分别为：

$$\Sigma = (\sigma^{-2} \boldsymbol{\Phi}^{\mathrm{T}} \boldsymbol{\Phi} + A)^{-1} \tag{8-57}$$

$$\mu = \sigma^{-2} \Sigma \boldsymbol{\Phi}^{\mathrm{T}} t \tag{8-58}$$

且 $A = \mathrm{diag}(\alpha_0, \alpha_1, \cdots, \alpha_N)$。

在实际计算过程中，许多参数（权重）的后验分布趋近于零。对于相关向量回归模型，这些非零的向量与决策域的样本并不相关，而是代表数据中的原型样本，因此称这些样本为"相关向量"（Relevance Vector，RV），体现了数据集中最核心的特征。

式（8-49）中目标输出似然分布可以通过对参数进行边缘积分求得：

$$p(t \mid \boldsymbol{\alpha}, \sigma^2) = \int p(t \mid \boldsymbol{w}, \sigma^2) \cdot p(\boldsymbol{w} \mid \boldsymbol{\alpha}) \mathrm{d}w \tag{8-59}$$

从而得到超参数的边缘似然：

$$p(t \mid \boldsymbol{\alpha}, \sigma^2) = (2\pi)^{-N/2} \mid C \mid^{-1/2} \exp\left\{\frac{1}{2}\boldsymbol{t}^{\mathrm{T}}C^{-1}\boldsymbol{t}\right\} \tag{8-60}$$

其中，$C = \sigma^2 I + \Phi A^{-1} \Phi^{\mathrm{T}}$。$\alpha$ 和 σ^2 的值可以通过迭代算法求出，根据 II 型极大似然方法并取 lg 对数求式(8-61) 的最大值：

$$L = \lg p(t \mid \lg\boldsymbol{\alpha}, \lg\sigma^2) + \sum_{i=0}^{N} \lg p(\lg\alpha_i) + \lg p(\sigma^2) \tag{8-61}$$

可得 $\boldsymbol{\alpha}$ 和 σ^2 的迭代更新公式如下：

$$\alpha_i^{new} = (1 - \alpha_i \sum\nolimits_{ii})/\mu_i^2 \tag{8-62}$$

$$(\sigma^2)^{new} = \frac{\parallel t - \Phi\mu \parallel^2}{N - \sum\limits_{i=1}^{N}(1 - \alpha_i \sum\nolimits_{ii})} \tag{8-63}$$

其中，$\sum_{ii}$ 为 $\sum$ 中第 i 项对角线元素。通过式(8-62) 和式(8-63) 的重复应用进行这个学习算法，同时根据式(8-57) 和式(8-58) 对后验协方差 $\sum$ 和均值 μ 进行更新，直到达到合适的收敛尺度。在足够多的更新之后，大部分的 α_i 会接近无限大，其对应的 w_i 为 0，而其他的 α_i 则会趋近于有限值。

高斯过程方法被认为是最重要的贝叶斯核学习方法之一。与诸如支持向量机之类的其他流行的分类技术相比，GP 利用给出具有清晰概率解释的输出，该解释产生对切割模式预测的不确定性的测量。考虑到获得预测的概率，可以改进切割模式识别的多分类问题中的拒错曲线的确定。

鉴于训练数据 $\{x_i\}_{i=1,2,\cdots,n}^{d}$ 与相应的目标切割模式 $\{t_i\}_{i=1,2,\cdots,n}$，目的是该切割模式模型用新的输入 x_* 计算条件概率 $p(t_* = k \mid x, t, x_*)$，其中 $k = 1, 2, \cdots, m$ 表示采煤机的模式标签。假设有一个相关的隐藏变量 $y_{n+1} = (y_1, y_2, \cdots, y_n, y_*)^{\mathrm{T}} = (f(x_1), f(x_2), \cdots, f(x_n), f(x_*))^{\mathrm{T}}$，向量是正态分布，即 $f(x)$ 是贝叶斯推断函数之前的高斯过程。然后潜在变量可以表示如下

$$y \sim N(0, \boldsymbol{K}) \tag{8-64}$$

其中 $\boldsymbol{K}$ 是协方差矩阵，通常由参数化核函数定义，以保证协方差矩阵的正定性。选择径向基函数 $\kappa = \exp\{-\theta \parallel u - v \parallel\}$ 作为核函数。为了获

得有效的高斯过程分类器，本研究中通过一种新颖的混沌蜻蜓算法优化了核的参数。

可以通过如等式(8-65)中所示的预测分布来计算新获得的数据的目标值的概率。

$$p(t_* = k \mid \boldsymbol{x}, \boldsymbol{t}, x_*) = \int p(t_* = k \mid y_*) p(y_* \mid \boldsymbol{x}, \boldsymbol{t}, x_*) \mathrm{d}y_*$$

$$(8\text{-}65)$$

其中多分类中的 $p(y_* \mid \boldsymbol{x}, \boldsymbol{t}, x_*)$ 可以用 softmax 函数进一步指定如下

$$p(y_* \mid \boldsymbol{x}, \boldsymbol{t}, x_*) = \exp(y_*) \Big[\exp(y_*) + \sum_{i=1}^{n} \exp(y_i) \Big]^{-1} \quad (8\text{-}66)$$

然而，式(8-65)中 $p(y_* \mid \boldsymbol{x}, \boldsymbol{t}, x_*)$ 的后验分布不能以闭合形式明确表达，因为存在难以处理的积分，$p(y_* \mid \boldsymbol{x}, \boldsymbol{t}, x_*) = \int p(y_* \mid \boldsymbol{y}_n) p(\boldsymbol{y}_n \mid \boldsymbol{x}, \boldsymbol{t}, x_*) \mathrm{d}\boldsymbol{y}_n$。因此，拉普拉斯方法应用于其近似。第一项 $p(y_* \mid \boldsymbol{x}, \boldsymbol{t}, x_*)$ 可以使用多元正态分布的性质来确定，即

$$y_* \mid \boldsymbol{y}_n \sim N(\boldsymbol{k}^{\mathrm{T}} K_n^{-1} \boldsymbol{y}_n, c - \boldsymbol{k}^{\mathrm{T}} K_n^{-1} \boldsymbol{k}) \quad (8\text{-}67)$$

其中，$\boldsymbol{k} = (\kappa(x_*, x_1), \cdots, \kappa(x_*, x_n))^{\mathrm{T}}$，$K_n = (\kappa(x_i, x_j))_{n \times n} + \sigma^2 \boldsymbol{I}$，$c = \kappa(x_*, x_*) + \sigma^2$。

那么概率分布 $p(\boldsymbol{y}_n \mid \boldsymbol{x}, \boldsymbol{t}, x_*)$ 可推导为

$$p(\boldsymbol{y}_n \mid \boldsymbol{x}, \boldsymbol{t}, x_*) \approx p(\boldsymbol{y}_n \mid \boldsymbol{x}, x_*) p(\boldsymbol{t} \mid \boldsymbol{x}, x_*, \boldsymbol{y}_n)$$

$$= p(\boldsymbol{y}_n \mid \boldsymbol{x}, x_*) \prod_{j=1}^{n} p(t_j \mid \boldsymbol{x}, \boldsymbol{t}, x_*, \boldsymbol{y}_n)$$

$$(8\text{-}68)$$

基于拉普帕斯方法，假设自然对数形式为 $\ln p(y_* \mid \boldsymbol{x}, \boldsymbol{t}, x_*)$，$\boldsymbol{y}_n = K_n(\boldsymbol{t} - \boldsymbol{s})$，分布 $p(y_* \mid \boldsymbol{x}, \boldsymbol{t}, x_*)$ 可近似为高斯分布 $N(K_n(\boldsymbol{t} - \boldsymbol{s}), A^{-1})$，其中，$A$ 是 $\ln p(y_* \mid \boldsymbol{x}, \boldsymbol{t}, x_*)$ 的负定黑塞矩阵。

$$A = -\nabla^2 \ln p(y_* \mid \boldsymbol{x}, \boldsymbol{t}, x_*) = W + K_n^{-1} \quad (8\text{-}69)$$

其中 W 是对应于对数似然函数的静止点的确定的对角矩阵。然后，式(8-65)中的第二项可以表示为

$$y_* \mid \boldsymbol{x}, \boldsymbol{t}, x_* \sim N(\boldsymbol{k}^{\mathrm{T}}(\boldsymbol{t} - \boldsymbol{s}), c - \boldsymbol{k}^{\mathrm{T}}(W^{-1} + K_n)\boldsymbol{k}) \quad (8\text{-}70)$$

为了获得新输入数据的切割模式，可以通过数值计算方法计算式(8-65)的第一项，即，

$$p(t_* = k \mid y_*) \approx 1/r \sum_{j=1}^{r} \exp(y_*^{(j)}) \big[\exp(y_*^{(j)}) + 1 \big]^{-1} \quad (8\text{-}71)$$

其中 $y_*^{(j)}$ 是从分布 $y_* \mid x_*, t, x_*$ 中随机抽样的第 j 个值。因此，新输入数据的切割模式可以通过使用所开发的式(8-65)，式(8-70) 和式(8-71) 的高斯过程分类来推断。

采用不同人工智能算法得到的各切削模式可靠性预报准确率如表 8-1 所示。相较于基于相关失效理论的 Copula-Sklar 方法，人工智能算法因其强大的非线性学习能力，在各切削模式预报准确率上均获得了较明显的提升，但是由于人为设定的参数并不一定是最优的，可靠性预报准确率依然有待提升。

表 8-1　基于人工智能算法的各切削模式可靠性预报准确率

切削模式	WLSSVM	RVM	GP
模式 1	89.22%	90.13%	89.46%
模式 2	88.08%	88.17%	88.03%
模式 3	89.25%	88.32%	88.14%
模式 4	89.24%	89.27%	88.88%
模式 5	87.77%	88.12%	88.06%
模式 6	87.61%	88.41%	87.79%
整体可靠性准确率	88.53%	88.74%	88.39%

思考题

1. 为什么在机械系统零部件可靠性设计与分析中，常使用载荷与强度的概率分布特征而不直接使用应力与强度？

2. 共因失效模式如何改进机械系统的可靠性设计和维护策略？

3. 如何使用应力-强度干涉模型建立零部件的共因失效可靠性模型？

4. Copula 函数的主要性质包括哪些，以及这些性质在零件失效相关性分析中的作用是什么？

5. 如何利用 Copula 函数和 Sklar 定理在采煤机系统中建立历史可靠性模型？

9 采煤机在线可靠性预报系统

9.1　现状分析

9.2　采煤机在线可靠性预报
系统设计

9.3　采煤机在线可靠性预报
系统分析

9.1
现状分析

随着工程系统越来越复杂，精确可靠性建模与预测的研究近年来越来越受到重视[89,90]。由于对完整的系统知识的缺乏，机理建模方法的弊端越来越多，统计建模方法应运而生。随着计算机科学和机器学习的发展，人工智能方法如神经网络（NNs）和支持向量机（SVM）已广泛应用于各种统计建模案例中，如工业过程故障诊断[91,92]，计算机视觉分类问题[93]等。目前，它们还应用于工程领域，包括可靠性建模和预测。

神经网络和支持向量机是复杂非线性工程系统建模的常用方法，因为它们可以以任意精度逼近任意非线性函数[94-97]，故障和可靠性建模与预测也不例外。Liu 等人[98]应用前馈多层感知机神经网络（MLPNN）对故障分布进行建模。Amjady 和 Ehsan[99]提出了一种基于 MLPNN 的电力系统可靠性评估专家系统。由于可以方便地建立历史失效信息数据库，因此出现了利用神经网络技术对过去失效数据信息进行可靠性预测的新方法。Xu 等人[100]将径向基函数神经网络（RBFNN）应用于发动机系统的故障和可靠性预测，发现 RBFNN 模型的预测性能与传统的 MLPNN 模型和自回归（AR）模型相当或更好。Ho 等人[101]对 NNs 和 AR 模型进行了对比分析，结果表明，与 AR 模型相比，递归神经网络（RNN）和 MLPNN 都能获得更高的预测精度。Hong 和 Pai[102]将支持向量机模型应用于发动机系统的可靠性预测，并与现有的一些方法进行了性能比较，证明了其优越性。Chen[103]应用实值遗传算法搜索支持向量机的最优参数，结果得到了较好的参数，达到了较高的精度。Moura 等人[104]提出了一个比较分析，以评估支持向量机在预测工程部件失效时间和可靠性方面的有效性。Wei 等人[105]利用粒子滤波方法，根据到最后一个观测实例的整个测量序列估计 SVR 模型参数，对 SVR 参数进行了修正，得到了较好的预测结果。另外，针对目前可靠性预测方法不能准确捕捉不确定性的问题，Halloran[106]提出了一种新的基于层次贝叶斯模型的频率加权方法来表示部件历史中的错误数。Bhardwaj[107]确定了影响可靠性的因素，并对各影响因素进行了建模和分析，最终得到了风力机齿轮箱的可靠性。Sun[108]将马尔可夫链方法描述概率与物理相结合，提供了更精确的 LED 驱动器可靠性分析。

建立在结构风险最小化的基础上，支持向量机模型已被证明能够削弱过拟合问题[109]，并且它的预测性能优于神经网络，包括 MLPNN、RBFNN 和 IIR-LRNN。然而，支持向量机仍然存在着通过二次规划来描述训练过程耗时的缺点。为了解决这个问题，Suykens 和 Vandewalle[110]提出了一种新的支持向量机，称为最小二乘支持向量机（LSSVM），它可以更直接更快地解决线性问题。迄今为止，最小二乘支持向量机已成功应用于非线性回归、时间序列预测和模式识别问题[111,112]。在可靠性分析领域，Wu 等人[113]提出了一种新的可靠性预测方法，该方法将最小二乘支持向量机（LSSVM）与迭代非线性滤波器相结合，以准确更新可靠性数据。该方法的性能优于现有的神经网络和支持向量机模型。然而，LSSVM 由于使用了 SSE 代价函数而没有正则化，鲁棒性较差；假设误差变量为高斯分布是不现实的[114]。接着，进一步提出了加权最小二乘支持向量机（WLSSVM）方法，并在工业过程建模中得到了广泛应用[115-118]。Khatibinia 等人[119]建立了一个 WLSSVM 模型来评估现有钢筋混凝土结构的抗震可靠性，并分析了其可行性。数值结果表明，该模型计算效率高，计算量小。

如前所述，Pai[120] 和 Chen[103] 等研究人员将支持向量机模型与遗传算法等智能优化算法相结合，寻找最优参数，从而做出更好的可靠性预测。包括遗传算法（GA）、人工蜂群算法（ABC）、粒子群优化算法（PSO）在内的各种智能优化算法已被广泛用于支持向量机等非线性模型以获得更好的预测性能[111,112,121-129]，PSO 算法最先由 Kennedy 和 Eberhart[130] 提出，具有实现简单、收敛速度快、精度高等优点，在学术界最为流行。但同时，PSO 算法具有多峰函数易早熟、易陷入局部最优等缺点。许多研究者提出了不同的方法来解决早熟问题。Basu 在速度变量中引入高斯随机变量，提出了一种改进的粒子群算法，提升了搜索效率。Wang[132] 提出了另一种改进的粒子群算法，它基于子粒子的概念，通过一种特殊的编码规则，加速收敛到最优位置。Babu[133] 考虑到初值选择的重要性，改进了传统 PSO 算法的性能。Xiang[134] 提出了一种求解多模型优化问题的粒子群优化算法，通过将原始的单个种群分解为若干个子种群来实现全局优化。

　　尽管上述方法在可靠性建模和预测中被证明是有效的，但是由于未来数据的随机环境和动态不确定性，这项任务仍然具有挑战性。训练模型只能适应训练数据集覆盖的工作环境。结果表明，如果未来样本的工作状态与训练样本的工作状态有很大的不同，则模型的性能会不理想。因此需要在线更新训练数据集，并在系统运行时对模型进行再训练，使模型更适应新的情况[111,115,123]，但现阶段提出的 MPSO 不能适应外部环境，鲁棒性不强。

　　本书提出了一种新的基于 WLSSVM 的故障与可靠性建模与预测模型 OCS-CMPSO-WLSSVM，提出了一种基于 CMPSO 的粒子群优化算法对建立的 WLSSVM 模型参数进行优化，避免了容易陷入局部最优值的缺点，提高了 PSO 的优化性能，并在可靠性建模和预测中首次提出了 OCS 算法，以提高系统的可靠性以及该模型在未来随机环境和不确定性采样数据下的鲁棒性。本书还比较了该方法的计算复杂度。但值得强调的是，PSO 和 OCS 的功能是系统运行过程中的在线调整，并不是一直运行的。因此，计算复杂度的轻微提升并不影响算法的实际运行，而获得更好的参数和解决模型失配问题的在线校正是实际运行中的关键问题。另外，考虑到模型可能存在过拟合问题，在实际运行过程中，本书更加注重参数优化和模型失配校正。因此，CMPSO 和 OCS 在实际生产过程中至关重要。

9.2
采煤机在线可靠性预报系统设计

9.2.1　最小二乘支持向量机

　　Vapnik 提出的标准支持向量机（SVM）最初是为了解决分类问题，尤其是二分法问题而创建的，是一种流行且有效的模式识别和分类问题解决工具。另外，在引入替代损失函数之后，支持向量机可以应用于回归问题。然而，标准的支持向量机问题的求解是通过寻找二次规划的最优解来实现的，这是一个非常耗时的过程。为了弥补这个缺点，二次优化问题被转化为求解线性方程组问题，从而提出了支持向量机的最小

二乘版本（LSSVM）[110]。LSSVM 的回归函数可以写成

$$y = f(x) = w^{\mathrm{T}} - \varphi(x) + b \tag{9-1}$$

给定的训练集是数据对 $\{x_i, y_i\}_{i=1}^{M}$，其中 M 表示训练数据集的大小，x_i 表示提供数据特征的输入变量，y_i 表示输出数据。非线性映射函数 φ 将输入变量映射到高维空间，在高维空间线性化非线性问题，然后在这个所谓的高维空间中处理和解决线性回归问题。LSSVM 通过统计学习输入数据和输出数据之间的关系，对函数 f 进行建模，通过求解以下优化问题，使正则化风险最小化

$$\min_{w, v, \xi} R(w, \xi) = \frac{1}{2} w^{\mathrm{T}} w + \frac{1}{2} \gamma \sum_{i=1}^{M} \xi_i^2 \tag{9-2}$$

受平等约束

$$y_i = w^{\mathrm{T}} \varphi(x_i) + b + \xi_i \quad i = 1, \cdots, M \tag{9-3}$$

其中 $\frac{1}{2} w^{\mathrm{T}} w$ 作为函数的平坦度度量，ξ 是引入的松弛变量，使得在更大的可行域内求解成为可能，γ 是正则化常数，它决定了模型训练误差和模型平坦度之间的折中。

与标准支持向量机的损失函数不同，拉格朗日函数定义为

$$L(w, b, \xi, \alpha) = R(w, \xi) - \sum_{i=1}^{M} \alpha_i (w^{\mathrm{T}} \varphi(x_i) + b + \xi_i - y_i) \tag{9-4}$$

其中 α_i 是拉格朗日乘子。在消除 w 和 ξ_i 后，得到了最优性条件

$$\begin{cases} \dfrac{\partial L}{\partial w} = 0 \rightarrow w = \sum_{i=1}^{M} \alpha_i \varphi(x_i) \\[2mm] \dfrac{\partial L}{\partial b} = 0 \rightarrow \sum_{i=1}^{M} \alpha_i = 0 \\[2mm] \dfrac{\partial L}{\partial \xi_i} = 0 \rightarrow \alpha_i = \gamma \xi_i \qquad\qquad i = 1, \cdots, M \\[2mm] \dfrac{\partial L}{\partial \alpha_i} = 0 \rightarrow w^{\mathrm{T}} \varphi(x_i) + b + \xi_i - y_i = 0 \qquad i = 1, \cdots, M \end{cases} \tag{9-5}$$

可以写成解下列线性方程组

$$\begin{bmatrix} 0 & \boldsymbol{1}_v^{\mathrm{T}} \\ 1_v & K + \gamma^{-1} I \end{bmatrix} \begin{bmatrix} b \\ \boldsymbol{\alpha} \end{bmatrix} = \begin{bmatrix} 0 \\ y \end{bmatrix} \tag{9-6}$$

其中 $y = [y_i, \cdots, y_M]^{\mathrm{T}}$，$1_v = [1, \cdots, 1]^{\mathrm{T}}$，$\boldsymbol{\alpha} = [\alpha_1, \cdots, \alpha_M]^{\mathrm{T}}$，$I$ 是单位矩阵。最后，对 LSSVM 模型进行函数估计

$$f(\boldsymbol{x}) = \sum_{i=1}^{M} \alpha_i K(\boldsymbol{x}, x_i) + b \tag{9-7}$$

式中，$\boldsymbol{\alpha}$，b 是式(9-6) 的解，K 表示与之对应的核函数。

根据默瑟条件[129]。本书采用 RBF 核函数，其形式如下：

$$K(\boldsymbol{x}, x_i) = e^{-\frac{\|\boldsymbol{x} - \boldsymbol{y}\|^2}{2\sigma^2}} \tag{9-8}$$

9.2.2　加权最小二乘支持向量机（WLSSVM）

为了使估计更具鲁棒性，提出了一种加权最小二乘支持向量机（WLSSVM）模型[114]，该模型通过对误差变量 $\xi_i = \alpha_i / \gamma$ 进行因子加权 v_i，在最小二乘支持向量机先前推导的基础上，将优化问题转化为

$$\min_{\boldsymbol{w}^*, b^*, \xi^*} R(\boldsymbol{w}^*, \xi^*) = \frac{1}{2} \boldsymbol{w}^{\mathrm{T}} \boldsymbol{w} + \frac{1}{2} \gamma \sum_{i=1}^{M} v_i \xi_i^{*2} \tag{9-9}$$

受平等约束。

$$y_i = \boldsymbol{w}^{*\mathrm{T}} \varphi(x_i) + b^* + \xi_i^* \quad i = 1, \cdots, M \tag{9-10}$$

拉格朗日方程变为：

$$L(\boldsymbol{w}^*, b^*, \xi^*, \boldsymbol{\alpha}^*) = R(\boldsymbol{w}^*, \xi^*) - \sum_{i=1}^{M} \alpha_i^* (\boldsymbol{w}^{*\mathrm{T}} \varphi(x_i) + b^* + \xi_i^* - y_i) \tag{9-11}$$

在式(9-12) 中，未知变量用符号 $*$ 表示。根据最优性条件和消去 $\boldsymbol{w}^*$，ξ_i^*，可以得到 KKT 系统

$$\begin{bmatrix} 0 & 1_v^{\mathrm{T}} \\ 1_v & K + \boldsymbol{V}_\gamma \end{bmatrix} \begin{bmatrix} b^* \\ \boldsymbol{\alpha}^* \end{bmatrix} = \begin{bmatrix} 0 \\ \boldsymbol{y} \end{bmatrix} \tag{9-12}$$

其中矩阵 $\boldsymbol{V}_\gamma$ 表示为

$$\boldsymbol{V}_\gamma = \mathrm{diag}\left[\frac{1}{\gamma v_1}, \cdots, \frac{1}{\gamma v_M}\right] \tag{9-13}$$

在 LSSVM 情况下，根据误差变量 $\xi_i^* = \alpha_i^* / \gamma$ 确定权重 v_i^* 的选择。然后通过设置

$$v_i = \begin{cases} 1, & |\xi_i/\hat{S}| \leqslant c_1 \\ \dfrac{c_2 - |\xi_i/\hat{S}|}{c_2 - c_1}, & c_1 \leqslant |\xi_i/\hat{S}| \leqslant c_2 \\ 10^{-4}, & \text{其他} \end{cases} \tag{9-14}$$

其中$\hat{S}$表示误差变量 ξ_i 的标准偏差的稳健估计：

$$\hat{S}=\frac{\text{IQR}}{2\times 0.6745} \tag{9-15}$$

IQR 表示四分位区间，也就是第 75 个百分位和第 25 个百分位之间的差值。常数 c_1，c_2 的典型选择是 $c_1=2.5$ 和 $c_2=3$[114]。式（9-10）～式（9-15）所描述的过程可以迭代地重复，以找到最终的解决方案。

9.2.3　标准粒子群优化算法

标准粒子群优化算法（PSO）是 Kennedy 和 Eberhart 在 1995 年基于鸟类和鱼类在捕食过程中的社会行为提出的[130]。该算法具有过程简单、初始化随机、控制参数少的特点，具有较强的最优解求解能力。目前，粒子群算法广泛应用于函数优化、神经网络训练、人工智能和模糊系统控制等领域。

假设搜索空间是 D 维的，搜索空间中有 m 个粒子，每个粒子的位置代表一个潜在解。第 i 个粒子在迭代步骤 k 时的位置和速度分别为 $x_k^i=(x_k^{i1},x_k^{i2},\cdots,x_k^{iD})$ 和 $v_k^i=(v_k^{i1},v_k^{i2},\cdots,v_k^{iD})$。$v^i\in V_{\text{range}}=[v_{\min},v_{\max}]$，$v_{\max}$，$v_{\min}$ 分别是初始最大和最小速度。$x^i\in X_{\text{range}}=[x_{\min},x_{\max}]$，$x_{\max}$，$x_{\min}$ 分别是初始最大和最小位置。在每次迭代过程中，根据粒子本身的运动经验和相邻粒子的运动经验，通过更新粒子的速度来改变粒子的位置。计算所有粒子的适应度函数。适应度值越低，潜在解越好。每个粒子的速度和位置更新为

$$\begin{cases} v_{k+1}^{id}=wv_k^{id}+c_1 r_1(p_{\text{best}}^{id}-x_k^{id})+c_2 r_2(g_{\text{best}}-x_k^{id}) \\ x_{k+1}^{id}=x_k^{id}+v_{k+1}^{id} \\ i=1,2,\cdots,m;\quad d=1,2,\cdots,D \end{cases} \tag{9-16}$$

其中 p_{best} 是粒子当前的最佳位置，g_{best} 是整个粒子群的最佳位置。粒子通过惯性权重 w 进行更新，以控制先前速度对当前速度的影响。c_1 和 c_2 是调整粒子自身经验和社会经验权重的学习因子。r_1 和 r_2 是在区间 [0,1] 中均匀分布的随机系数。

9.2.4　改进的粒子群算法

标准的粒子群优化算法使用惯性因子 w 来控制先前速度对当前速度

的影响，平衡了粒子群算法的全局和局部搜索能力。w 较大时，粒子具有扩展搜索空间的能力，拥有较高的全局搜索能力。反之，w 较小时，算法主要对当前解的邻域进行搜索，因此局部搜索能力较强。当 $w=0$ 时，粒子没有记忆，因此粒子会飞到单个最优位置和全局最优位置的加权中心，但是全局最优位置的粒子根据式(9-16)保持静止。纵观整个搜索过程，前期需要较大的 w，主要是扩大搜索空间，后期需要较小的 w 寻求最优解。因此，为了修正 w，w 可以从最大惯性权重线性减小到最小惯性权重。方法如下：

$$w_k = w_{max} - (w_{max} - w_{min}) \times (k-1)/\text{iter}_{max} \tag{9-17}$$

其中 k 是当前的迭代次数，iter_{max} 是最大的迭代次数，惯性因子 $w_k \in W_{range} = [w_{min}, w_{max}]$ 从一个高值 w_{max} 开始，线性减小到 w_{min}。

9.2.5 混沌改进粒子群算法

改进的粒子群优化算法虽然与标准粒子群优化算法相比有了明显的改进，但由于初始粒子是随机分布的，当一些粒子的位置和它们的 p_{best} 接近 g_{best}，粒子以一定的速率运动时，由于惯性因子不为零，粒子会偏离最优位置，导致算法无法收敛。当速度接近于零时，整个粒子群的多样性消失，粒子失活。随着迭代过程的进行，其他粒子迅速聚集在惰性粒子周围并停止移动，从而出现停滞现象，影响了算法的收敛性，使算法早熟。为了避免早熟现象，增加算法的适应性，在粒子群算法中引入混沌的思想，使粒子群跳出停滞状态。在进化过程中，当某个粒子群出现停滞现象时，可以通过创建混沌序列来解决。经过进一步的迭代，算法突破停滞状态，收敛到当前情况下更好的全局最优解。Logistic 映射是 Robert 在 1976 年提出的一种典型的混沌映射函数，具体表示为：

$$z_{k+1} = \mu z_k (1 - z_k) \quad 0 \leqslant \mu \leqslant 4 \tag{9-18}$$

其中 μ 是控制参数，证明了当 $\mu=4$ 且 $z \in [0, 1]$ 时，它是完全混沌的。

针对 MPSO 算法的早熟收敛、易陷入局部最优等问题，提出了一种改进的 MPSO 算法。本书采用混沌系统对算法进行优化，防止早熟，提高收敛速度。本书采用的混沌基本思想如下：

① 判断粒子的运动状态。粒子群是否停滞不前是通过计算确定的

$$\begin{cases} G^2 = \sum_{i=1}^{m} \left(\dfrac{f_i - f_{\text{avg}}}{f_0} \right)^2 \leqslant H^2 \\ f_0 = \max[1, \max(\mid f_i - f_{\text{avg}} \mid)] \\ f_{\text{avg}} = \dfrac{1}{m} \sum_{i=1}^{m} f_i \end{cases} \tag{9-19}$$

其中 f_i 是当前迭代中每个粒子的适应度，f_{avg} 是所有粒子的平均适应度，H 是过早判断阈值，是迭代前设置的阈值。如果群适应度方差 $\delta^2 \leqslant H^2$，则认为粒子是停滞的。

② 重建粒子组。如果粒子处于停滞状态，请根据适应值对粒子组进行排序。然后挑选出前 20% 的粒子，并将它们放入一个新的组中。剩下 80% 的粒子是通过混沌序列产生的

$$\begin{cases} x_1 = (g_{\text{best}} - x_{\min})/(x_{\max} - x_{\min}) \\ x_i = \mu x_{i-1}(1 - x_{i-1}), \quad i = 2, 3, \cdots, 0.8m \\ x_i = (x_{\max} - x_{\min})x_i + x_{\min}, \quad i = 1, 2, \cdots, m \end{cases} \tag{9-20}$$

其中 g_{best} 是最佳适应度的粒子。这种操作既保留了历史迭代中的最佳粒子，又增加了群体的多样性，使群体摆脱停滞状态，在当前情况下寻求更好的全局最优解。

③ 当当前速度或位置超过边界时，通过更新搜索速度和位置边界在线调整搜索速度和搜索边界，不仅使算法对初始条件不敏感，更能适应多种场景，而且在一定程度上使群体的生存空间更加多样化。

9.2.6　混合 CMPSO-WLSSVM 算法

在此基础上，利用 CMPSO 算法对基于 RBF 核的 WLSSVM 模型参数进行优化。需要优化的参数是核参数 σ 和正则化参数 γ。CMPSO-WLSSVM 模型的流程图如图 9-1 所示。此外，CMPSO-WLSSVM 模型的详细过程概述如下：

步骤 1：将算法的最大进化步数 $\text{iter}_{\max}$，学习因子 c_1 和 c_2，粒子位置的范围约束 $X_{\text{range}} = [x_{\min}, x_{\max}]$，粒子速度的范围约束 $V_{\text{range}} = [v_{\min}, v_{\max}]$，惯性因子的范围 $W_{\text{range}} = [w_{\min}, w_{\max}]$，混沌参数 μ，过早判断阈值 H 初始化。创建粒子的初始位置，随机设置粒子的初始速度，粒子总数为 m。

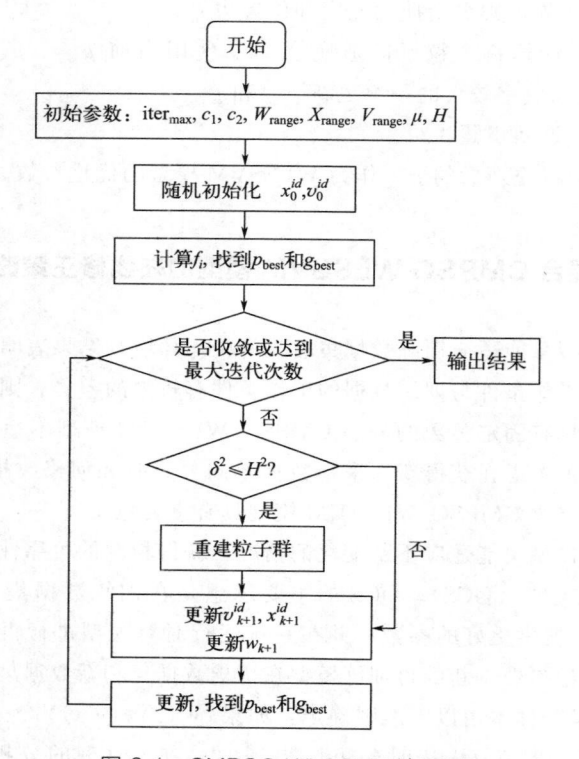

图 9-1 CMPSO-WLSSVM 流程图

$$x_0^{id} = U(0,1) \times (x_{max} - x_{min}) + x_{min} \tag{9-21}$$

$$v_0^{id} = U(0,1) \times (v_{max} - v_{min}) + v_{min} \tag{9-22}$$

式中，$U(0,1)$ 表示在 $[0,1]$ 中均匀分布的随机数。

步骤 2：利用 WLSSVM 计算每个粒子的适应度 f_i，设当前位置为 p_{best}，适应度最高的粒子的位置为 g_{best}。

步骤 3：确定算法是否满足收敛准则。如果是，请转至步骤 9，或否则转至下面的步骤 4。

步骤 4：按照 MPSO 公式（9-18）计算惯性系数。然后根据式（9-20）确定粒子是否停滞。如果 $\delta^2 \leqslant H^2$，则预计粒子将停滞，转至步骤 5，或否则跳至步骤 6。

步骤 5：根据适应度 f_i 对粒子进行排序，并保持排名在前 20% 的粒子。通过产生式（9-21）中描述的混沌位置序列，重建其余 80% 的粒子。

步骤 6：根据公式（9-17）更新每个粒子的速度和位置。如果当前速度或位置超出边界，则更新搜索速度和位置边界。

步骤7：计算每个粒子的适应度 f_i。使用当前 p_{best}、g_{best} 和上一个 p_{best}、g_{best} 之间数字较大的一组更新 p_{best} 和 g_{best}。

步骤8：返回步骤3。

步骤9：以更新后的 g_{best} 作为 WLSSVM 模型的优化参数。

9.2.7 混合 CMPSO-WLSSVM 模型的在线修正策略

训练模型只能适应训练数据集覆盖的工作环境。结果表明，如果未来采样数据的工作条件与训练数据的工作条件有较大的差异，则模型的性能会不理想。具有固定参数的静态 CMPSO-WLSSVM 模型不适用于动态系统，因为它不考虑在获得新的采样数据不同分布时如何修改模型的问题。因此，在线修改 CMPSO-WLSSVM 模型具有重要意义。

为了使模型更能适应不断变化的情况，获得稳健的可靠性预测，引入了在线修正策略（OCS）。OCS 的主要思想是在训练数据集中加入新的"难"样本，搜索更好的参数，并在系统运行时对模型进行再训练，从而动态修改模型参数。新的再训练模型在历史数据集和新数据集上都有很好的表现。"难"样本由以下准则确定：如果 $|y_a(t) - y_p(t)| > \text{RMSE}$，其中 y_a 是系统运行时在 $t+d$ 时刻可以得到的 y 在 t 时刻的分析可靠性值，y_p 是 y 在 t 时刻的预测可靠性值，RMSE 是 CMPSO-WLSSVM 模型在训练数据集上的均方根误差数据，则 $\{x(t), y_a(t)\}$ 被认为是"难"样本，并被添加到训练数据集中，以根据粒子群的历史状态对模型进行微调。OCS 的流程图如图 9-2 所示。

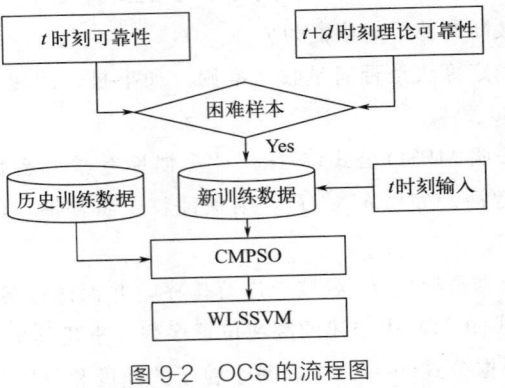

图 9-2　OCS 的流程图

9.3
采煤机在线可靠性预报系统分析

在下面的研究中，本书提出的混合 OCS-CMPSO-WLSSVM 模型在不同情况下的预测性能将通过应用得到验证。根据 Xu 等人[100]采用的方法重构数据集，利用以前时间点的数据预测未来的可靠性。模型可以描述为

$$y_p(t) = f[y(t-1), y(t-2), \cdots, y(t-D_x)] \tag{9-23}$$

其中 $y_p(t)$ 表示时间点 t 的预测输出，f 表示训练数据集训练的模型，D_x 表示输入变量的维数。D_x 的选择对 OCS-CMPSO-WLSSVM 预测性能影响的研究将在以后的实验中进行。

采用归一化均方根误差（NRMSE）、平均绝对误差（MAE）、平均相对误差（MRE）、均方根误差（RMSE）、泰尔不等式系数（TIC）和标准差（STD）等统计指标作为测量值和预测值之间的偏差度量。

$$NRMSE = \sqrt{\frac{\sum_{k=1}^{n}(y_{ak}-y_{pk})^2}{\sum_{k=1}^{n}y_{ak}}} \tag{9-24}$$

$$MAE = \frac{1}{n}\sum_{i=1}^{n}|y_{ak}-y_{pk}| \tag{9-25}$$

$$MRE = \frac{1}{n}\sum_{i=1}^{n}\frac{|y_{ak}-y_{pk}|}{y_i}\times 100\% \tag{9-26}$$

$$RMSE = \sqrt{\frac{1}{n}\sum_{i=1}^{n}(y_{ak}-y_{pk})^2} \tag{9-27}$$

$$TIC = \frac{\sqrt{\frac{1}{n}\sum_{i=1}^{n}(y_{ak}-y_{pk})^2}}{\sqrt{\sum_{i=1}^{n}y_{ak^2}}+\sqrt{\sum_{i=1}^{n}y_{pk^2}}} \tag{9-28}$$

$$STD = \sqrt{\frac{1}{n-1}\sum_{i=1}^{n}(e_i-\overline{e})^2} \tag{9-29}$$

式中，$e_i = y_{ak}-y_{pk}$；$\overline{e} = \frac{1}{n}\sum_{i=1}^{n}e_i$；$y_{ak}$ 和 y_{pk} 分别为实际值和预测值；

n 为待评估数据集的个数。MAE、MRE 和 RMSE 证实了所提出方法的预测精度，而 TIC 和 STD 则揭示了方法的预测稳定性。

在提出的 OCS-CMPSO-WLSSVM 混合方法中，有许多参数需要仔细设置。在不同的情况下，通过设置不同的 D_x 来重构数据集。对于 CMPSO 的配置，所有示例中的常用参数设置如下：$m=30$，$D=2$，$\text{iter}_{max}=50$，$c_1=2$，$c_2=2$，$w_{max}=0.9$，$w_{min}=0.2$，$x_{max}=[2000,100]$，$x_{min}=[2,0]$，$v_{max}=[10,2]$，$v_{min}=[-10,-2]$，$\mu=4$。为了扩大搜索范围，在迭代过程中更新 x_{max}，同时在 CMPSO 运行过程中更新 v_{max}，加快收敛速度。通过交叉验证计算平均相对误差得到适应度值。

9.3.1 采煤机在线可靠性预报结果分析

将在线策略引入采煤机切削模式实时动态可靠性智能最优预报模型中，得到其在线智能最优可靠性预报模型，模型在各切削模式下的预报结果如表 9-1 所示，引入在线后的模型进一步提高了预报模型的准确性和鲁棒性。

表 9-1 带 OCS 的在线智能各切削模式可靠性预报准确率

切削模式	OCS-CMPSO-WLSSVM	OCS-MGSA-RVM	OCS-CDA-GP
模式 1	98.71%	99.20%	98.46%
模式 2	97.23%	98.86%	97.42%
模式 3	97.92%	98.51%	97.68%
模式 4	98.03%	98.92%	97.99%
模式 5	98.05%	98.13%	97.80%
模式 6	98.17%	98.54%	98.03%
整体可靠性准确率	98.02%	98.69%	97.90%

本书提出的方法也和一些相关领域中的人工智能方法进行了比较，如表 9-2 所示。比较结果表明，本书提出的带 OCS 的采煤机切削模式可靠性在线智能预报模型具有最优的准确性，此外，群智能算法和在线策略的引入极大地提高了模型在复杂环境中的适应性和鲁棒性。

表 9-2　与已有人工智能方法的准确率对比

方法	整体可靠性准确率
EMD-NN(J. Vib. Meas. Diagnosis,2012)	94.40%
FCM-FGOA(Appl. Sci.,2016)	95.40%
MFOA-PNN(Sensors,2016)	97.50%①
OCS-CDA-GP	97.90%
OCS-CMPSO-WLSSVM	98.02%
OCS-MGSA-RVM	98.69%②

① 文献报道最好结果。
② 研究最好结果。

9.3.2　更多问题的数据集

为了检验前面所提出研究方法的有效性，在汽车发动机故障里程、柴油机涡轮增压器的故障时间、潜艇柴油机的故障次数三类重要的发动机故障上进行了泛化研究，结果表明了所提出方法具有很强的扩展适用鲁棒性。

（1）预测汽车发动机故障里程

在这个案例中，研究了汽车发动机的可靠性预测问题，其中两个非计划的和连续的纠正性维修时间之间的距离被视为汽车发动机的可靠性指标[100]。100 台发动机的数据被视为一个时间序列，如表 9-3 所示。

表 9-3　汽车发动机故障里程数据

序列(t)	故障间距	序列(t)	故障间距	序列(t)	故障间距
1	37.143	10	38.191	19	37.143
2	37.429	11	38.191	20	37.429
3	37.619	12	36.857	21	37.429
4	38.571	13	37.619	22	37.619
5	40.000	14	37.810	23	38.381
6	35.810	15	38.762	24	38.571
7	36.286	16	35.905	25	39.429
8	36.286	17	36.476	26	35.810
9	36.476	18	36.857	27	36.952

序列(t)	故障间距	序列(t)	故障间距	序列(t)	故障间距
28	37.619	53	38.095	78	38.191
29	37.810	54	38.667	79	38.667
30	38.095	55	40.062	80	38.667
31	36.857	56	36.191	81	37.143
32	38.095	57	36.381	82	37.619
33	38.095	58	37.048	83	37.619
34	38.381	59	37.238	84	38.095
35	39.048	60	38.000	85	39.048
36	37.238	61	35.714	86	36.286
37	37.333	62	36.476	87	37.143
38	37.524	63	37.333	88	37.524
39	37.810	64	37.619	89	37.810
40	38.571	65	38.476	90	38.000
41	37.143	66	36.857	91	36.857
42	37.238	67	37.143	92	37.048
43	37.619	68	37.905	93	37.905
44	38.191	69	38.095	94	38.191
45	38.571	70	38.857	95	39.524
46	36.095	71	37.143	96	35.429
47	37.238	72	37.619	97	36.000
48	37.429	73	37.619	98	37.714
49	37.524	74	37.810	99	38.095
50	39.048	75	38.381	100	38.571
51	37.143	76	36.381		
52	37.810	77	38.000		

通过将输入变量的维数设为 $D_x = 14$ 来重构时间序列数据集。结果，

重建的数据集的总数是 86。CMPSO 的过早判断阈值设为 $H=0.03$。根据文献比较，最后 10 组数据作为测试数据集，其余数据用于训练。可视化结果如图 9-3 所示，深灰色曲线表示原始数据的分析值，浅灰色曲线表示本书提出的 OCS-CMPSO-WLSSVM 模型在列车组中的预测值，带星号的浅灰色曲线表示测试组中的预测值。在表 9-4 中，CMPSO-WLSSVM 模型在测试数据集上的 NRMSE 达到了 0.0126，所提出的 OCS-CMPSO-WLSSVM 混合模型的 NRMSE 达到了 0.0115，这表明 OCS 确实使 CMPSO-WLSSVM 模型的预测性能有了不小的提高。另外，OCS-CMPSO-WLSSVM 模型的 TIC 为 0.0058，低于 CMPSO-WLSSVM 模型的 TIC 为 0.0063 和 MPSO-WLSSVM 模型的 TIC 为 0.0079。说明 OCS-CMPSO-WLSSVM 模型具有较强的鲁棒性和抗干扰能力。

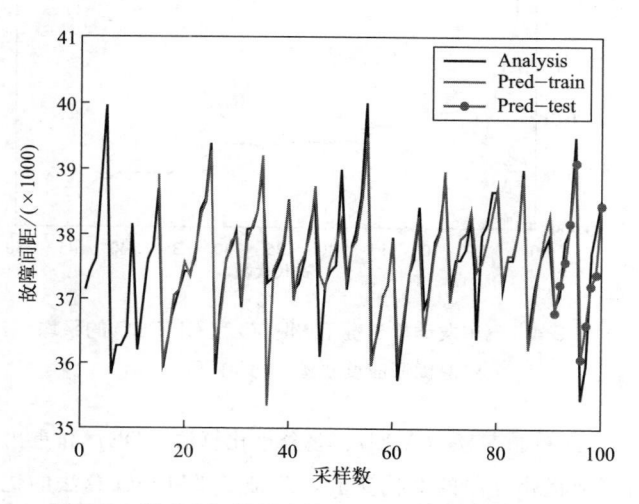

图 9-3 用 OCS-CMPSO-WLSSVM 模型预测汽车
发动机故障间隔里程的预测曲线，其中 $D_x = 14$

表 9-4　利用不同的预测方法预测汽车发动机的故障间隔里程

模型	MRE	MAE	RMSE	NRMSE	STD	TIC
MPSO-WLSSVM($D_x=14$)	0.0132	0.4889	0.5902	0.0157	0.6220	0.0079
CMPSO-WLSSVM($D_x=14$)	0.0112	0.4170	0.4724	0.0126	0.4904	0.0063
OCS-CMPSO-WLSSVM ($D_x=14$)	0.0097	0.3594	0.4334	0.0115	0.4514	0.0058

此外，表 9-4 中的结果表明，CMPSO 算法比 MPSO 算法具有更好的参数搜索能力，其中 CMPSO-WLSSVM 模型的 NRMSE 为 0.0126，优于 MPSO-WLSSVM 模型的 NRMSE 为 0.0157。十个试验的平均全局最优适应度轨迹如图 9-4 所示。曲线表明，CMPSO 算法在当前情况下可以收敛到较小的全局或局部最优解范围，而 MPSO 算法在早期可能会变得惰性，导致算法早熟。

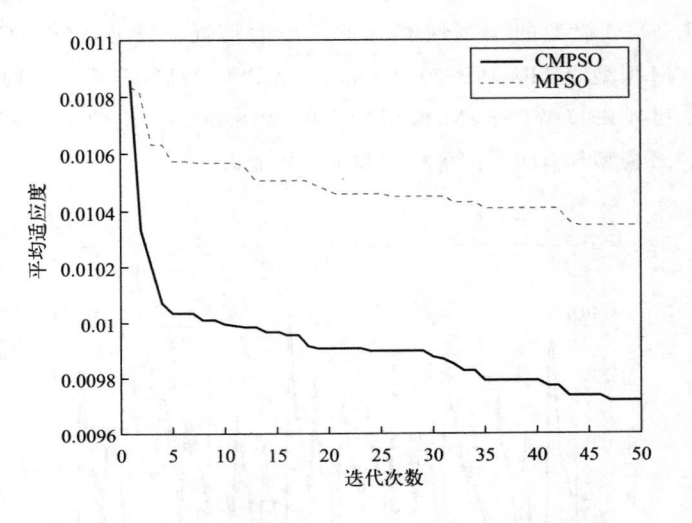

图 9-4　汽车发动机工况下 MPSO 和 CMPSO 的平均
全局最优适应度轨迹，其中 $D_x = 14$

通过与人工蜂群算法（ABC）、差分进化算法（DE）和重力搜索算法（GSA）等经典优化算法的对比实验，验证了 CMPSO 算法的优越性。详细结果如表 9-5 所示，预测曲线如图 9-5 所示，由此可以看出，本书提出的 CMPSO 在参考的经典优化算法中可以获得最高的预测精度。

表 9-5　不同优化算法对汽车发动机数据集可靠性预测结果的比较

模型	MRE	MXRE	MAE	MXAE	RMSE	NRMSE	TIC	STD
ABC-WLSSVM	0.01217	0.02332	0.4512	0.8262	0.5078	0.01352	0.006767	0.5321
DE-WLSSVM	0.01427	0.04416	0.5278	1.5646	0.6648	0.01770	0.008850	0.6999
GSA-WLLSVM	0.01369	0.03345	0.5079	1.1852	0.5828	0.01552	0.007767	0.6117

续表

模型	MRE	MXRE	MAE	MXAE	RMSE	NRMSE	TIC	STD
MPSO-WLSSVM	0.01320	0.03781	0.4889	1.3395	0.5902	0.01572	0.007861	0.6220
CMPSO-WLSSVM	0.01119	0.02158	0.4170	0.7768	0.4723	0.01258	0.006297	0.4904

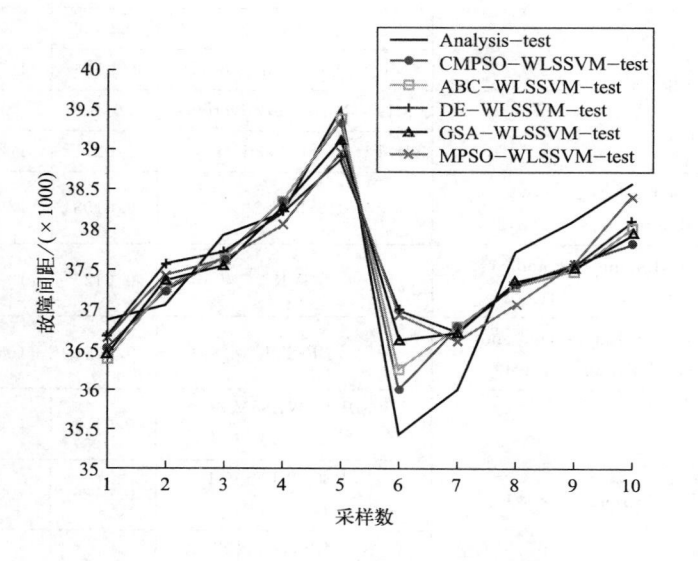

图 9-5　基于不同优化算法的汽车发动机故障
间隔里程预测曲线

与现有文献的比较结果如表 9-6 所示，OCS-CMPSO-WLSSVM 模型
（0.0115）的预测性能优于 AR 模型（0.0422）[100]，采用 Logistic 激活的
MLP 模型（0.0156）[100]，采用高斯激活的 MLP 模型（0.0122）[100]（这是
最好的文献结果），RBF 模型（0.0211）[100]，IIR-LRNN 模型
（0.0158）[125]，SVR 模型（0.0125）[104] 和 PF-SVR 模型（0.0202）[105]，其
中括号中的数字是不同模型的 NRMSE，将在下文中使用。可以看出，提
出的 OCS-CMPSO-WLSSVM 方法与最佳文献结果相比，NRMSE 的预测
误差降低了约 5.74%，这是 15 年后首次得到比最佳文献结果更好的结
果[100]。在所提出的模型中，采用混沌 MPSO 优化算法但没有在线校正策
略的 CMPSO-WLSSVM 模型比最佳文献结果差一些（NRMSE 增加了约

3.28％），MPSO-WLSSVM 模型也比最佳文献结果差一些（NRMSE 增加了约 28.69％），说明了混沌 MPSO 优化算法的有效性和当前工作的在线校正策略的有效性。

表 9-6　汽车发动机故障里程与已有文献模型的比较结果

文献来源	算法	NRMSE	NRMSE Compare
Applied Soft Computing[100],2003	AR	0.0422	345.90％
	MLP(Logistic activation)	0.0156	127.87％
	MLP(Gaussian activation)	0.0122①	100％①
	RBF(Gaussian activation)	0.0211	172.95％
Chemical Engineering Transactions[125],2012	IIR-LRNN	0.0158	129.50％
Reliability Engineering and System Safety[104],2011	SVR	0.0125	102.46％
Reliability Engineering and System Safety[105],2013	PF-SVR	0.0202	165.57％
Current work	MPSO-WLSSVM ($D_x=14$)	0.0157	128.69％
	CMPSO-WLSSVM ($D_x=14$)	0.0126	103.28％
	OCS-CMPSO-WLSSVM ($D_x=14$)	0.0115②	94.26％②

① 最好文献结果
② 最好结果

　　图 9-6 显示了输入变量的维度从 8 变为 15 的效果。曲线表明，OCS-CMPSO-WLSSVM 模型输入维数的选择对最终结果有影响。最好的选择是 $D_x=14$，未超出 8 到 15 的范围，这意味着未来的产出可以用过去 14 个时间点的数据来最好地描述。

　　（2）预测柴油机涡轮增压器的故障时间

　　本应用涉及涡轮增压器的可靠性预测，涡轮增压器是大多数现代柴油机的一部分，掌握其故障次数的非线性趋势对基于可靠性的维修决策具有重要意义。这种情况下使用的数据集来自特定类型的 40 个涡轮增压器的非计划维护时间，也可以称为故障时间[100]。此外，根据失效时间数据，根据贝纳德近似，时间 T_t 的可靠性 R_{T_t} 可以估计为[135]：

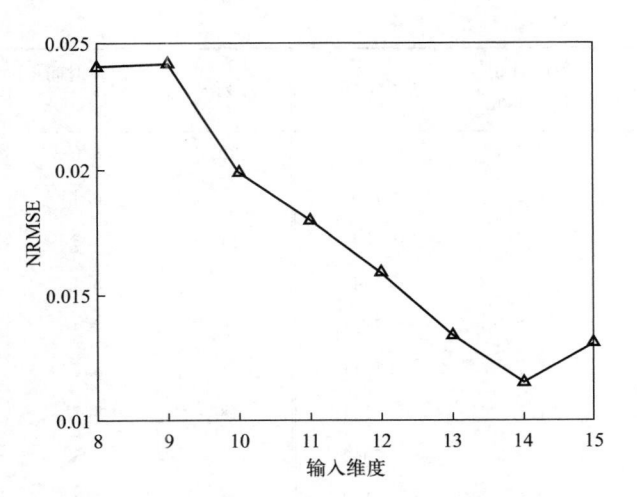

图 9-6 不同输入维 OCS-CMPSO-WLSSVM 模型
在汽车发动机案例下的预测结果

$$R_{T_t} = 1 - \frac{t - 0.3}{M + 0.4} \tag{9-30}$$

其中 t 表示故障时间指数，M 表示数据集总数（在这种情况下，$M =$ 40）。表 9-7 列出了失效时间和可靠性估计数据集。

表 9-7 涡轮增压器的故障时间和可靠性数据

序列 t	故障时间 T_t/1000h	可靠性 R_{T_t}	序列 t	故障时间 T_t/1000h	可靠性 R_{T_t}
1	1.6	0.9930	12	5.3	0.8835
2	2.0	0.9831	13	5.4	0.8735
3	2.6	0.9731	14	5.6	0.8635
4	3.0	0.9631	15	5.8	0.8536
5	3.5	0.9532	16	6.0	0.8436
6	3.9	0.9432	17	6.0	0.8337
7	4.5	0.9333	18	6.1	0.8237
8	4.6	0.9233	19	6.3	0.8137
9	4.8	0.9133	20	6.5	0.8038
10	5.0	0.9034	21	6.5	0.7938
11	5.1	0.8934	22	6.7	0.7839

续表

序列 t	故障时间 T_t/1000h	可靠性 R_{T_t}	序列 t	故障时间 T_t/1000h	可靠性 R_{T_t}
23	7.0	0.7739	32	8.0	0.6843
24	7.1	0.7639	33	8.1	0.6743
25	7.3	0.7540	34	8.3	0.6643
26	7.3	0.7440	35	8.4	0.6544
27	7.3	0.7341	36	8.4	0.6444
28	7.7	0.7241	37	8.5	0.6345
29	7.7	0.7141	38	8.7	0.6245
30	7.8	0.7042	39	8.8	0.6145
31	7.9	0.6942	40	9.0	0.6046

　　然后利用可靠性估计数据对涡轮增压器的可靠性进行了预测。通过将输入变量的维数设置为 $D_x = 5$，可以重构数据集。结果，重建的数据集的总数是 35。在这种情况下，CMPSO 的过早判断阈值被设置为 $H = 0.003$。根据已有文献，最后 5 组数据作为测试数据集，其余数据用于训练。重构前的实验均在本书中进行，可视化结果和数值结果分别如图 9-7 和表 9-8 所示。

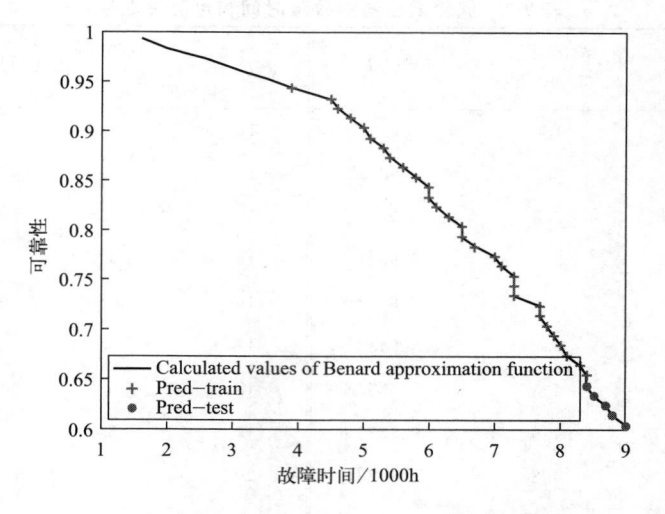

图 9-7　使用 OCS-CMPSO-WLSSVM 模型预测涡轮
增压器可靠性的预测曲线，其中 $D_x = 5$

表 9-8 不同模型对涡轮增压器可靠性的预测结果

模型	MRE $/\times10^{-5}$	MAE $/\times10^{-5}$	RMSE $/\times10^{-5}$	NRMSE $/\times10^{-5}$	TIC $/\times10^{-5}$	STD $/\times10^{-5}$
MPSO-WLSSVM ($D_x=5$)	49.3225	30.5595	32.2951	51.7	25.8440	11.6777
CMPSO-WLSSVM ($D_x=5$)	19.6199	12.0324	15.4878	24.8	12.3959	10.9027
OCS-CMPSO-WLSSVM ($D_x=5$)	2.8623	1.7823	2.7124	4.3	2.1711	2.9848

从图 9-7 所示的预测曲线可以直观地看出，所提出的 OCS-CMPSO-WLSSVM 模型具有很好的可靠性预测效果，其中曲线表示贝纳德近似函数的计算值，十字点表示本书所提出的 OCS-CMPSO-WLSSVM 模型在列车组中的预测值，星号点表示测试集中的预测值。在表 9-8 中，CMPSO-WLSSVM 模型在测试数据集上的 NRMSE 达到了 0.000248，这已经很小了。在此基础上，对 OCS-CMPSO-WLSSVM 混合模型进行了进一步的改进，其 NRMSE 为 0.000043。从 CMPSO 和 MPSO 的性能来看，表 9-8 的结果也表明 CMPSO 算法比 MPSO 算法具有更好的参数搜索能力，CMPSO-WLSSVM 模型的 NRMSE 为 0.000248，优于 MPSO-WLSSVM 模型的 0.000517。十个试验的平均全局最优适应度轨迹如图 9-8 所示。曲线表明，CMPSO 算法在当前情况下可以收敛到较小的全局或局部最优解

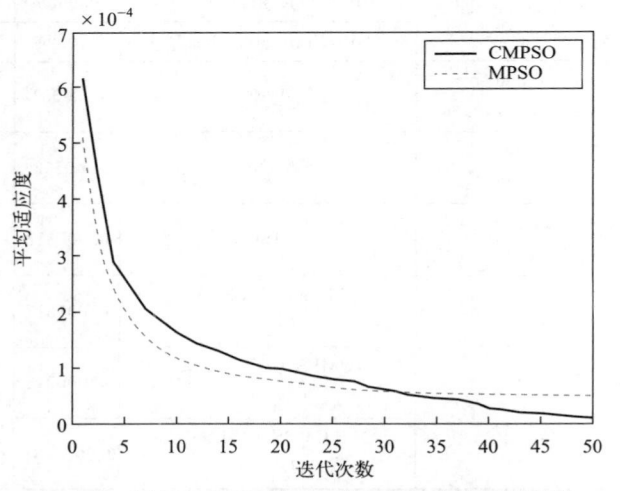

图 9-8 MPSO 和 CMPSO 算法在涡轮增压器案例
下的平均全局最优适应度轨迹，$D_x = 5$

范围，而 MPSO 算法在早期可能会变得惰性，导致算法早熟。

与现有文献的比较结果如表 9-9 所示，OCS-CMPSO-WLSSVM 模型（0.000043）的预测性能优于 GA-SVR（0.0033）[137]、IIR-LRNN 模型（0.0149）[125]、SVR 模型（0.0024）[104]、SVMG 模型（0.00031）[120]、ANNG 模型（0.000252）[128]，HSK 模型（0.000312）[136]，其中 ANNG 模型是最好的文献结果。从表 9-9 的比较结果可以看出，提出的 OCS-CMPSO-WLSSVM 模型在可靠性预测性能上有了很大的提高，与以往文献中的最佳结果相比，NRMSE 降低了约 82.94%。

表 9-9　涡轮增压器可靠性与已有模型的比较结果

文献来源	算法	NRMSE	NRMSE Compare
Applied Soft Computing[100],2003	AR	0.0199	7896.83%
	MLP(Logistic activation)	0.0397	15753.97%
	MLP(Gaussian activation)	0.0250	9920.63%
	RBF(Gaussian activation)	0.0039	1547.62%
2017 IEEE 7th CCWC[137],2017	GA-SVR	0.0033	1309.52%
Chemical Engineering Transactions[125],2012	IIR-LRNN(One-step ahead)	0.0149	5912.70%
	IIR-LRNN(Two-step ahead)	0.0199	7896.83%
Reliability Engineering and System Safety[104],2011	SVR(One-step ahead)	0.0055	2182.54%
	SVR(Two-step ahead)	0.0024	952.38%
Mathematical and Computer Modeling[120],2006	SVMG	0.00031	123.02%
Expert Systems with Applications[128],2012	ANNG	0.000252①	100%①
Applied Mathematical Modelling[136],2014	HSK	0.000312	123.81%
Current Work	MPSO-WLSSVM ($D_x=5$)	0.000517	205.16%
	CMPSO-WLSSVM ($D_x=5$)	0.000248	98.41%
	OCS-CMPSO-WLSSVM ($D_x=5$)	0.000043②	17.06%②

① 最佳文献结果

② 最佳结果

值得一提的是，这个问题非常接近线性问题。CMPSO 算法得到的核参数 σ 对结果影响很大。σ 越大，结果越好。在所提出的模型中，CMPSO-WLSSVM 模型的预测性能比 OCS-CMPSO-WLSSVM 差，但与最佳文献方法（仅使 NRMSE 降低约 1.59%）的预测性能接近，MPSO-WLSSVM 模型的预测结果比最佳文献方法更差（NRMSE 提高约 105.16%），说明了所提出的在线校正策略和混沌 MPSO 优化算法的优越性。

为了找出输入变量的维数在这种情况下的影响，通过将输入变量的维数从 2 改为 6 来进行实验。结果如图 9-9 所示。曲线表明，在 2～6 的范围内，最好的选择是 $D_x=5$，这意味着用过去 5 个时间点的数据可以最好地描述未来的产出。

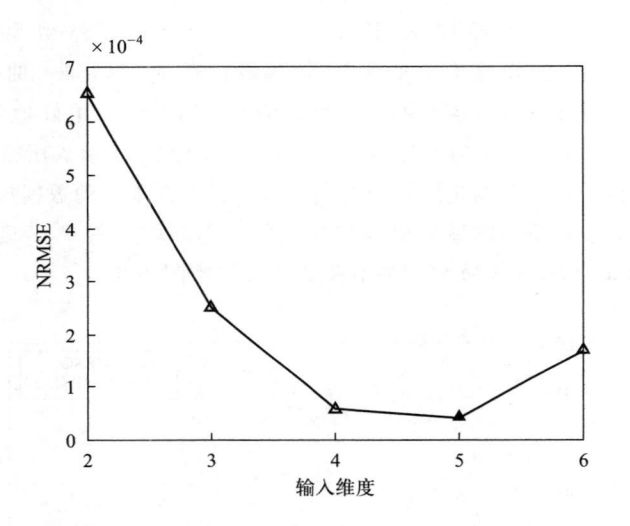

图 9-9　涡轮增压器不同输入维 OCS-CMPSO-WLSSVM 模型预测结果

（3）一个新的具有挑战性的可靠性预测问题：潜艇柴油机的故障次数

为了进一步研究该模型在可靠性预测问题中的通用性和鲁棒性，本书将其应用于一个新的广泛研究的实例，即潜艇柴油机在劣化过程中的非计划维修次数，是研究系统失效定量化技术框架可能性的典型实例。设置 $D_x=5$，将前 52 个数据点划分为训练集，剩余 14 个数据点划分为测试集。详细结果如下所述。

　　由表 9-10 统计可以看出，在 WLSSVM 上配置 MPSO 算法可以得到比 WLSSVM(0.3571) 更低的预测 NRMSE(0.019922)，因为 MPSO 可以搜索相对更优的 WLSSVM 参数而不是手动设置的参数。此外，CMPSO-WLSSVM 模型（0.010597）的性能优于 MPSO-WLSSVM 模型，这也是克服 PSO 算法早熟性而获得更优参数的结果。

表 9-10　　不同模型潜艇数据集可靠性预测结果比较

模型	MRE	MXRE	MAE	MXAE	RMSE	NRMSE	TIC	STD
WLSSVM	0.2819	0.3643	6.9811	9.2952	7.4579	0.3571	0.1767	2.7229
MPSO-WLSSVM	0.01499	0.03239	0.3760	0.8264	0.4889	0.019922	0.01004	0.3345
CMPSO-WLSSVM	0.008239	0.02443	0.2052	0.6107	0.2601	0.010597	0.005295	0.2686
OCS-CMPSO-WLSSVM	0.004870	0.02205	0.1200	0.5513	0.1765	0.006192	0.003596	0.1832

　　图 9-10 显示了经过 10 轮实验后，MPSO-WLSSVM 和 CMPSO-WLSSVM 在潜艇数据集中的平均全局最优适应度轨迹。曲线还表明 CMPSO 比 MPSO 具有更低的适应度，因为 CMPSO 能更好地学习参数，避免早熟。此外，在 CMPSO-WLSSVM(0.006192) 中引入所提出的 OCS 方法也取得了进一步的进展，因为用含有"错误样本"的数据集对模型进行再训练，使模型能够适应更为多样化的工作环境。图 9-11 显示了使用 OCS-CMPSO-WLSSVM 模型的潜艇数据集的预测曲线。

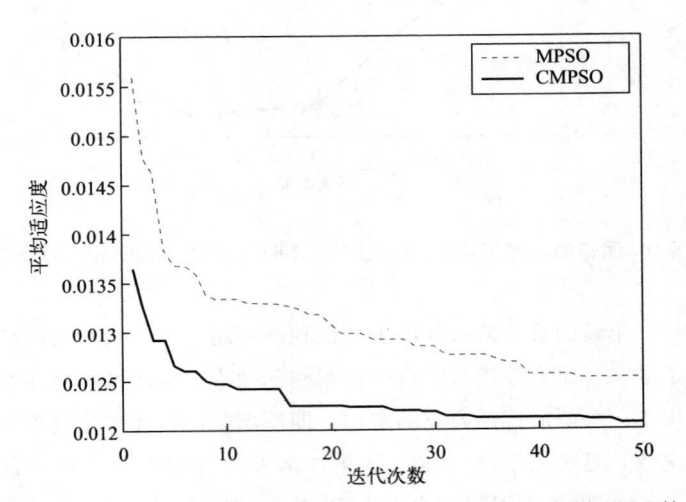

图 9-10　潜艇数据集 MPSO-WLSSVM 和 CMPSO-WLSSVM 的
平均全局最优适应度轨迹

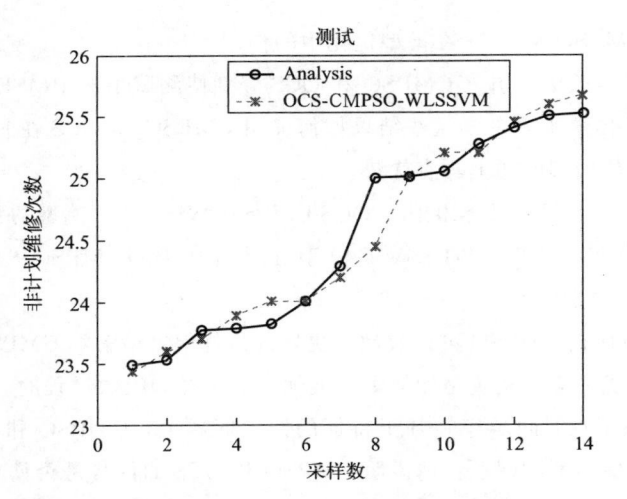

图 9-11 基于 OCS-CMPSO-WLSSVM 模型的
潜艇数据集预测曲线

为了证明所提出的 OCS-CMPSO-WLSSVM 模型在潜艇可靠性预测中的优越性，另一个实验是将预测性能与相关文献中提出的几种典型方法进行比较。详细比较结果见表 9-11。结果表明，提出的 OCS-CMPSO-WLSSVM 模型（0.006192）的 NRMSE 比 SVM 模型[138]、PSO＋SVM[139]、PF-SVR[140] 的 NRMSE（分别为 0.00645、0.018969 和 0.0211）低。因此，本书提出的基于 OCS-CMPSO-WLSSVM 的可靠性预测方法在处理潜艇可靠性预测问题上具有很大的优势。

表 9-11 本书方法（OCS-CMPSO-LSSVM）与已有文献的性能比较

模型	NRMSE
SVM model[138]	0.00645①
PSO＋SVM[139]	0.018969
PF-SVR[140]	0.0211
OCS-CMPSO-WLSSVM(Current Work)	0.006192②

① 最佳文献结果
②最佳结果

思考题

1. 为什么引入 CMPSO 和 OCS 可以提高测试集和泛化集的预测性能？

请解释 CMPSO 和 OCS 在模型优化中的作用。

2. 在实验中，引入 CMPSO 和 OCS 分别使测试集的 RMSE 和泛化集的 RMSE 提高了多少？这些结果如何证明 CMPSO 和 OCS 在时间顺序和基于特征的回归问题上具有优势？

3. 与其他现有技术相比，OCS-CMPSO-WLSSVM 模型的性能如何？为什么 OCS-CMPSO-WLSSVM 模型在性能上优于 MPSO-SA-RNN 和 PSO 混沌 LSSVM？

4. 为什么 CMPSO 可以收敛到更好的最优解？请解释 CMPSO 中的平均全局最优适应度轨迹是如何影响最优解的选择和收敛过程的。

5. 除了在时间顺序和基于特征的回归问题上，CMPSO 和 OCS 是否适用于其他类型的问题？请说明 CMPSO 和 OCS 的优势是否具有普适性。

10

采煤机在线截割模式识别系统

10.1 现状分析

10.2 采煤机在线截割模式识
别系统设计

10.3 采煤机在线截割模式识
别系统分析

10.1
现状分析

当前，全世界正在竭尽全力发展经济，对能源的需求持续增长。据记录，煤炭约占世界一次能源消耗的30％。但是，安全生产一直是限制煤炭生产的重要因素。实现煤矿开采过程中的自动化、机械化和信息化，以减少工人暴露在艰苦的工作环境中是大势所趋。作为采煤工作面的关键设备，采煤机在煤炭生产过程中具有重要意义。许多研究人员指出，确定采煤机是在截割煤还是岩石被称为截割模式识别，这是提高自动化程度的前提。

采煤机是机械化采煤的主要设备，采煤机在工作时，会遇到不同的工作界面，如煤层、硬岩、煤层夹矸石等。根据煤岩界面自动调整采煤机的截割方式，不仅是实现无人自动化开采的前提，而且对于延长机器寿命、保障工人安全、提高煤炭质量也非常有益[124,125]。然而，煤岩界面的准确识别和采煤机截割方式的在线调整一直是实现自动化采煤的重点和难点。

煤岩界面识别的方法主要有射线检测[126]、电磁波检测[127]、振动信号检测[128]、温度检测[129]、声学检测[130]、图像检测[131]等。射线检测法通常利用γ射线来测量煤层的厚度，其优点是传感器非接触，不易损坏；但射线的穿透厚度是有限的。电磁波探测类似于射线探测，利用雷达发射信号来测量煤层的厚度。采煤机的振动信号、截割界面的温度和截割时的声音信号也可用于煤岩识别，然而这些信号虽然很容易被传感器获取，但在采集过程中很可能含有环境干扰信号，尤其是声音信号，识别精度较低。近年来，随着深度学习的发展促使计算机视觉技术被应用于煤岩识别，但与其他方法相比，图像需要处理的数据量更大，硬件消耗也大，因此难以将图像技术应用于煤炭行业。

大量实验证明电机运行数据与工作界面之间存在一定关系。因此可以根据电机运行数据的变化，主要包括电压、电流和电机转速，推断工作界面的变化，从而相应地调整采煤机的截割模式。基于此，本书建立了基于电机运行数据的采煤机截割模式识别模型。

现有的模式识别算法一般可以分为两类：无监督学习和监督学习。这两种数据驱动的方法近年来在工业中得到了广泛的应用[132-135]。由于截割模式的标签不难通过实验获得，因此采煤机模式识别中常采用监督分类算法，其中神经网络是一种常用的方法。Wang 等人[136] 提出了一种基于经验模式分解（EMD）和神经网络的方法。实验结果表明，从原始信号中分解出来的本征模态函数（IMFs）的峰度和波峰因子都可以用来识别煤岩界面。Li 等人提出了一种基于监督 Kohonen 神经网络（SKNN）的煤岩界面识别方法[137]，显示出良好的识别率。Zhang 等人[138] 提出了一种基于双峰深度神经网络（DNN）和希尔伯特-黄变换（HHT）的诊断方法，用于准确快速地识别煤岩。此外，支持向量机（SVM）也是一种经典的分类方法。在现实世界优化问题中的非线性映射方面，Song 等人提出了一种有效的最小包围球（MEB）算法加上支持向量机（SVM）[139]用于崩落过程中煤岩的快速检测，通过实验结果显示出良好的鲁棒性和泛化能力。其他学者也提出了 WFD-SFLA-SVM（Waveform Fractal Dimension, Shuffled Frog Leaping Algorithm and Support Vector Machine)[140]、MIV-SVM（Mean Impact Value and Support Vector Machine)[141]和其他基于 SVM 的算法，用于采煤机的煤岩识别或截割模式识别。

相关向量机（Relevance Vector Machine，RVM）是 2001 年 Tipping[142]提出的一种回归分类方法，与 SVM 类似，也是基于核函数映射将低维非线性问题转化为高维空间的线性问题。RVM 基于贝叶斯框架[143]构建学习机，RVM 中的相关向量比 SVM 中的支持向量稀疏。所以一旦模型经过训练，RVM 测试速度更快，更适合在线应用[144,145]。

基于 RVM 很少用于截割模式识别，本书尝试利用电机运行数据和RVM构建全新的识别模型。此外，为了优化 RVM 中核函数的参数，引入了启发式算法重力搜索算法（GSA），该算法由 Rashedi 等人首创[146]并已应用于数值计算、优化和工业工程领域[147-149]。此外，在启发式算法中插入混沌以提高基本 GSA 的性能，形成混沌 GSA（CGSA）。

10.2
采煤机在线截割模式识别系统设计

10.2.1 相关向量机（LSSVM）

RVM 的本质是通过最大化后验概率来获得相关向量的权重[150,151]。对于给定的训练样本集 $\{x_n,\ t_n\}_{n=1}^N$，RVM 模型的输入输出定义为

$$t_n = y(x_n;w) + \varepsilon_n \tag{10-1}$$

函数 $y(x;w)$ 定义如下：

$$y(x;w) = \sum_{n=1}^N w_n K(x,x_n) + w_0 \tag{10-2}$$

其中 $K(x,x_n)$ 是核函数，$w = [w_0,w_1,\cdots,w_N]^T$ 是核函数的加权参数向量。与 SVM 不同的是，RVM 中的核函数不必满足 Mercer 条件。

假设方程（10-1）中的加性噪声 ε_n 服从均值为 0 且方差为 σ^2 的正态分布。因此，t_n 上的分布表示为

$$p(t_n|x) = N[t_n|y(x_n;w),\sigma^2] \tag{10-3}$$

其中 $N(\cdot)$ 表示正态分布密度函数，定义如下：

$$N(x|u,\sigma^2) = \frac{1}{\sqrt{2\pi}\sigma}\exp\left(\frac{x^2}{2\sigma^2}\right) \tag{10-4}$$

假设 $\{t_n\}_{n=1}^N$ 是独立的随机变量是合理的。所以在 $\{w_n\}_{n=0}^N$ 和 σ^2 已知的情况下，t 的概率分布如下：

$$p(t\mid w,\sigma^2) = \prod_{n=1}^N N[t_n\mid y(x_n;w),\sigma^2]$$
$$= (2\pi\sigma^2)^{-N/2}\exp\left\{-\frac{1}{2\sigma^2}\parallel t - \Phi w\parallel^2\right\} \tag{10-5}$$

其中，$t = [t_1,t_2,\cdots,t_N]^T$，$\Phi$ 是设计好的矩阵：

$$\Phi = \begin{bmatrix} 1 & K(x_1,x_1) & K(x_1,x_2) & \cdots & K(x_1,x_N) \\ 1 & K(x_2,x_1) & K(x_2,x_2) & \cdots & K(x_2,x_N) \\ \vdots & \vdots & \vdots & \ddots & \vdots \\ 1 & K(x_N,x_1) & K(x_N,x_2) & \cdots & K(x_N,x_N) \end{bmatrix} \tag{10-6}$$

接下来，预计公式(10-5)中 w 和 σ^2 的估计值。用最大似然估计它们

会使大多数 $\{w_n\}_{n=0}^{N}$ 不为零，这意味着生成了太多的相关向量。为了避免过多的相关向量导致过度拟合，假设 w 的概率分布如下：

$$p(w \mid \boldsymbol{\alpha}) = \prod_{n=0}^{N} \mathcal{N}(w_n \mid 0, \alpha_n^{-1})$$

$$= (2\pi)^{-(N+1)/2} \prod_{n=0}^{N} \alpha_n^{\frac{1}{2}} \exp\left(-\frac{\alpha_n w_n^2}{2}\right) \tag{10-7}$$

其中，$\boldsymbol{\alpha} = [\alpha_0, \alpha_1, \cdots, \alpha_N]^{\mathrm{T}}$。

根据马尔可夫性质和贝叶斯规则，t 和 w 上的后验概率可最终计算如下：

$$p(t \mid \boldsymbol{\alpha}, \sigma^2) = \int p(t \mid w, \sigma^2) p(w \mid \boldsymbol{\alpha}) \mathrm{d}w$$

$$= (2\pi)^{-N/2} \mid \Omega \mid^{-1/2} \exp\left\{-\frac{1}{2} t^{\mathrm{T}} \Omega^{-1} t\right\} \tag{10-8}$$

$$p(w \mid t, \boldsymbol{\alpha}, \sigma^2) = \frac{p(t \mid w, \sigma^2) p(w \mid \boldsymbol{\alpha})}{p(t \mid \boldsymbol{\alpha}, \sigma^2)}$$

$$= (2\pi)^{-(N+1)/2} \mid \textstyle\sum \mid^{-1/2} \exp\left\{-\frac{1}{2}(w - \boldsymbol{\mu})^{\mathrm{T}} \textstyle\sum^{-1}(w - \boldsymbol{\mu})\right\} \tag{10-9}$$

其中，$\Omega = \sigma^2 I + \boldsymbol{\Phi} A^{-1} \boldsymbol{\Phi}^{\mathrm{T}}$；$A = \mathrm{diag}(\alpha_0, \alpha_1, \cdots, \alpha_N)$；$\sum = (\sigma^{-2} \boldsymbol{\Phi}^{\mathrm{T}} \boldsymbol{\Phi} + A)^{-1}$；$\boldsymbol{\mu} = \sigma^2 - \sum \boldsymbol{\Phi}^{\mathrm{T}} t$。

将公式（10-8）最大化的 $\boldsymbol{\alpha}$ 和 σ^2 的迭代重新估计总结如下：

$$\alpha_n^{\mathrm{new}} = \frac{1 - \alpha_n \sum_{nn}}{\mu_n^2} \tag{10-10}$$

$$(\sigma^2)^{\mathrm{new}} = \frac{\parallel t - \boldsymbol{\Phi}\boldsymbol{\mu} \parallel^2}{N - \sum_{n=0}^{N}(1 - \alpha_n \sum_{nn})} \tag{10-11}$$

其中，$\sum_{nn}$ 是 $\sum$ 的第 n 个对角元素。

10.2.2 混沌引力搜索算法（CGSA）

启发式算法已被证明在优化问题方面非常有效[152,153]。引力搜索算法是一种新的启发式优化方法，它基于 Rashedi 等人首创的引力定律[146]。考虑具有 N_a 的系统，第 i 的位置被定义为：

$$\boldsymbol{p}_i = (p_i^1, p_i^2, \cdots, p_i^d, \cdots p_i^D) \quad i = 1, 2, \cdots, N_a \tag{10-12}$$

p_i^d 表示第 i 个元素在 d 维中的位置，D 表示搜索空间的维。

在特定时间 t，作用于元素 i 的元素 j 的力如下：

$$F_{ij}^d(t) = G(t) \frac{M_{pi}(t) \times M_{aj}(t)}{R_{ij}(t) + \varepsilon} [p_j^d(t) - p_i^d(t)] \qquad (10\text{-}13)$$

其中，$R_{ij}(t)$ 是元素 i 和 j 之间的欧氏距离，$R_{ij}(t) = \sqrt{\sum_{d=1}^{D} [p_j^d(t) - p_i^d(t)]^2}$；$\varepsilon$ 是一个小常数；M_{pi} 是与元素 i 相关的被动引力质量，M_{aj} 是与元素 j 相关的主动引力质量。M_{pi} 和 M_{aj} 可通过适应性评估简单计算：

$$M_{ai} = M_{pi} = M_{ii} = M_i \qquad (10\text{-}14)$$

$$m_i(t) = \frac{fit_i(t) - fit_{worst}(t)}{fit_{best}(t) - fit_{worst}(t)} \qquad (10\text{-}15)$$

$$M_i(t) = \frac{m_i(t)}{\sum_{j=1}^{N_a} m_j(t)} \qquad (10\text{-}16)$$

式中，M_{ii} 是第 i 个元素的惯性质量，$fit_i(t)$ 是时间 t 时元素 i 的适合度。对于最小化问题（本书中最大化切削模式识别精度），分别定义了 $fit_{worst}(t)$ 和 $fit_{best}(t)$：

$$fit_{worst}(t) = \max_{j \in \{1, \cdots, N_a\}} fit_j(t) \qquad (10\text{-}17)$$

$$fit_{best}(t) = \min_{j \in \{1, \cdots, N_a\}} fit_j(t) \qquad (10\text{-}18)$$

在式（10-13）中，$G(t)$ 是重力常数函数，从 G_0 开始，随时间减少，以控制搜索精度：

$$G(t) = G(G_0, t) \qquad (10\text{-}19)$$

此外，作用在维度 d 中的元素 i 上的总力加上随机因素：

$$F_i^d(t) = \sum_{j=1, j \neq i}^{N_a} rand_j F_{ij}^d(t) \qquad (10\text{-}20)$$

随机数 $rand_j$ 在 [0,1] 中变化。

最后，根据运动定律，元素 i 在第 d 维中的速度和位置迭代如下：

$$v_i^d(t+1) = rand_i \times v_i^d(t) + a_i^d(t) \qquad (10\text{-}21)$$

$$p_i^d(t+1) = p_i^d(t) + v_i^d(t+1) \qquad (10\text{-}22)$$

随机数 $rand_i$ 在 [0,1] 中变化，$a_i^d(t)$ 是加速度：

$$a_i^d(t) = \frac{F_i^d(t)}{M_{ii}(t)} \qquad (10\text{-}23)$$

文献[154,155]证明了 GSA 在优化方面的良好性能。然而，式（10-22）、式（10-23）中 p_i 的更新方法过于简单，容易陷入局部极值。学者们对基本 GSA 进行了一些改进[156-158]。本书将混沌映射引入到基本遗传算法中，形成了一种改进的优化算法——混沌引力搜索算法（CGSA）。混沌系统具有不确定性、不可预测性和非周期性。对于优化问题，它的加入可以扩大遍历范围。此外，混沌系统对初始值非常敏感，这使得具有相似位置的两个元素可以在混沌映射后映射到非常不同的位置，这进一步增加了元素的多样性。第 i 个元素位置 $p_i^d(t)$ 的混沌映射过程如下

$$p_i^{d'}(t) = \frac{p_i^d(t) - p_{\min}^d}{p_{\max}^d - p_{\min}^d} \tag{10-24}$$

$$p_i^{d''}(t) = f\left[p_i^{d'}(t) \right] \tag{10-25}$$

$$p_i^{d*}(t) = p_i^{d''}(t) \times (p_{\max}^d - p_{\min}^d) + p_{\min}^d \tag{10-26}$$

$p_i^d(t)$ 的值在 $\left[p_{\min}^d, p_{\max}^d \right]$ 之间变化，$f(\cdot)$ 表示混沌映射，$p_i^{d*}(t)$ 表示混沌映射后的位置。当一个元素的适应度在几次迭代中没有变得更好时，将混沌映射应用于该元素以保持算法的优化能力。

10.2.3 CGSA-RVM 模型

RVM 不需要预先确定惩罚因子，惩罚因子是平衡 SVM 中经验风险和置信区间的常数，对模型有很大影响。RVM 中的关键参数 $\boldsymbol{\alpha}$ 和 σ^2 可根据式（10-10）、式（10-11）进行估计。然而，如果需要，核函数中的参数仍有待确定，这是优化算法要优化的对象。优化模型 CGSA-RVM 的详细培训步骤如表 10-1 所示。

表 10-1　CGSA-RVM 模型的训练步骤

步骤	描述
01	确定最大迭代次数 $t_{\max}$、元素个数 N_a 和目标函数 $fit(\cdot)$。初始化速度 $v_i(t_0)$ 和位置 $p_i(t_0)$
02	初始化迭代数 $t = 0$
03	重复
04	对于每个元素，以当前位置 $p_i(t)$ 作为待优化参数值训练 RVM 模型，并根据步骤 01 中的目标函数获得 $fit_i(t)$
05	记录 $fit_{\mathrm{worst}}(t)$ 和 $fit_{\mathrm{best}}(t)$，计算每个元素的 $\boldsymbol{a}_i(t)$

续表

步骤	描述
06	如果对于 k 次迭代,元素的适用性没有变得更好:根据式(10-24)~式(10-26)调整元素的位置
07	根据式(10-21)~式(10-22)更新所有元素的位置
08	$t = t + 1$
09	直到 $t \geqslant t_{max}$
10	记录具有最佳适应度的最佳参数

10.3
采煤机在线截割模式识别系统分析

本节主要介绍由实验设备收集的实验数据的不同类别和特征,数据处理方法和实验参数的设置,该方法已经过实验验证。

10.3.1 模拟和数据采样

当采煤机截割不同的材料时,电机上的负载不同。实验数据采集自西安煤矿机械有限公司设计的实验装置。图 10-1 和图 10-2 是实验设备的物理图和详细的电网图。在图 10-2 中,细实线表示电源线,虚线表示控制线,粗实线表示电机连接轴。人工负载可由单独励磁的直流电机提供,代表不同的地质条件。数据包括 6 级人工负载下电机的速度、电流和电压:0—空载、1—微负载、2—轻负载、3—正常负载、4—重负载和 5—过载。其中,模式 0 表示采煤机处于空转状态,后五种模式分别对应泥岩、1/3 焦煤、页岩、无烟煤和砂岩五种地质条件。这些地质条件的硬度逐渐增加。另外,当变频器的输出为恒

图 10-1 采煤机先导试验
设备的物理图

定、正弦波和锯齿波时，将各级人工负载分别加载到采煤机电机上，使实验数据更接近煤矿现场的真实数据。归一化数据如图10-3～图10-5所示。

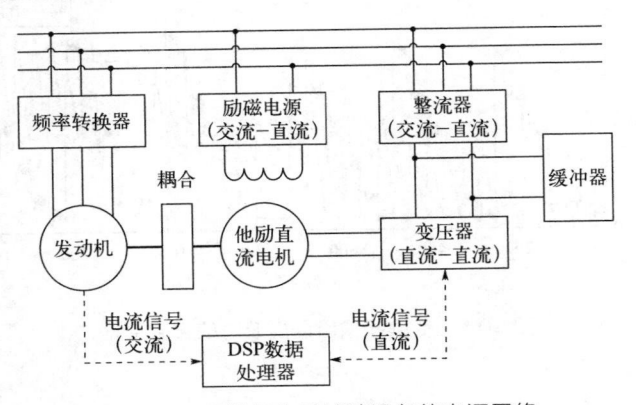

图 10-2　采煤机先导试验设备的电源网络

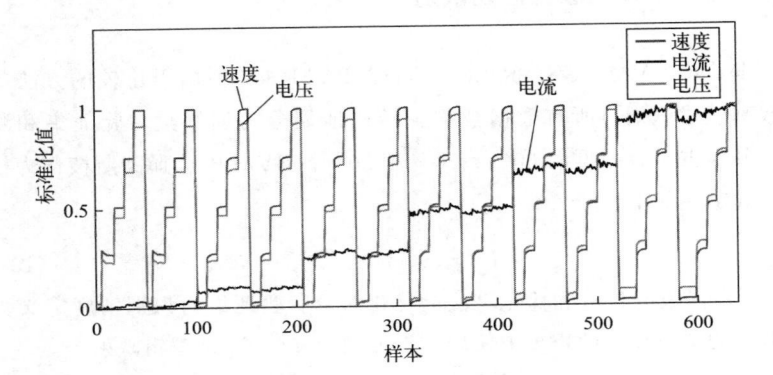

图 10-3　变频器输出恒定时的实验数据

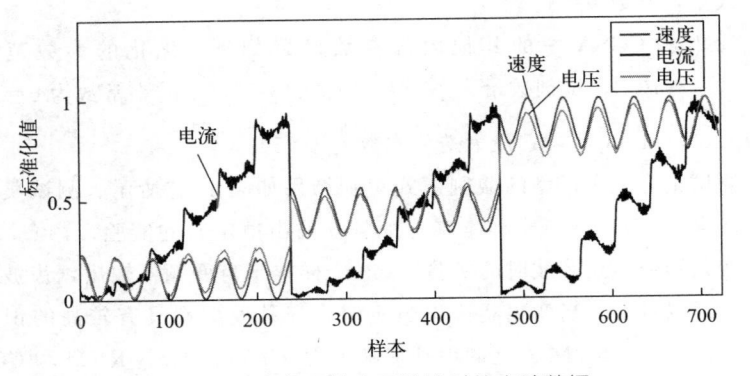

图 10-4　变频器输出正弦波时的实验数据

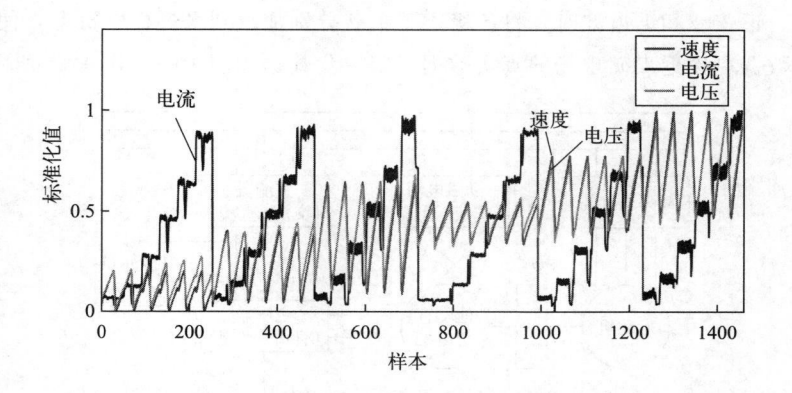

图 10-5　变频器输出锯齿波时的实验数据

10.3.2　采煤机截割模式识别

本节将 RVM、GSA-RVM、CGSA-RVM 和其他用于比较的方法应用于截割模式识别。所有数据被均匀随机地划分为训练集、验证集和测试集，分别占所有数据的 60%、20% 和 20%。RVM 中选择高斯核作为核函数，其定义如下：

$$K(\boldsymbol{x},\boldsymbol{x}')=\mathrm{e}^{-\frac{\|\boldsymbol{x}-\boldsymbol{x}'\|^2}{2\sigma'^2}} \tag{10-27}$$

σ' 是函数的带宽和优化算法的优化对象。验证集的识别精度定义为优化算法的适应度。CGSA 中使用的混沌映射 $f(\cdot)$ 是逻辑映射：

$$f(x)=\mu x(1-x) \tag{10-28}$$

式中，参数 $\mu=4$。

GSA 和 CGSA 中的其他内部参数设置如下：优化的参数范围为 $[10^{-2}，4\times10^3]$，试剂数量为 $N_a=20$；式（10-13）中的小常数为 $\varepsilon=2^{-52}$；函数 $G(t)=100\mathrm{e}^{-20\frac{t}{t_{\max}}}$；最大迭代次数 $t_{\max}=50$。

测试集上三个模型的截割模式识别结果如表 10-2 所示。测试集包含 500 个样本，其中 110 个样本来自变频器输出恒定时的实验，130 个样本来自变频器输出正弦波时的实验，260 个样本来自变频器输出锯齿波时的实验。可以看出，当变频器输出恒定时，三种模型都具有较高的识别精度。具体来说，RVM 模型的识别准确率为 97.5%，GSA-RVM 和 CGSA-RVM 模型的识别准确率甚至达到了 100%。然而，当环境变得更加复杂时，三种模型之间的差异是显而易见的。当变频器输出为正弦波和锯齿波时，直接使用 RVM 的识别准确率分别只有 86.43％ 和 88.43％。如果使用 GSA 对 RVM 进行优化，则识别准确率分别提高到 96.15％ 和 94.23％，这是一个显著的改进。此外，CGSA-RVM 模型使两种样本的识别准确率分别达到 97.69％ 和 98.46％。总体而言，三个模型在整个测试集上的识别准确率分别为 93.40％、96.00％ 和 98.60％。

表 10-2   测试集上的截割模式识别精度

实验数据	样本数量	RVM	GSA-RVM	CGSA-RVM	EMD-RVM	HHT-RVM
恒定	110	97.5％	100％	100％	100％	100％
正弦波	130	86.43％	96.15％	97.69％	82.31％	81.54％
锯齿波	260	88.08％	94.23％	98.46％	79.62％	76.15％
测试集	500	93.40％	96.00％	98.60％	84.80％	82.80％

此外，EMD-RVM 和 HHT-RVM 在电机运行数据上进行了比较。原始信号被分解为固有模式函数（IMF）和趋势项之和[159-163]：

$$x(t) = \sum_{i=1}^{n} c_i(t) + r(t) \tag{10-29}$$

其中，$x(t)$ 是原始信号；$c_i(t)$ 是第 i 个 IMF，$r(t)$ 是趋势项。EMD-RVM 的输入是基于 IMFs 的能量：

$$e_i = \int_0^T | c_i(t) |^2 \mathrm{d}t \tag{10-30}$$

Hilbert 时频谱 $H(\omega,t)$ 可从 IMFs[138] 中获得，HHT-RVM 的输入为 Hilbert 边际能量：

$$E(\omega) = \int_0^T H^2(\omega,t)\mathrm{d}t \tag{10-31}$$

表 10-2 中的结果表明，虽然 EMD-RVM 和 HHT-RVM 在变频器恒定输出下的识别精度达到 100％，但这两种模型在正弦波和锯齿波输出下的识别精度较低。在整个测试集上，它们的识别准确率分别只有 84.80％ 和 82.80％。一种可能的解释是，原始电机运行数据能够明确描述特征，过度的数据处理可能导致信息丢失。

更直观地说，图 10-6 描绘了 GSA-RVM 和 CGSA-RVM 的识别结果。与 GSA-RVM 相比，CGSA-RVM 主要减少了模式 4 和模式 5 的识别错误。CGSA-RVM 不会错误地将模式 5 识别为模式 1，有效避免了对采煤机的损坏。

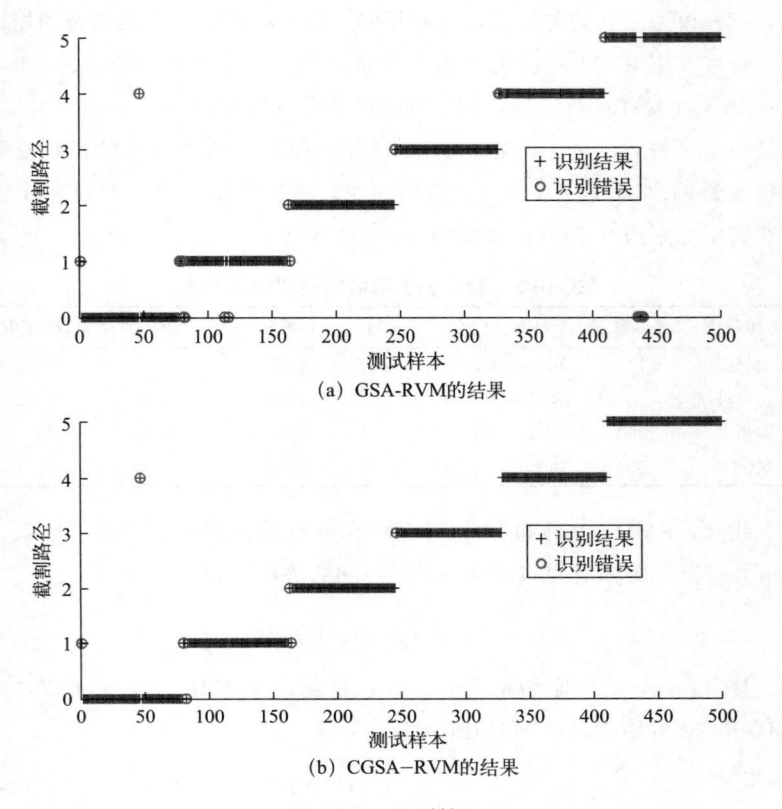

(a) GSA-RVM的结果

(b) CGSA-RVM的结果

图 10-6　识别结果

　　图 10-7 绘制了 GSA-RVM 和 CGSA-RVM 在迭代过程中的平均适应度曲线。如前所述，两种优化算法的适应度是验证集上的识别精度。平均适应度是指所有元素的适应度的平均值。在这两种优化算法中设置了 20 个元素。图 10-7 揭示了在大约前 15 次迭代中，这两个算法执行类似。随着迭代的进行，GSA 中的元素停滞不前，平均适应度保持不变。CGSA 中的元素仍处于活动状态。混沌映射并不能提高所有 agent 的适应度，agent 可能会找到适应度更好的解，也可能会找到更差的解，但它增加了系统的多样性。与 GSA 的停滞状态相比，混沌映射为找到更好的解决方案提供了可能性。

　　识别准确度与元素数量之间的关系如图 10-8 所示。GSA-RVM 和 CGSA-RVM 的识别准确度均随元素数量的增加而增加，并最终趋于稳定。当元素数较少时，CGSA-RVM 的精度不如 GSA-RVM，因为当元素

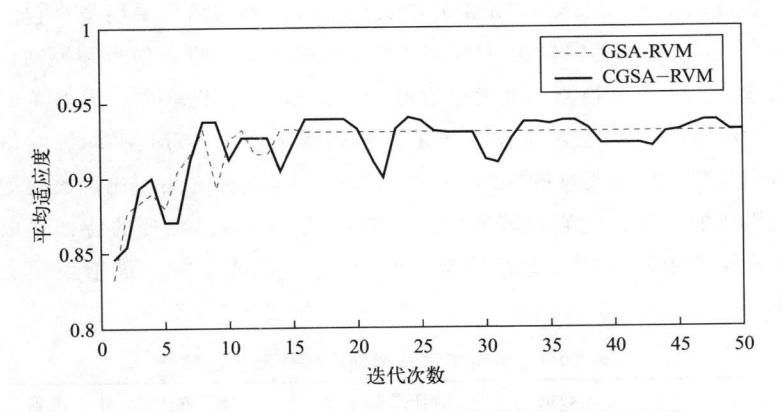

图 10-7 GSA-RVM 和 CGSA-RVM 的平均适应度曲线

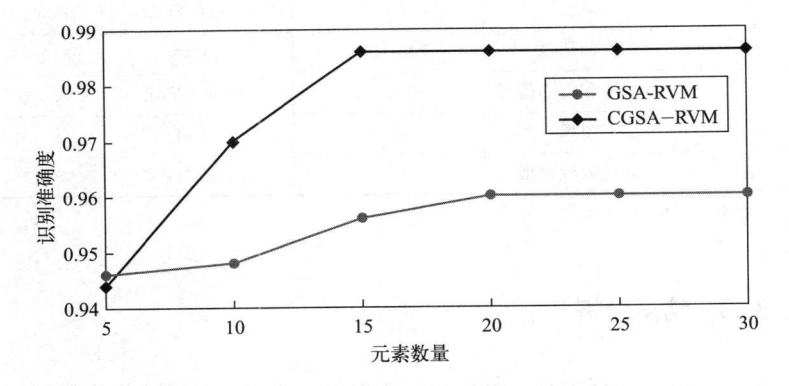

图 10-8 不同数量的元素的识别精度

数较少时，混沌映射对元素收敛的不利影响更为明显。

表 10-3 将当前的工作与已报告的一些关于截割模式识别的杰出工作进行了比较。前两项工作采用截割声信号作为原始检测信号。这两项工作分别采用改进的集成经验模式分解（IEEMD）和小波包变换（WPT）进行信号预处理和特征提取。第一项工作最终使用概率神经网络（PNN）获得了 92.67% 的识别准确率。在第二项工作中，将果蝇和遗传优化算法（FGOA）相结合，采用模糊 C 均值（FCM）对处理后的信号进行聚类，识别准确率达到 95%。第三部分研究了剪切煤层的振动信号。经过一系列特征提取操作，包括局部均值分解（LMD）、时频统计分析和改进的拉普拉斯评分（LS）、聚类算法模糊 C 均值（FCM），第三项工作的截割模

式识别准确率为 98.33％，是最好的文献报告。第四部分采用最小包围球
（MEB）算法和支持向量机（SVM）相结合的方法，将声信号和振动信号
结合起来进行煤岩检测，准确率达到 94.42％，特征提取方法为多类 F 分
数（MF 分数）。第五项工作收集了煤炭图像。MIV-SVM（平均影响值和
支持向量机）的分类准确率为 84.29％。与上述五种方法相比，该模型只
使用电机的电压、电流和转速作为研究信号，不需要额外的特征提取算
法。直接使用原始信号进行分类，准确率高达 98.60％，优于最佳文献
结果。

表 10-3　当前工作与早期出版作品的比较

排序	原始数据	特征提取方法	分类方法	准确率
1[136]	声信号	IEEMD	PNN	92.67％
2[159]	声信号	WPT	FGOA-FCM	95.00％
3[160]	振动信号	LMD,LS	FCM	98.33％①
4[139]	声信号和振动信号	MF-Score	MEB-SVM	94.42％
5[141]	图像	MIV	SVM	84.29％
Current Work	电机运行数据	—	CGSA-RVM	98.60％

① 文献中的最优结果

10.3.3　结果分析

本书提出了一种仅基于电机运行数据的采煤机截割模式识别模型，该
模型不需要对原始数据进行额外的特征提取。选择 RVM 进行分类，并引
入优化算法 GSA 对 RVM 中的参数进行优化。为了提高遗传算法的搜索
多样性，将基本遗传算法与混沌映射相结合，提出了一种改进的遗传算法
CGSA。

利用实验得到的电机运行数据验证了该模型的有效性，并与相关文献
进行了比较。结果表明，与 RVM 模型相比，GSA-RVM 模型的识别准确
率从 93.40％提高到 96.00％，CGSA-RVM 模型的识别准确率进一步提高
到 98.60％。CGSA 中的混沌映射旨在为找到更好的解决方案提供可能
性。将该方法与相关文献进行了比较，结果表明该方法具有更好的识别能
力，优于 CGSA 方法。

本书研究了六种离散截割模式。但在实际生产中，采矿界面的硬度是

不断变化的，因此采煤机的截割行为也将是不断变化的。在下一步工作中，将开展采煤机根据不同煤岩界面不断调整切削行为的研究，这不再是一个分类问题，而是一个回归问题。本书将通过实际项目来研究这些模型的实用性。

思考题

1. 在提出的模型中，为什么选择了 RVM(Relevance Vector Machine)作为分类器？请解释 RVM 的特点和优势。

2. 在提出的模型中，如何使用 GSA（Gravitational Search Algorithm）进行 RVM 模型参数的优化？GSA 相较于其他优化算法有何优势？

3. 在实验中，与传统的 RVM 模型相比，GSA-RVM 模型和 CGSA-RVM 模型的识别准确率分别提高了多少？这些结果表明了什么？

4. 在下一步工作中，提到将开展针对不同煤岩界面的截割行为的研究。为什么这不再是一个分类问题，而是一个回归问题？在这种情况下，采用什么样的模型或方法可能更合适？

11

实验研究

11.1　自适应截割实验

11.2　截割负载动态识别实验

11.3　可靠性分析实验

11.1
自适应截割实验

为了对采煤机自适应截割的各个模块进行功能测试和性能分析，本书做了大量深入细致的实验研究工作，主要包括实验室实验、工厂实验和煤矿工作面实验，并对实验数据进行了分析处理，验证了采煤机定位模块、路径记忆模块、路径跟踪模块以及自适应控制模块的精确度与稳定性。

11.1.1 实验室实验

实验室搭建的实验平台由四大部分组成：采煤机样机、机载控制系统、远程控制系统、无线传输系统。MG900/2210-WD 型电牵引采煤机 1：6 的样机模型如图 11-1 所示，该样机的外形结构与真实采煤机一致，只不过将摇臂调高的液压系统以及牵引变频调速系统改为步进电机控制。机载控制系统如图 11-2 所示，采用西门子 S7-300 PLC，其控制流程也与真实采煤机一致，该控制系统能够完成与真实采煤机相同的操作动作，包

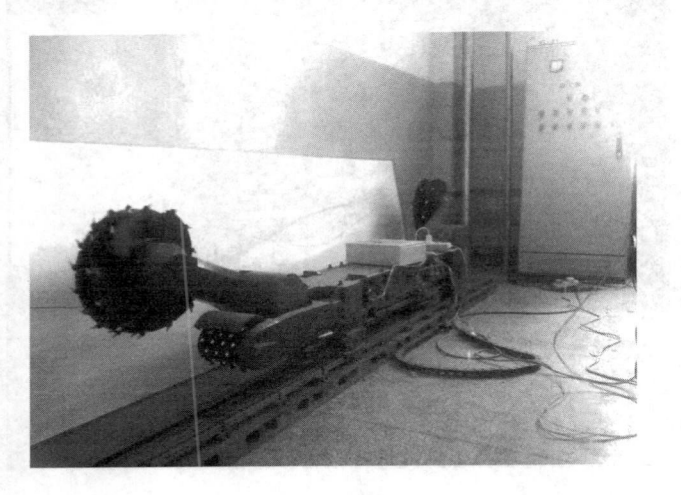

图 11-1 实验室采煤机 1：6 样机

括整机启停、摇臂升降、截割滚筒启停、牵引加减速等。远程监控系统运行于远程工控机中，通过无线网络直接与机载控制器通信，其中的三维模型能够实时显示当前采煤机的运动状态，并对记忆路径与跟踪路径进行记录、处理和分析，其界面如图 11-3 所示。项目组研发的无线传输系统负责采煤机与远程控制器之间的通信链路连接，支持 802.11b/g 通信协议，具有自适应自组态功能，传输速率可达 54Mb/s。

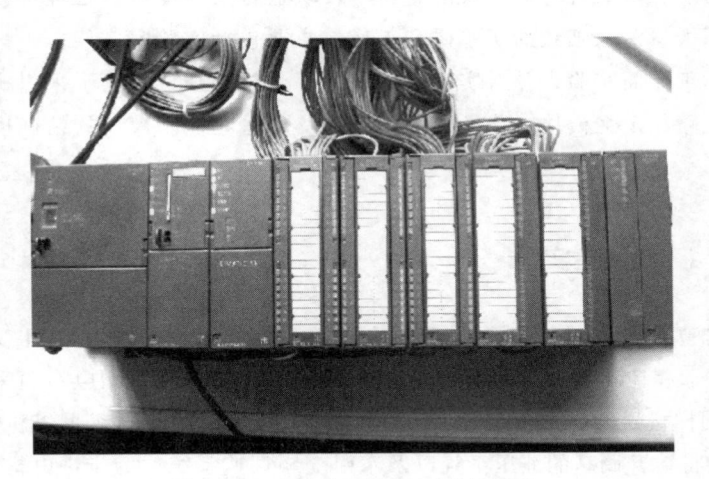

图 11-2　实验室采煤机机载控制器

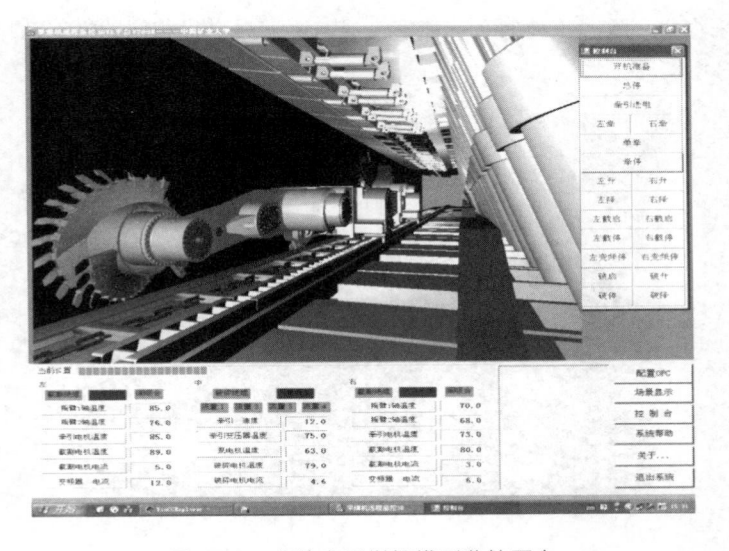

图 11-3　实验室采煤机模型监控平台

（1）实验方案设计

实验室实验的目的是初步验证采煤机机身和姿态定位，截割路径记忆以及截割路径跟踪的可行性、精确性与稳定性，因此实验仅采集并处理采煤机的位置信息和姿态信息，不涉及采煤机的状态信息。实验方案如图11-4所示，其主要步骤包括：

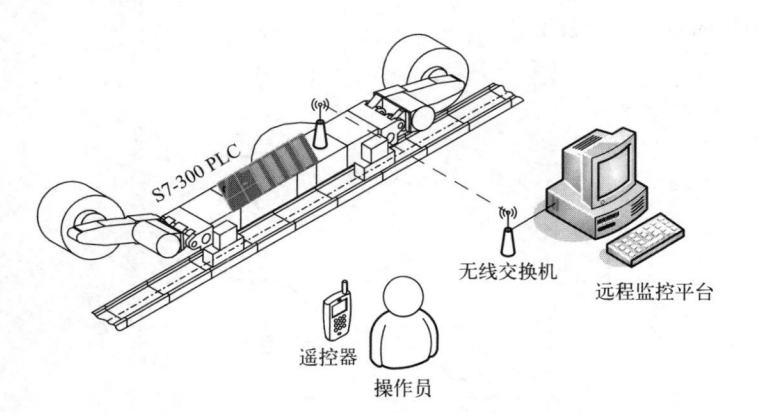

图 11-4　实验室实验方案

① 操作人员通过遥控器控制采煤机工作，机载 PLC 记录下采煤机的位置和姿态信息，并通过无线交换机将数据传输至远程监控平台。

② 远程监控平台利用人工免疫理论对记忆点数据评价，去除失真点，并将最终的记忆点集下载至机载 PLC。

③ 机载 PLC 控制采煤机按照所记忆的路径在误差带所运行的范围内运行，如发现滚筒高度超出误差带范围，则及时调整调高油缸位移量。

实验分别在刮板倾斜 5°、10°、15°的情况下分三组进行。本实验平台中共有刮板 20 节，每节长 240mm；实验过程中采集常规记忆点 100 个，平均间隔 48mm 采样一次。

（2）实验结果分析

实验结果如图 11-5 所示，可以看出定位系统具明显的累积误差，且误差随着刮板倾斜角度的增大而增大。当倾角为 5°时最大误差为 4％左右；当倾角为 10°时最大误差为 5％左右；当倾角为 15°时最大误差则增至 7％左右。以 200m 长的综采工作面为例，7％的误差相当于 y 方向上约 3.6m 的误差量，显然无法满足现场生产的要求。这主要是由于系统采用增量型位置传感器来测量横向位移，因此不可避免地存在误差累积的间题；另外采煤机通常工作在低速状态，也会导致位置传感器的输出脉冲产生正反向的频繁抖动，从而产生脉冲计数误差。为了解决位置传感器累积误差过大的问题，在每节刮板处放置了霍尔式接近开关，采煤机利用该开关信号在每节刮板处进行横向位移量的校准，从而将累积误差控制在有限的范围内，实际生产过程中也可以通过液压支架上的红外发射装置对采煤机的横向位置进行校准。

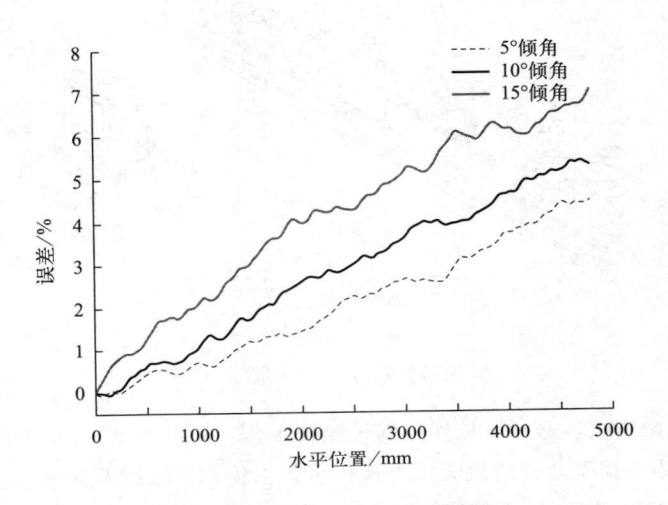

图 11-5　有累积误差时的定位精度

增加接近开关的实验结果如图 11-6 所示，可以看出累积误差得到了明显的抑制。当倾角为 5°时误差不超过为 0.7%；当倾角为 10°时误差不超过 0.9%；当倾角为 15°时误差不超过 1.4%。以 200m 长的综采工作面每间隔 10m 校准一次为例，1.4% 的误差相当于 y 方向上不超过 0.037m 的误差，其定位精度完全能够满足实际生产的要求。如有需要可通过减小校准间距的方法进一步降低系统的累积误差。

11.1.2　工厂实验

本书在西安煤矿机械有限公司进行了工厂实验。该实验既是实验室实验的延续又是采煤工作面实验的基础，实验共分两部分。第一部分实验是对实验室实验的验证与扩展，使用 MG900/2210-WD 型电牵引采煤

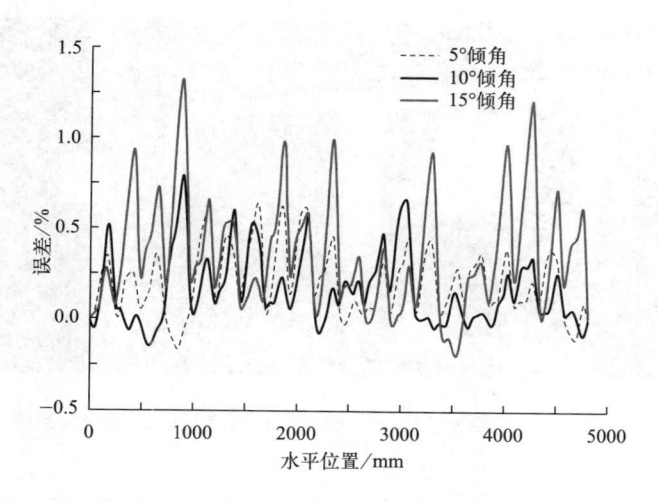

图 11-6　无累积误差时的定位精度

机替代 1∶6 的采煤机样机模型，实验平台结构与图 11-7 相同。该采煤机除没有安装截割滚筒外其他设备和传感器均与煤矿现场一致；采煤机的机载控制器被改造为西门子 S7-300 PLC 如图 11-8 所示。新增的传感设备包括机身倾角传感器如图 11-9 所示；新增的位置传感器如图 11-10 所示；新增的摇臂倾角传感器如图 11-11 所示；新增的调高油缸位移传感器如图 11-12 所示。并且在机身上安装了本安型无线交换机如图 11-13 所示，用于机载控制器与远程监控平台间的无线数据交换。这部分实验的过程及结果均与实验室环境下一致，因此不再冗述。

图 11-7　MG900/2210-WD 型电牵引采煤机

图 11-8　MG900/2210-WD 型采煤机改造后的机载控制系统

图 11-9　MG900/2210-WD 型采煤机新增的机身倾角传感器

图 11-10　MG900/2210-WD 型采煤机新增的位置传感器

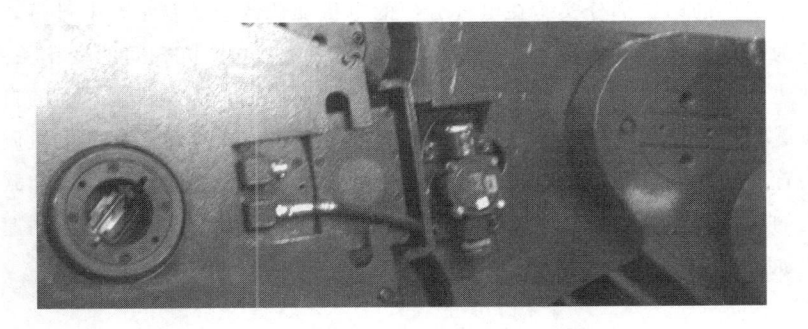

图 11-11　MG900/2210-WD 型采煤机新增的摇臂倾角传感器

图 11-12　MG900/2210-WD 型采煤机新增的调高油缸位移传感器

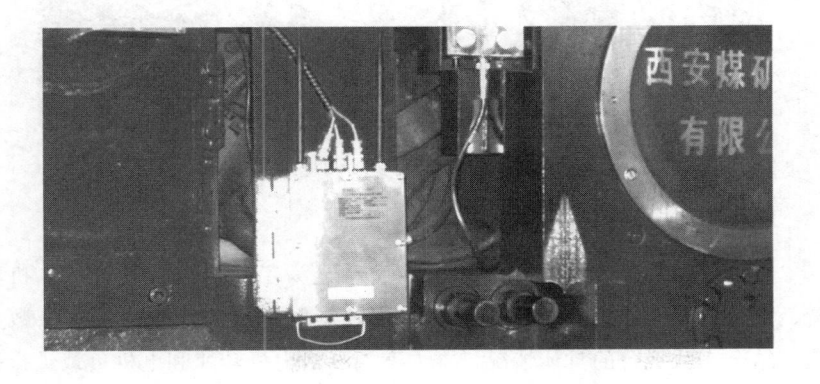

图 11-13　MG900/2210-WD 型采煤机新增的本安型无线交换机

　　工厂的第二部分实验在电气分厂的电机加载调速实验平台上进行，主要为了获取截割电机转速、截割电机电流、截割电机负载间的变化关系，并建立三者的映射关系模型作为自适应控制的依据，为煤矿工作面的自适应截割实验打下基础。电机加载调速实验平台由电机加载装置和电机调速装置组成，能够对加载电机的转速和负载进行调节，并且能够读取加载电机的转速和电流值，其中电机加载装置如图 11-14 所示，电机变频调速装置如图 11-15 所示。

图 11-14　电机加载装置

图 11-15　电机变频调速装置

（1）实验方案设计

　　在电机加载调速实验台上进行的实验是为了建立电机转速、电机电流、电机负载间的相互关系，因此需要控制两个参数读取第三个参数的值。结合实验平台的具体情况，本方案选择对电机转速和电机负载进行控制，读取电机电流的数值。具体的实验方案如下：

　　① 保持电机转速恒定，改变电机负载，记录下相应的电机电流变化

数值。

② 改变电机转速并保持恒定,重复步骤①。

③ 重复步骤①、②直到获取足够多的数据。

④ 对以上采集的数据进行归一化处理。

⑤ 提取一部分数据作为训练样本对 BP 神经网络进行训练,得出电机转速、电机电流、电机负载间的神经网络模型。

⑥ 利用剩余数据对上步得到的模型进行检验。

(2) 实验结果分析

实验中的电机转速取值为额定转速的 0.4、0.6、0.8、1.0、1.2 倍,在每种转速下电机负载分别从额定负载的 0.1 升至 1.0 倍。经数据提取与归一化后的结果如表 11-1 所示。

表 11-1 电机加载调速实验数据

转速	转矩	电流	转速	转矩	电流	转速	转矩	电流
0.4081	0.1173	0.4011	0.5918	1.0744	1.3678	1.0414	0.1293	0.4056
0.4008	0.2357	0.4811	0.6116	1.0670	1.3400	1.0370	0.1331	0.4111
0.4026	0.3060	0.5633	0.6121	1.0629	1.3389	1.0307	0.1368	0.4100
0.3881	0.4088	0.6300	0.8248	0.1263	0.4067	1.0285	0.1388	0.4111
0.3926	0.4337	0.6489	0.8087	0.3507	0.5867	1.0216	0.1489	0.4167
0.3957	0.4313	0.6433	0.8112	0.5154	0.7644	1.0210	0.1509	0.4156
0.3984	0.4295	0.6411	0.7941	0.6468	0.8656	1.0200	0.1547	0.4178
0.4018	0.4277	0.6389	0.8086	0.7544	1.0222	1.2246	0.2720	0.4922
0.4080	0.6377	0.8556	0.7919	0.8557	1.1022	1.2158	0.3769	0.6189
0.4078	0.6393	0.8622	0.7824	1.0989	1.3733	1.2015	0.4640	0.6744
0.4077	0.6415	0.8933	0.8246	0.9533	0.9867	1.1963	0.4867	0.6833
0.3938	0.7815	1.0300	0.8564	0.1107	0.4000	1.2207	0.4728	0.6800
0.3832	0.8322	1.0678	0.8481	0.1153	0.4011	1.1974	0.6879	0.9056
0.3817	0.8401	1.0822	0.8364	0.1223	0.4033	1.2010	0.6938	0.9133
0.4083	1.0408	1.3144	0.8289	0.1255	0.4056	1.2120	0.6886	0.8978
0.4081	1.0439	1.3100	0.8262	0.1269	0.4011	1.2206	0.6833	0.8944
0.4081	1.0431	1.3267	0.8203	0.1301	0.4078	1.2232	0.8646	1.0944
0.6306	0.1068	0.3967	0.8189	0.1303	0.4078	1.2243	0.8609	1.0933
0.6231	0.1094	0.4044	1.0052	0.2729	0.4978	1.2047	1.0593	1.3567
0.6195	0.1100	0.3978	0.9935	0.4782	0.6744	1.1894	1.1284	1.4078

续表

转速	转矩	电流	转速	转矩	电流	转速	转矩	电流
0.6023	0.2157	0.4722	1.0212	0.8530	1.0889	1.2469	0.7959	0.8033
0.6121	0.2458	0.4811	0.9914	1.1013	1.4011	1.3281	0.1997	0.4122
0.5979	0.3906	0.6267	0.9862	1.1170	1.3911	1.3566	0.0710	0.3800
0.5870	0.4438	0.6567	1.0030	1.1027	1.3933	1.3397	0.0817	0.3867
0.5877	0.4527	0.6567	1.0197	1.0900	1.3756	1.3200	0.0942	0.3933
0.5915	0.4504	0.6600	1.0206	1.0919	1.3144	1.3013	0.1051	0.3944
0.6102	0.4690	0.7256	1.0962	0.3291	0.4656	1.2865	0.1141	0.3967
0.5824	0.6653	0.8767	1.1555	0.0610	0.3811	1.2735	0.1211	0.4044
0.5819	0.6709	0.8967	1.1418	0.0691	0.3844	1.2634	0.1269	0.4089
0.6069	0.7215	0.9789	1.1230	0.0821	0.3889	1.2553	0.1316	0.4067
0.5918	0.8248	1.0678	1.1034	0.0944	0.3956	1.2399	0.1411	0.4122
0.5865	0.8456	1.1000	1.0868	0.1029	0.3922	1.2300	0.1502	0.4178
0.6026	0.8388	1.0667	1.0736	0.1118	0.3989	1.2286	0.1524	0.4156
0.5965	1.0031	1.2978	1.0623	0.1175	0.4033	1.2274	0.1545	0.4167
0.5781	1.0884	1.3722	1.0540	0.1230	0.4044	1.2243	0.1753	0.4300

　　利用以上数据作为 BP 神经网络的训练样本，以转速和电流数据作为输入节点，负载数据作为输出节点。取隐含层数量为 10，训练目标最小误差为 0.002。经过 2142 步训练后达到目标误差值，训练误差如图 11-16 所示。

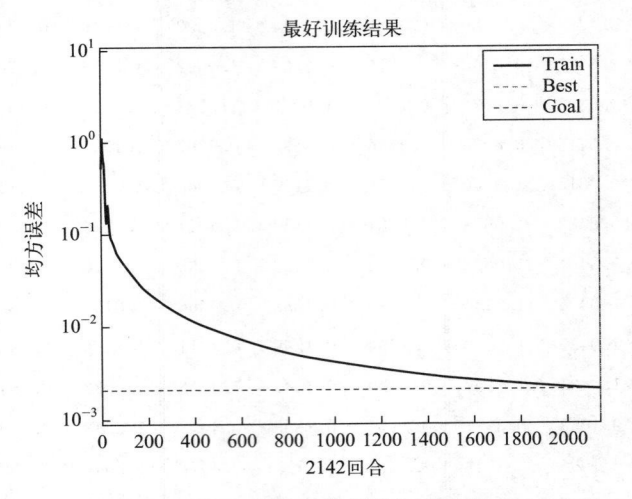

图 11-16　神经网络训练误差曲线

提取 50 个训练样本以外的实验数据作为神经网络模型的检测样本，对训练好的模型进行样本检验：将转速与电流值数据输入至模型后，将得到的转矩输出值与实际测量值相比较。具体的误差比如图 11-17 所示，可以看出误差维持在 2% 以内，能够满足控制系统的要求。

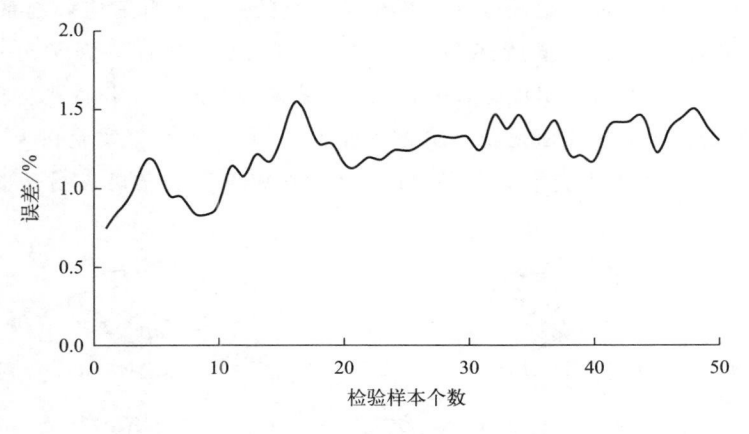

图 11-17　神经网络检测误差曲线

得出的"转速-电流-负载"关系的神经网络模型如图 11-18 所示，可以看出转速、电流、负载间呈非线性关系，在实际工作过程中截割电机的转速通常恒定，因此对应于固定型号的采煤机可以将三维模型简化为"电流-负载"间关系的二维模型，通过测量截割电机的电流便可以计算出截割负载的大小，并以此作为自适应控制的依据。

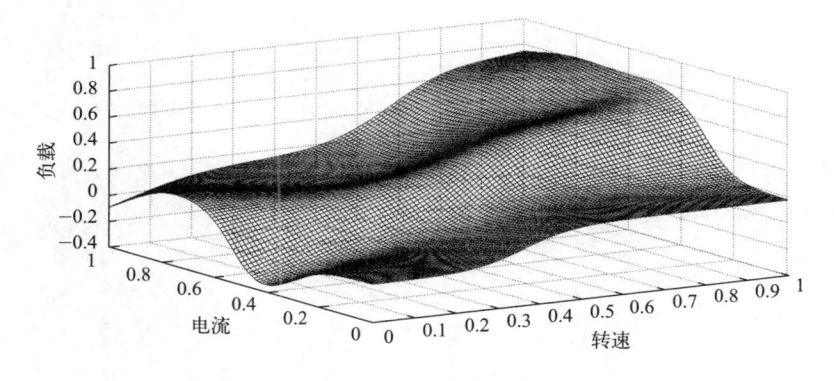

图 11-18　转速-电流-负载的神经网络模型

11.1.3 工作面实验

为了进一步验证自适应截割系统各模块的相互协调性与整体稳定性，本书在中平能化集团十三矿构建了完整的采煤机自适应截割系统，其总体结构如第二章所述包括工作面、顺槽和地面三大部分；涵盖 WinCC 远程监控、3DVR 远程监控、无线网络监控、工作面视频监视四大系统。煤矿工作面现场的实验平台如图 11-19 所示，实验在十三矿的 11070 工作面上进行，选用 MG300/700-WD 型采煤机进行改造如

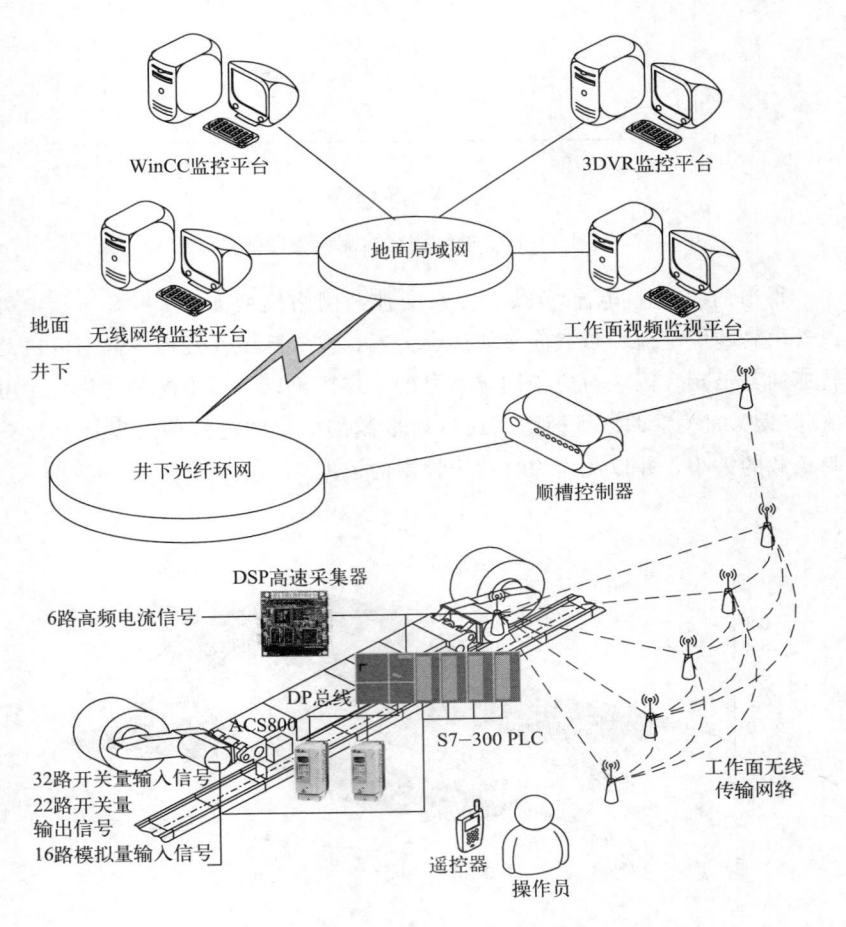

图 11-19 煤矿工作面现场实验硬件构建

图 11-20 所示。硬件方面更换了其原有的控制系统，添加了位置传感器、倾角传感器、高频电流传感器以及团队研发的无线交换机。工作面现场的位置传感器如图 11-21 所示，倾角传感器如图 11-22 所示，无线交换机如图 11-23 所示，可以看出为了防止煤块和岩石的冲击对这些设备均添加了防护外壳。

图 11-20　工作面现场的 MG300/700-WD 型采煤机

图 11-21　工作面现场的位置传感器

机载控制器为西门子 S7-300 PLC，通过 Profibus DP 总线与两台 ACS800 变频器相连。DSP 高速采集器用于采集 6 路高频电流信号，而后将处理后数据通过以太网传输给 PLC。另外，系统中还包括 32 路的开关

图 11-22　工作面现场的摇臂倾角传感器

图 11-23　工作面现场的本安无线交换机

量输入信号，22 路开关量输出信号，16 路模拟量输入信号。这些数字量和模拟量信号都通过 S7-300 上的以太网模块以有线方式接入井下无线传输网络，最终通过井下光纤环网传至地面局域网。地面任何一台计算机接入局域网并安装监控软件后，均可实现对采煤机的远程监控操作。

（1）实验方案设计

煤矿工作面实验在十三矿的 11070 工作面进行，该工作面全长 105m，共有液压支架 70 架，最大煤层倾角 27°，最大俯仰角 16°，煤层最大厚度 3m。本次实验选择在工作面的 45～60m 内进行，因为该区间内顶板起伏较大，能够对自适应截割的效果进行验证。具体的实验方案如下：

① 操作人员使用遥控器手动操作采煤机运行，机载 PLC 记录下截割

路径以及设备运行状态，而后将数据发送至地面监控平台。

② 地面监控平台使用人工免疫算法对记忆点集进行处理，删除掉失真数据，并生成基于误差带的跟踪目标路径，而后将跟踪路径数据发送至机载 PLC。

③ 机载 PLC 根据路径跟踪数据控制采煤机运行，根据机载 DSP 高速采集器实时获取截割电机的高频电流，结合神经网络模型计算出对应的负载转矩。

④ 如负载异常，则先对牵引速度进行调节，持续一段时间后如异常仍未消失，则对滚筒高度进行调节。

⑤ 路径跟踪结束后，远程监控平台利用灰色理论对路径跟踪效果进行评价，以确定是否需要重新进行路径记忆。

（2）实验结果分析

人工示教时的左右滚筒高度如图 11-24 所示，牵引速度如图 11-25 所示，左右截割电机电流如图 11-26 所示，可以看出人工示教时采煤机向右运行，在 45.0~48.0m 区间内采煤机直接以 5.5m/min 的速度运行，由于右滚筒过低截割到了底板而导致了右截割电流过大，此时机载控制器及时发出了报警信号。操作人员发现报警信号后停止了牵引，并将右滚筒高度调至 2.20m，而后在 48.0~50.5m 区间内逐步加至 4.0m/min 的速度进行截割，能够看出在牵引加速过程中右滚筒出现了明显的抖动。在区间 50.5~51.0m 内操作人员将右滚筒高度调高至 2.45m，并保持至 57.0m 处。在 57.0~58.2m 区间内由于截割到了顶板，操作人员将右滚筒高度调低至 2.15m 并保持至 60.0m 处。

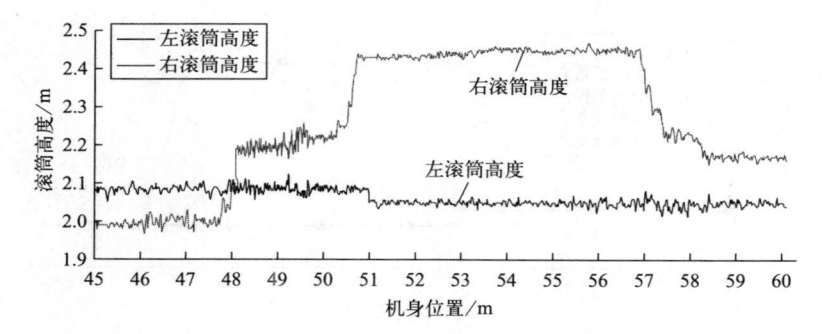

图 11-24　工作面现场人工示教时的滚筒高度

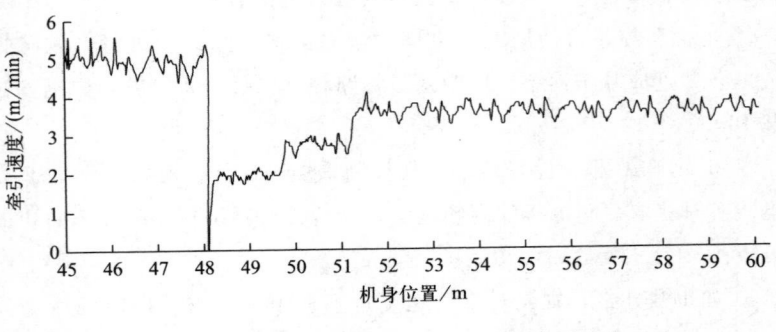

图 11-25　工作面现场人工示教时的牵引速度

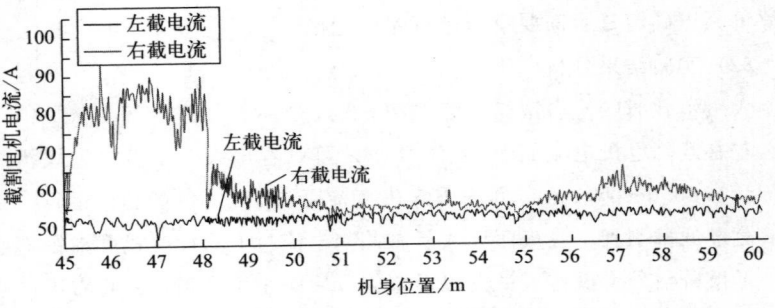

图 11-26　工作面现场人工示教时的截割电流

　　在路径记忆过程中机载控制器每隔 1m 采集一个常规记忆点，将人工控制命令记为关键记忆点，将设备异常状态记为特殊记忆点，截割路径的记忆点集如图 11-27 所示，其中右截割滚筒各记忆点所代表的意义见表 11-2。

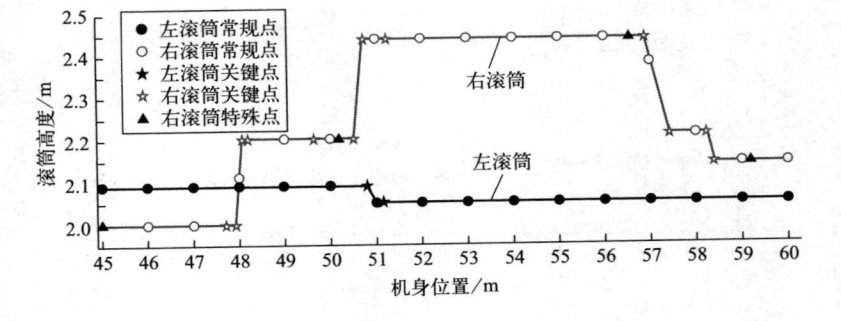

图 11-27　工作面现场截割路径的记忆点集

表 11-2 工作面现场右截割滚筒的记忆点集

序号	位置/m	点类型	说明
1	45.00	特殊记忆点	右截电流异常
2	46.00	常规记忆点	
3	47.00	常规记忆点	
4	47.70	关键记忆点	"右升" 按下
5	47.90	关键记忆点	"牵停" 按下
6	48.00	常规记忆点	
7	48.08	关键记忆点	"右升" 松开
8	48.20	关键记忆点	"右牵" 按下
9	49.00	常规记忆点	
10	49.65	关键记忆点	"右牵" 按下
11	50.00	常规记忆点	
12	50.21	特殊记忆点	右截电流正常
13	50.52	关键记忆点	"右升" 按下
14	50.73	关键记忆点	"右升" 松开
15	51.00	常规记忆点	
16	51.24	关键记忆点	"右牵" 按下
17	52.00	常规记忆点	
18	53.00	常规记忆点	
19	54.00	常规记忆点	
20	55.00	常规记忆点	
21	56.00	常规记忆点	
22	56.57	特殊记忆点	右截电流异常
23	56.89	关键记忆点	"右降" 按下
24	57.00	常规记忆点	
25	57.41	关键记忆点	"右降" 松开
26	58.00	常规记忆点	
27	58.23	关键记忆点	"右降" 按下
28	58.40	关键记忆点	"右降" 松开
29	59.00	常规记忆点	
30	59.20	特殊记忆点	右截电流正常
31	60.00	常规记忆点	

从表 11-2 中可以看出，记忆点集中存在两对由于右截割电流异常而产生的特殊记忆点，在路径跟踪前应对记忆路径进行状态修复，以达到消除异常点维持系统稳定运行的目的。按照第五章中有关跟踪策略的论述，将一对特殊记忆点间的所有记忆点平移至异常状态发生点处，所得到的跟踪路径点集如图 11-28 所示。

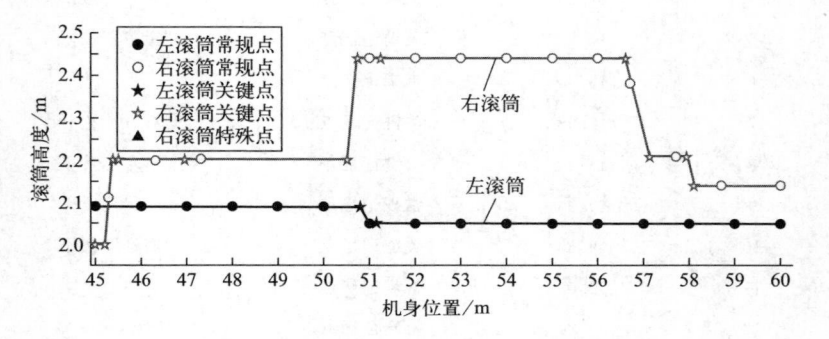

图 11-28　工作面现场截割路径的跟踪点集

进入自适应截割模式后，采煤机根据跟踪点集所存储的信息自动进行截割。首先将右滚筒升高到指定的 2.2m 处，而后经过两次加速将牵引速度调至 3m/min 进行截割，在 50.52～50.73m 处对摇臂进行二次升高，并于 51.24m 处牵引第三次加速至 4m/min。此过程中截割电机电流一直保持在 60A 以下的平稳区间内，但从 53.21m 处开始由于截割到了岩石，右截割电机电流迅速升高至 75A 左右，伴随右摇臂滚筒抖动量的增大，并且时间持续了 10s 以上。机载控制器根据图 11-29 所示的神经网络模型判断出截割电机负载增幅过大，于是采取了降低牵引速度的方法，此时截割电流下降了一些，截割负载也得到了相应的减小但仍然偏大，于是机载控制器第二次调低了牵引速度，将截割负载恢复至正常水平。在 56.89～57.41m 处采煤机按计划下降了截割滚筒，截割电流进一步减小。在 58.23～58.40 处滚筒第二次下降，并保持至 60.00m 处结束自适应截割模式。此过程中的滚筒高度曲线见图 11-29，牵引速度见图 11-30，截割电机电流见图 11-31。

经灰色关联度评价模型计算可得左截割滚筒截割路径与目标路径间的关联度为 0.9524，右滚筒截割路径与目标路径间的关联度为 0.9084，属于高度关联。右滚筒路径跟踪的绝对误差小于 0.06m，如图 11-32 所示。

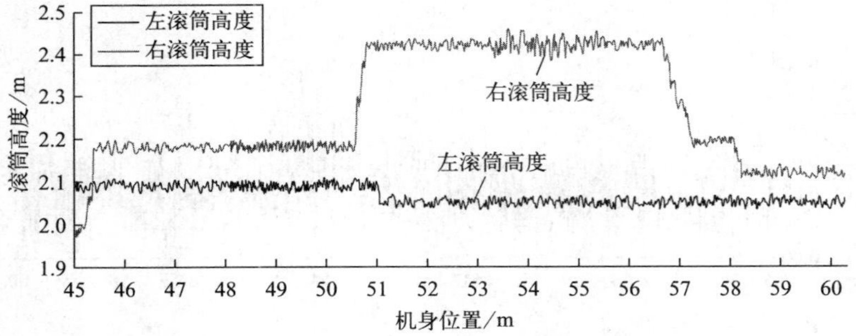

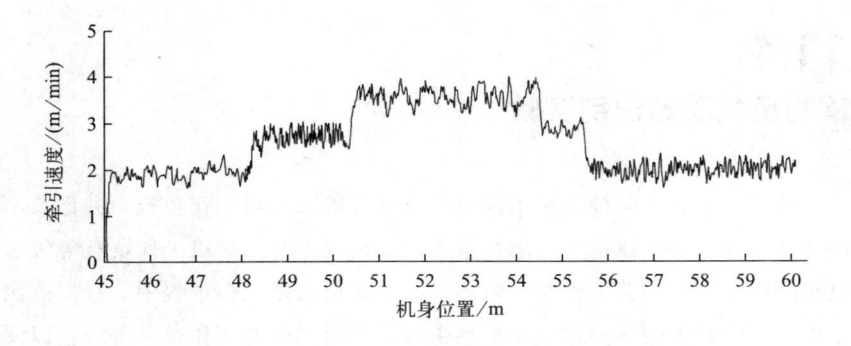

图 11-29 工作面现场自适应截割时的滚筒高度

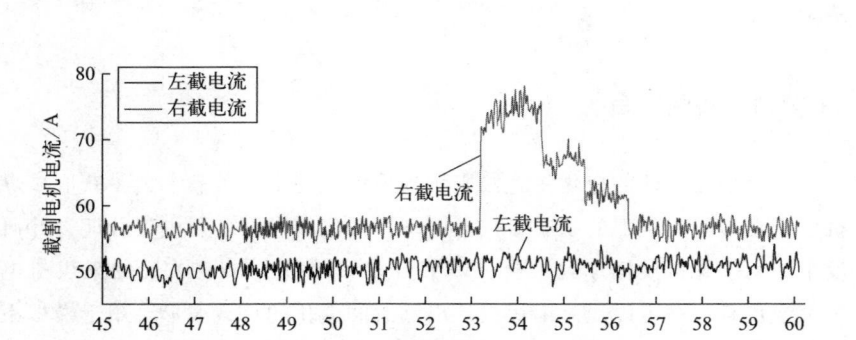

图 11-30 工作面现场自适应截割时的牵引速度

图 11-31 工作面现场自适应截割时的截割电流

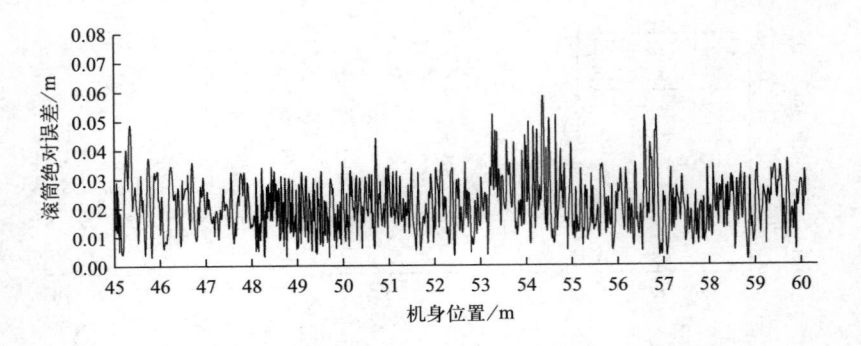

图 11-32　工作面现场自适应截割时的右滚筒高度绝对误差

11.2
截割负载动态识别实验

　　本实验的目的是模拟出不同地质条件下的采煤机工作负载，并记录不同负载条件下采煤机电机的运行数据，而后建立起采煤机工作负载等级与电机运行数据间的关系模型。因此，在采煤机实际工作过程中，只需监测电机的运行数据便可根据关系模型得出采煤机当前的工作负载等级，以便于操作人员根据负载情况调节采煤机的运行参数，使其达到最佳的工作状态。

11.2.1　实验平台

　　煤层地质条件的变化将直接影响到采煤机的工作负载，为了获取采煤机电机在不同负载下的状态参数，西安煤矿机械有限公司电气分厂设计研发了一套采煤机模拟加载平台。该平台能够模拟出 0～200％的采煤机电机额定负载，并可以通过编程设计出随时间变化的负载波形，用于模拟不同煤层条件下的采煤机工作负载，并可同时监测被测电机的电流、电压、温度、功率等参数。

　　采煤机电机负载模拟加载平台如图 11-33 所示，细实线为供电线路；

虚线为控制线路；粗实线为电机连接轴。从图中可以看出，模拟负载由他励直流电机提供，保持直流电机的电源不变，则电机的磁通恒定，此时直流电机的电枢电流和输出转矩成线性比例关系。而直流电机的电枢电流又是由直流变流器提供的，因此 DSP 数据处理器通过控制直流变流器的输出电流便可以模拟出所需的负载。

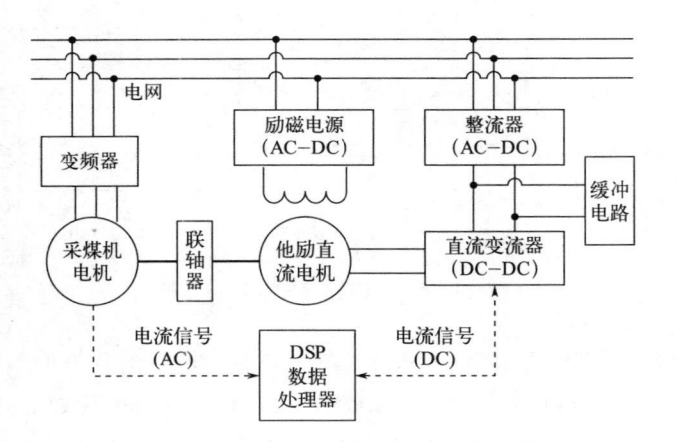

图 11-33　电机负载模拟加载平台结构

11.2.2　实验方案

采煤机的工作负载与煤层地质条件直接相关，完全数字量化的工作负载数据不利于现场工作人员的理解与操作。因此，本实验中模拟不同煤层地质条件下的负载输出，将采煤机负载分为 6 级（空载、微载、轻载、正常、重载、超载），分别用数字 1～6 表示。其中，空载状态对应于采煤机的试车状态；超载状态对应于应紧急停车的异常状态；微载、轻载、正常、重载分别对应截割不同硬度煤层时的采煤机负载。

与采煤机负载相关的电机运行参数主要包括转速、电压、电流、功率、温度，但电压和电流可以综合反映出功率的变化，而温度的变化具有滞后性且会随环境的不同而发生改变，因此在本实验中选择转速、电流、电压作为负载特征量。为了使得实验方案不仅适用于地面实验室环境，同时也适用于煤矿工作面现场环境，本实验采用以下方案：

步骤一：如图 11-34，恒定速度加载过程。调节变频器的控制输出，使电机转速从 4000r/min 开始，每次增加 2000r/min，直至增加到 12000r/min；在每一恒定速度下，工作负载从 1 级加载至 6 级，记录下此过程中的负载等级、电机转速、电机电流、电机电压数据。

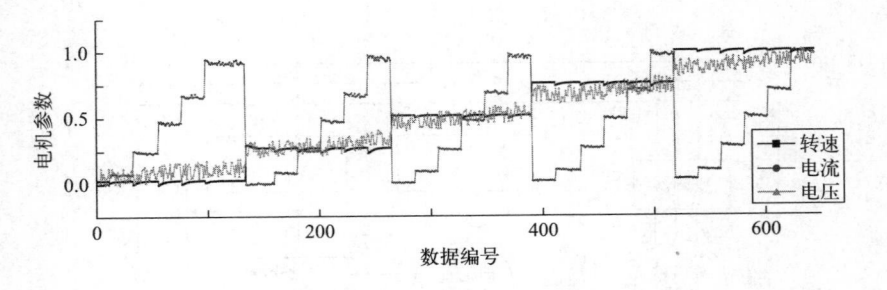

图 11-34　恒定速度加载实验数据

步骤二：如图 11-35，正弦速度加载过程。调节变频器的控制输出，使电机转速形成以 3000r/min、6000r/min、10000r/min 为起始速度，振幅为 500r/min，周期为 20s 的正弦波形；在每一正弦速度下，工作负载从 1 级依次递加载至 6 级，记录下此过程中的负载等级、电机转速、电机电流、电机电压数据。

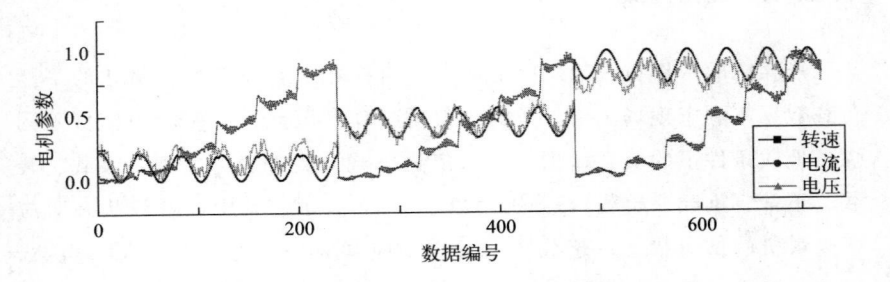

图 11-35　正弦速度加载实验数据

步骤三：如图 11-36，锯齿速度加载过程。调节变频器的控制输出，使电机转速形成以 3000r/min、6000r/min、10000r/min 为起始速度，每一速度下分别又以 100r/min、200r/min、300r/min 为加速度的锯齿波形；在每一锯齿波形下，工作负载从 1 级依次递加载至 6 级，记录下此过程中的负载等级、电机转速、电机电流、电机电压数据。

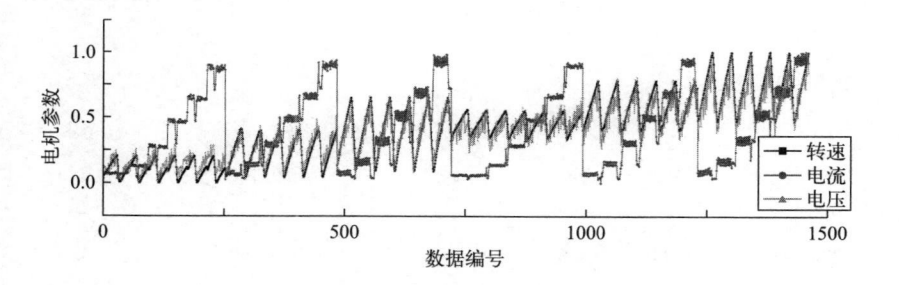

图 11-36　锯齿速度加载实验数据

11.2.3　数据优化与负载识别

（1）数据预处理

由采煤机负载识别实验得到的电机工况数据包括转速、电流、电压，其数值范围相差很大，需要将数据映射到 [0，1] 范围内以便于进行数据分析，本书采用式（11-1）线性函数进行实验数据的归一化处理。式中，x^* 为归一化后的数据，x_{max} 为样本数据的最大值，x_{min} 为样本数据的最小值。

$$x^* = \frac{x - x_{min}}{x_{max} - x_{min}} \tag{11-1}$$

从下图中归一化后的实验数据可以看出，恒定速度加载过程中，对应的电流与电压数据较为平稳；且采煤机恒速运行便于在煤矿工作面现场实现，有利于现场实验数据的采集。而正弦速度与锯齿速度加载过程中，加减速变化频繁，电流与电压波动剧烈，更符合现场的实际工作情况。因此，本实验过程中以选用部分恒定速度加载数据作为 SVM 的训练数据，选用剩余的恒定速度加载数据、正弦速度加载数据与锯齿速度加载数据作为测试数据。

（2）SVM 基函数的选择

首先将恒定速度加载过程中的 640 个数据，按照每相邻 2 个数据取 1 个的方法，如表 11-3 所示取出 320 个数据作为训练集。

表 11-3　SVM 训练数据

序号	转速（归一化）	电流（归一化）	电压（归一化）	负载等级
1	0.032	0.006	0.009	1
...	...	...	...	...
80	0.254	0.095	0.235	2
...	...	...	...	...
155	0.509	0.264	0.466	3
...	...	...	...	...
228	0.738	0.489	0.660	4
...	...	...	...	...
302	0.992	0.709	0.920	5
...	...	...	...	...
320	1.000	0.983	0.966	6

而后选用不同的核函数，分别以恒定速度、正弦速度、锯齿速度的加载数据作为测试集，利用基本 SVM 算法进行负载模式识别，其准确率如表 11-4 所示。

表 11-4　不同核函数下的 SVM 识别准确率

核函数	恒定速度加载准确率	正弦速度加载准确率	锯齿速度加载准确率
线性核函数	89.38%	85.20%	79.73%
多项式核函数	80.63%	72.48%	62.88%
径向基核函数	100.00%	89.13%	85.21%
S 曲线基核函数	38.75%	32.78%	35.27%

从表 11-4 中可以看出，在其他参数不变的情况下，选择不同的基函数将直接影响 SVM 的负载识别准确率。其中对于本实验数据而言，径向基核函数的负载识别准确率最高，因此本书选用径向基核函数进行 SVM 负载识别。

（3）SVM 惩罚参数与核函数参数的优化

选择了径向基核函数后，还需要针对正弦速度与锯齿速度下的 SVM 惩罚参数 c 和核函数参数 σ 进行优化，以进一步提高 SVM 对负载识别的准确率。其中惩罚参数 c 控制着超出误差的样本的惩罚程度，而核函数参数 σ 控制着径向基函数的宽度，这两个参数决定着 SVM 的泛化能力。如图 11-37 所示为 c 和 σ 均在 $[0,250]$ 范围内，利用 PSO-SVM 算法步距为

5 进行搜索后得到的局部最优参数离散点及其对应的负载识别准确率。

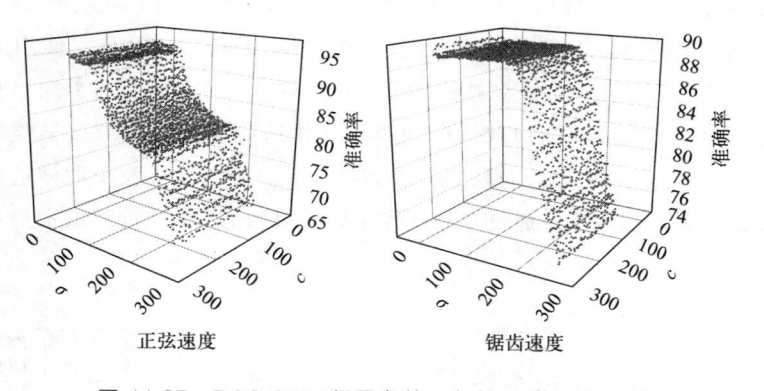

图 11-37　POS-SVM 惩罚参数 c 与核函数参数 σ 的
局部最优离散点

由图 11-37 可以看出当其他参数相同时，PSO-SVM 负载识别率受核函数参数 σ 的影响程度较大，受惩罚参数 c 的影响程度较小。恒定速度负载识别时 SVM 核函数参数 σ 在（0，6）范围内获得较好的识别准确率，其最大准确率为 95.36%；锯齿速度负载识别时 SVM 核函数参数 σ 在（0，2）范围内获得较好的识别准确率，其最大准确率为 89.56%。然而由计算所得的粒子群体适应度方差 δ^2 可以看出，正弦速度加载数据的粒子群体适应度方差过早收敛于 2 以下，锯齿速度加载数据的粒子群体适应度方差过早收敛于 2.5 以下。因此，需要采用 CPSO 算法对 SVM 参数 c 和 σ 再进行优化，防止算法陷入局部最优，提高粒子群体适应度，进一步提高 SVM 负载识别的准确率。CPSO 算法的参数设置如下：$N=100$，$T=10$，$c_1=1.5$，$c_2=1.7$，$v_1=5.0$，$c \in$（0，50），$\sigma_{\sin} \in$（0，6），$\sigma_{saw} \in$（0，2），$H_{\sin}=2.0$，$H_{saw}=2.5$，w 初始值为 0.8。其算法流程如下：

在 CPSO 算法中，通过对初始粒子的位置和速度进行混沌化来避免算法产生振荡；通过对惯性因子的混沌化来平衡算法的局部搜索与全局搜索能力；设置正弦速度时的早熟阈值为 2，锯齿速度时的早熟阈值为 2.5，将粒子群体适应度方差并与早熟阈值比较，如适应度方差大于早熟阈值，则对部分粒子的位置和速度添加混沌扰动，以避免算法陷入局部最优。

图 11-38 和图 11-39 为 CPSO 与 PSO 算法对 SVM 参数进行优化的效

果对比图。从中可以看出，使用 PSO 算法进行参数优化时，其粒子群适应度随迭代次数的增加，呈下降趋势；而使用 CPSO 算法进行参数优化时，其粒子群适应度随迭代次数的增加，呈上升趋势。另外，使用 PSO 算法进行参数优化时，正弦速度加载数据的粒子群体适应度方差未过早收敛于 2 以下，锯齿速度加载数据的粒子群体适应度方差也未过早收敛于 2.5 以下；而使用 CPSO 算法进行参数优化时，则消除了粒子群体适应度方差过早收敛的现象。通过 CPSO 优化算法得到的 SVM 负载识别最优参数如表 11-5 所示。

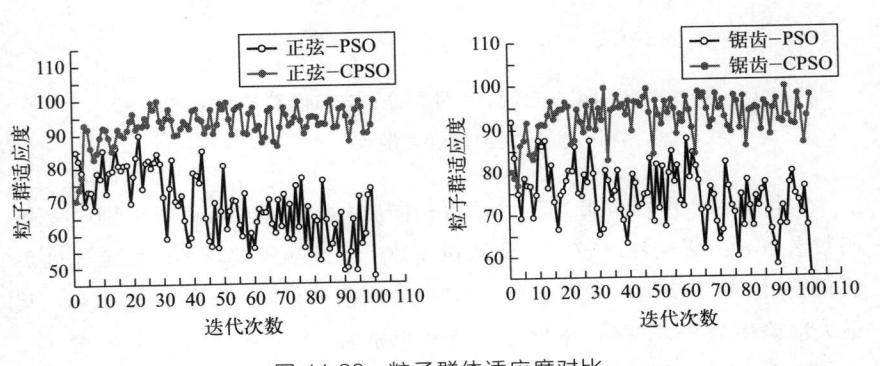

图 11-38　粒子群体适应度对比

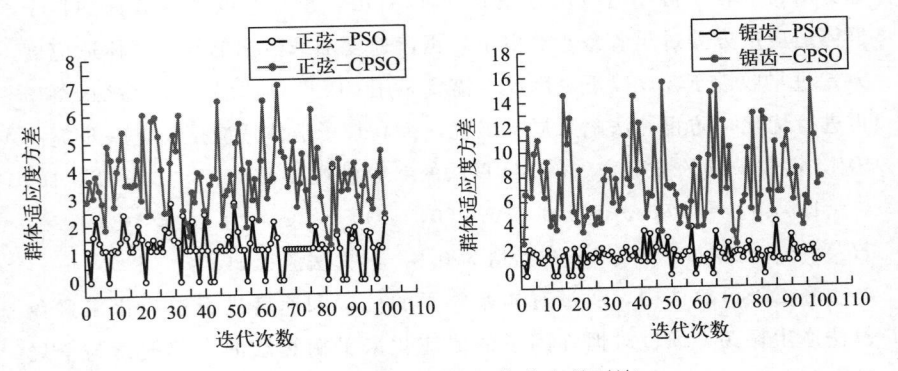

图 11-39　粒子群体适应度方差对比

表 11-5　基于 CPSO 优化算法的 SVM 优化结果

正弦速度加载数据			锯齿速度加载数据		
c	σ	准确率	c	σ	准确率
26.0394	1.3939	99.57%	11.9629	0.3283	98.78%

11.2.4　识别效果对比

　　根据上述各算法所得到的负载识别准确率数据如表 11-6 所示。其中，常规 SVM 对于采煤机负载识别的平均准确率仅为 86.56%；通过 PSO 算法对 SVM 参数进行优化后，其平均准确率可以达到 91.56%；而利用 CPSO 对 SVM 参数进行优化后的平均准确率可提升至 99.05%。

表 11-6　算法间的准确率对比

算法	数据类型	样本总数	识别正确数	识别率	平均准确率
SVM	正弦加速	690	615	89.13%	86.56%
	锯齿加速	1312	1118	85.21%	
PSO-SVM	正弦加速	690	658	95.36%	91.56%
	锯齿加速	1312	1175	89.56%	
CPSO-SVM	正弦加速	690	687	99.57%	99.05%
	锯齿加速	1312	1296	98.78%	
EMD-ANN[132]	振动信号	60	57	95.00%	95.00%
FCM-FGOA[133]	声波信号	100	95	95.00%	95.00%
MFOA-PNN[134]	振动信号	200	195	97.50%	97.50%

　　另外，本书引用了相关文献中的实验数据，以验证基于 CPSO-SVM 的采煤机负载识别方法的效果。文献 [132] 中，作者通过传感器检测液压支架尾梁振动信号，而后利用基于经验模态分解（Empirical Mode Decomposition，EMD）与人工神经网络（Artificial Neural Network，ANN）相结合的 EMD-ANN 算法对振动信号进行分析处理，以识别出采煤机的负载状态。文献 [133] 中，作者通过安装在摇臂上的声波探测器获取采煤机的工作声波，利用模糊 C 均值（Fuzzy C-Means，FCM）对数据进行聚合处理，利用果蝇遗传算法（Fruit Fly and Genetic Optimization Algorithm，FGOA）识别出采煤机的负载状态。文献 [134] 中，作者通过振动传感器获取采煤机摇臂的振动信号，利用改进的果蝇算法（Modified Fruit Fly Optimization Algorithm，MFOA）优化概率神经网络（Probabilistic Neural Network，PNN）的参数，进而使用 MFOA-PNN 模型识别采煤机的负载状态。各种算法的负载识别平均准确率如表 11-6 所示，可以

看出基于 CPSO-SVM 算法的负载识别模型，经过大量的测试数据验证后，仍表现出了优异的效果。此外，通过振动信号或声波信号进行负载识别的方法，均需要安装额外的传感器。然而，在综采设备上安装传感器，不仅存在一定难度，而且恶劣工况下的传感器的精度和寿命也将受到影响。因此，本书介绍的通过电机运行数据识别采煤机负载状态的方法无需额外增加传感器，能够有效避免上述问题，可以作为恶劣工作环境下采煤机负载识别的优选方案。

11.3
可靠性分析实验

为了对采煤机整机可靠性分析模型的性能进行测试，本书搜集了大量煤炭企业工作面一线的采煤机故障数据，在此基础上利用 OCSPSO-LSSVM 方法建立采煤机的可靠性分析模型，该方法结合了最小二乘支持向量机（LSSVM）的高精度和粒子群优化（PSO）的快速收敛，并将在线校正策略（OCS）引入 PSO 以克服生产过程的不稳定性。首先，利用 OCSPSO 优化 LSSVM 的重要参数；而后，利用优化的参数建立可靠性分析 OCSPSO-LSSVM 模型。为了证明该方法的有效性，分别使用来自煤矿企业的文献数据和实际采煤机数据进行了两次数值对比。结果表明，这种方法在采煤机可靠分析方面具有更好的准确度。

11.3.1 实验数据

为了对采煤机整机可靠性分析模型的性能进行测试，本书搜集了山西西曲矿 MG250/600-WD1 型采煤机（图 11-40）的故障数据，该采煤机的总功率为 600kW，截割功率为 2×250kW，供电电压为 1.14kV，机身高度为 1.43m，滚筒直径为 1.8m 截割范围为 1.8～3.7m。

实验所需的采煤机故障数据，例如故障发生时间、故障原因、维修类型等，均从煤矿现场的维修记录中搜集整理得到，在此基础上计算出如表 11-7 所示的基于失效时间（TTF）的可靠性数据。本实验的目的是根据采煤机历史故障数据，预测采煤机下一次的失效时间。因此，在利用上

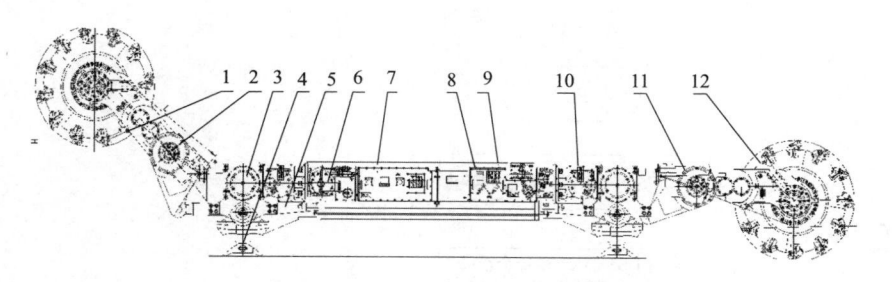

图 11-40　MG250/600-WD1 型采煤机

1—左滚筒；　2—左摇臂；　3—行走箱；　4—滑靴组件；　5—左牵引传动箱；　6—调高泵箱；

7—变频调速箱；　8—电气控制箱；　9—中间框架；　10—右牵引传动箱；

11—右摇臂；　12—右滚筒

述可靠性分析方法时，数据被分为训练样本和测试样本。在本实验中，数据 1 至 26 为训练样本，数据 27 至 31 为测试样本。

表 11-7　采煤机 TTF 数据　　　　单位：×1000h

No.	TTF	No.	TTF	No.	TTF	No.	TTF
1	0.2492	9	1.9350	17	4.0913	25	5.2213
2	0.4685	10	2.2680	18	4.3437	26	5.3525
3	0.7290	11	2.6735	19	4.5478	27	5.4540
4	0.9180	12	3.0236	20	4.6152	28	5.5108
5	1.1354	13	3.3425	21	4.7998	29	5.6085
6	1.4038	14	3.5050	22	4.9113	30	5.6998
7	1.6080	15	3.7030	23	4.9765	31	5.7617
8	1.7900	16	3.8470	24	5.0775		

11.3.2　实验方案

利用 OCSPSO-LSSVM 方法建立采煤机可靠性分析模型的步骤如图 11-41 所示，利用 OCSPSO 算法寻找 LSSVM 模型中惩罚因子 c 和核参数 σ 的最优组合，详细步骤描述如下：

步骤一：参数初始化。初始化 OCSPSO-LSSVM 的参数，包括总体大小、最大迭代次数、惯性权重系数范围、加速系数范围、速度范围、最大绝对误差。

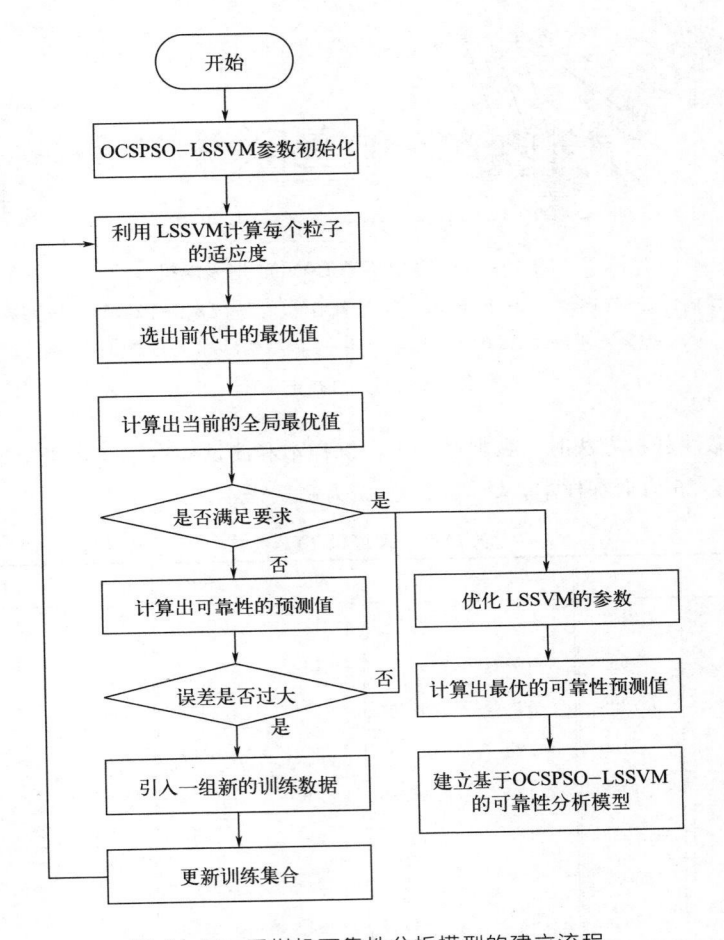

图 11-41 采煤机可靠性分析模型的建立流程

步骤二：适应度评估。评估每个粒子的适应度。计算每个粒子的最佳适应度和所有粒子的最佳适应度。

步骤三：数据更新。更新每个粒子的位置和速度。重新计算每个粒子的适应度，并更新每个粒子的最佳适应度和所有粒子的最佳适应度。

步骤四：错误检测。计算预测可靠性，如果其与实际可靠性的差值小于最大绝对误差值，则执行步骤五，否则转到步骤六。

步骤五：误差纠正。引入一组新的训练数据，将其添加至先前的训练样本中，并执行步骤二。

步骤六：程序跳转。如果满足停止要求，或者程序已达到最大迭代次数，则输出最优解并停止程序，否则返回步骤三。

11.3.3　模型参数优化

如图 11-42 所示，LSSVM 的性能受到惩罚因子 c 和内核参数 σ 的影响很大。因此，本书采用 OCSPSO 算法寻找 LSSVM 的最优参数。然后，OCSPSO 算法需要一个合适的搜索区域进行参数优化。如果面积太小，最佳结果可能不合适。否则，如果该区域太大，搜索结果可能只是次优解决方案。

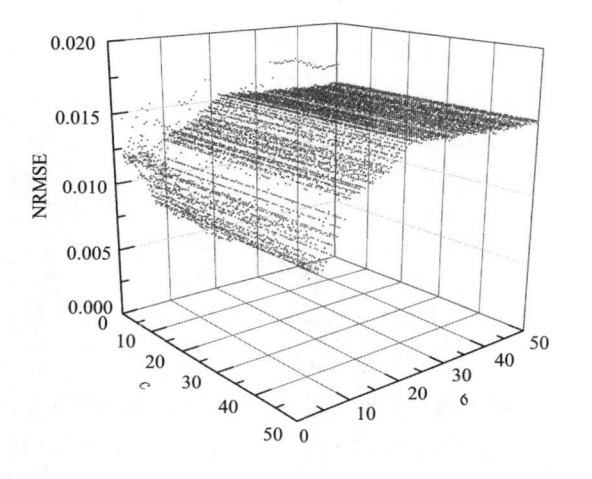

图 11-42　c 和 σ 的局部最优值离散点

为了确定 LSSVM 参数的最优搜索区域，本书将整个搜索区域划分为若干小块。而后在每个小区域中搜索局部最优的标准均方根误差（NRMSE）。局部最优点如图 11-42 所示，其中 c 和 σ 都在（0,50）的范围内。从图中可以看出，NRMSE 对参数 σ 较为敏感，并且当 $c \rightarrow 0$ 时受参数 c 的影响较大。此外，当 σ 在（2,6.5）范围内时，局部最优 NRMSE 达到最佳值 0.0096。因此，在本次实验中，OCSPSO 的参数分配如下：$N = 100$，$T = 20$，$c_1 = 1.5$，$c_2 = 1.7$，$v_1 = 3.0$，$c \in (0, 50)$，$\sigma \in (2, 6.5)$，$H = 0.06$，$w_0 = 0.8$。

11.3.4　分析结果对比

为了说明所建立模型对采煤机可靠性分析的有效性，本实验中将基于小波神经网络（WNN）的算法、基因调控网络（GRN）算法和最小二乘向量机（LSSVM）算法与 OCSPSO-LSSVM 的计算结果进行比较。以下误差指标用于对计算结果的评估：平均绝对误差（MAE）、均方根误差（RMSE）、标准均方根误差（NRMSE）和泰尔不等式系数（TIC），其计算公式如下，其中 y_i 和 $\hat{y}_i$ 分别表示实际值和预测结果。

$$\text{MAE} = \frac{1}{N}\sum_{i=1}^{N}|y_i - \hat{y}_i| \tag{11-2}$$

$$\text{RMSE} = \sqrt{\frac{1}{N}\sum_{i=1}^{N}(y_i - \hat{y}_i)^2} \tag{11-3}$$

$$\text{NRMSE} = \sqrt{\frac{\sum_{i=1}^{N}(y_i - \hat{y}_i)^2}{\sum_{i=1}^{N}y_i^2}} \tag{11-4}$$

$$\text{TIC} = \frac{\sqrt{\sum_{i=1}^{N}(y_i - \hat{y}_i)^2}}{\sqrt{\sum_{i=1}^{N}y_i^2} + \sqrt{\sum_{i=1}^{N}\hat{y}_i^2}} \tag{11-5}$$

从表 11-8 中列出的计算结果中可以看出，OCSPSO-LSSVM 在采煤机可靠性的分析上具有优越性。具体而言，WNN 算法的 MAE 为 0.0761，RMSE 为 0.0809，NRMSE 为 0.0144，TIC 为 0.0072。对于 GRN 算法，MAE 为 0.0682，RMSE 为 0.0711，NRMSE 为 0.0127，TIC 为 0.0064。可以看出，LSSVM 算法与 WNN 和 GRN 算法相比具有更高的预测精度，MAE 为 0.0536，RMSE 为 0.0536，NRMSE 为 0.0096，TIC 为 0.0048。但是，OCSPSO-LSSVM 算法可以实现更好的性能，OCSPSO-LSSVM 算法的 MAE、RMSE、NRMSE 和 TIC 分别为 0.0416、0.0423、0.0075 和 0.0038，与 LSSVM 算法相比，分别下降了 22.39%、21.08%、21.88% 和 20.83%。因此，通过误差指标的对比证明了利用 OCSPSO-LSSVM 所建立的采煤机可靠性分析模型具有优越的性能。

表 11-8　相关算法计算结果的误差对比

No.	实际值	WNN	GRN	LSSVM	OCSPSO-LSSVM
27	5.4540	5.5771	5.3651	5.3993	5.4215
28	5.5108	5.5949	5.4806	5.5648	5.5451
29	5.6085	5.6511	5.5333	5.5564	5.5547
30	5.6998	5.7567	5.6289	5.6454	5.6582
31	5.7617	5.8356	5.6857	5.7090	5.7157
MAE		0.0761	0.0682	0.0536	0.0416
RMSE		0.0809	0.0711	0.0536	0.0423
NRMSE		0.0144	0.0127	0.0096	0.0075
TIC		0.0072	0.0064	0.0048	0.0038

图 11-43 进一步显示了 OCSPSO-LSSVM 相对其他算法对采煤机可靠性分析的优越性。图中无标记的曲线是采煤机的实际 TTF，标有十字的曲线是 OCSPSO-LSSVM 的预测 TTF，WNN、GRN 和 LSSVM 预测的结果分别用标有圆圈、三角形和菱形的曲线表示。可以看出，LSSVM 算法在精度方面优于 WNN 和 GRN 算法，这是因为 LSSVM 在小尺寸样本的学习和泛化方面具有出色的性能。但是，OCSPSO-LSSVM 比 LSSVM 具有更好的表现，这是因为 OCSPSO 算法对 LSSVM 的参数进行了进一步优化。图 11-43 再次验证了本实验中所建立的 OCSPSO-LSSVM 模型对于采煤机的可靠性分析具有较高的适应性和准确度。

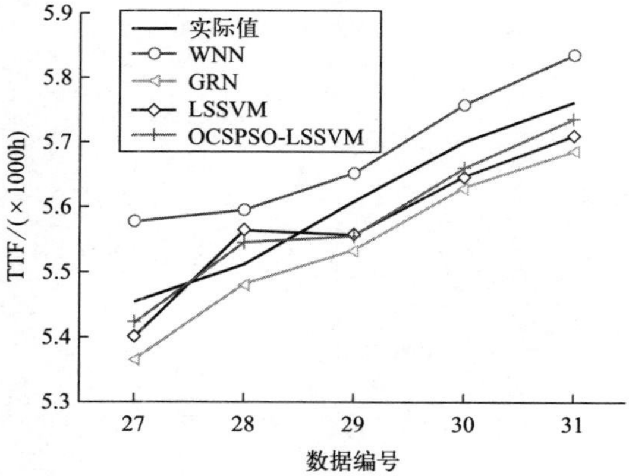

图 11-43　相关算法在采煤机可靠性分析中的误差对比

思考题

1. 在自适应截割实验中，分别开展了实验室实验、工厂实验和工作面实验，为什么要开展这三个实验？这些实验的内在联系是什么？又有哪些区别？

2. 请简要总结截割负载动态识别实验的过程。

3. 在截割负载动态识别实验中，为什么选用了 SVM 算法？比起其他算法，SVM 算法的优势在哪里？

4. 通过本章的三个实验，你能得到什么结论？

参 考 文 献

[1] 2009 年国土资源公报 [R]. 北京：中华人民共和国国土资源部，2010.

[2] 刘长忠 . 2010 年中国煤炭产量将达到 33 亿吨左右 [DB/OL]. 北京：中新社，2010
    [2010-11-20]. http://www.chinanews.com/cj/cj-cyzh/news/2010/02-04/2108302.shtml.

[3] British Petroleum：BP Statistical Review of World Energy [R]. UK：BP，2009.

[4] British Petroleum：BP Statistical Review of World Energy [R]. UK：BP，2010.

[5] 钱鸣高 . 煤炭的科学开采 [J]. 煤炭学报，2010，35（4）：529-534.

[6] 杨玉峰，韩文科 . 我国"十二五"时期面临的关键性重大能源技术问题 [J]. 中国能
    源，2010，32（1）：6-9.

[7] 李彤 . 2015 年煤炭占一次能源比重比 2009 年降幅约 7% [DB/OL]. 北京：人民网，
    2010 [2010-11-20] . http://energy.people.com.cn/GB/12197431.html.

[8] 陈清如 . 煤炭地位在本世纪中叶前不会改变 [DB/OL]. 北京：第三届跨国公司 CEO
    圆桌论坛，http://money.163.com/09/1114/18/5O3NF1U900253U12.html.

[9] 煤矿安全生产"十二五"规划 [R]. 北京：中华人民共和国国家发展和改革委员
    会，2010.

[10] 张俊梅，范迅，赵雪松 . 采煤机自动调高控制系统研究 [J]. 中国矿业大学学报，
    2002，31（7）：415-418.

[11] Stephen L. Bessinger, Michael G. Nelson. Remnant roof coal thickness measurement
    with passive gamma ray instruments in coal mine [J]. Industry Applications，1993，29
    （3）：562-565.

[12] Larry D. Frederick, Dwight Medley. Armored rock detector：USA，US20020056809A1
    [P]. 2002-5-16.

[13] 王冬 . 采煤机记忆调高试验模型控制系统研究 [D]. 西安：西安科技大学，2009.

[14] Mowrey G L. Horizon control holds key to automation [J]. Coal，1991，11：44-49.

[15] Robert A. Frosch, Stephen D. Rose, Charles E. Crouch, Elborn W. Jones. Coal-rock
    interface detector：USA，4165460 [P]. 1979-8-21.

[16] 于凤英 . 基于遗传神经网络的煤岩界面识别方法的研究 [D]. 山西：太原理工大
    学，2007.

[17] 廉自生，刘混举，李文英 . 基于切割力响应的煤岩界面识别技术研究 [J]. 山西机械，
    1999，103（3）：25-27.

[18] Robert L Hirsch, Fred W. Ng, Amjad A. Bseisu. Coal seam discontinuity sensor and
    method for coal mining apparatus：USA，4968098 [P]. 1990-11-6.

[19] 安美珍 . 采煤机运行姿态及位置监测的研究 [D]. 北京：煤炭科学总院，2009.

[20] GU Tao, LI Xu. New equipment of distinguishing rock from coal based on statistical
    analysis of fast fourier transform [C]. Xiamen：Global Congress on Intelligent

Systems，2009：269-273.

[21] David E. Godfrey. Coal seam sensor：USA，4143552 [P]. 1979-3-13.

[22] 张福建. 电牵引采煤机记忆截割控制策略的研究 [D]. 北京：煤炭科学总院，2007.

[23] Robert L. Chufo，Walter J. Johnson. A radar coal thickness sensor [J]. Industry Applications，1993，29 (5)：834-840.

[24] Gerald L. Stolarczyk，Larry G. Stolarczyk. Ground-penetrating imaging and detecting radar：USA，US006522285B2 [P]. 2003-2-18.

[25] 张伟. 基于采煤机 DSP 主控平台的自动调高预测控制 [D]. 上海：上海交通大学，2007.

[26] Markham，J. R.，Solomon，P. R.，Best，P. E.. An FT-IR based instrument for measuring spectral emittance of material at high temperature [J]. Review of Scientific Instruments，1990，61 (12)：3700-3708.

[27] Chad Owen Hargrave，David Charles Reid，Hainsworth，et al. Mining methods and apparatus：USA，US20090212216A1 [P]. 2009-8-27.

[28] 梁义维. 采煤机智能调高控制理论与技术 [D]. 山西：太原理工大学，2005.

[29] 蔡桂英. 采煤机滚筒调高模糊控制器的设计与仿真 [D]. 哈尔滨工程大学，2008.

[30] 王忠宾，徐志鹏，董晓军. 基于人工免疫和记忆切割的采煤机滚筒自适应调高 [J]. 煤炭学报，2009，34 (10)：1405-1409.

[31] Xu Z P，Wang Z B. Modelling and Simulation on Shearer Self-Adaptive Memory Cutting [J]. Procedia Engineering，2012，37 (4)：37-41.

[32] 刘东航. 采煤机自动记忆截割控制系统的研究与设计 [D]. 西安科技大学，2018.

[33] 潘健. 采煤机端头记忆截割关键技术研究 [D]. 中国矿业大学，2016.

[34] 张福建. 电牵引采煤机记忆截割控制策略的研究 [D]. 北京：煤炭科学研究总院，2007. DOI：10.7666/d. Y1200956.

[35] 周斌，王忠宾. 灰色系统理论在采煤机记忆截割技术中的应用. 煤炭科学技术，2011，39 (3)：74-76.

[36] Wei L，Luo C，Hai Y，et al. Memory cutting of adjacent coal seams based on a hidden Markov model [J]. Arabian Journal of Geosciences，2014，7 (12)：5051-5060.

[37] 樊启高，李威，王禹桥，等. 一种采用灰色马尔科夫组合模型的采煤机记忆截割算法 [J]. 中南大学学报 (自然科学版)，2011 (10)：3054-3058.

[38] 张寅锋. 滚筒式采煤机运动轨迹跟踪及控制策略研究 [D]. 浙江大学，2014.

[39] 潘健. 采煤机端头记忆截割关键技术研究 [D]. 中国矿业大学，2016.

[40] 张丽丽，谭超，王忠宾，米金鹏，朱雯川. 基于微粒群算法的采煤机记忆截割路径优化. 煤炭科学技术，2010 (4)：69-71.

[41] 张丽丽，谭超，王忠宾，杨雪锋，米金鹏. 基于遗传算法的采煤机记忆截割路径优化. 煤炭工程，2011 (2)：111-113.

［42］ Gao Y，F Wang，Xu Y . Automatic Height Adjustment of Shearer Cutting-drum using Adaptive Iterative Learning ［C］// 第 36 届中国控制会议 .

［43］ 周元华，马宏伟，吴海燕 . 基于 RBF 神经网络的采煤机姿态预测控制 ［J］. 煤矿机械，2014，35（09）：43-45.

［44］ Fan Q G，Wei L，Wang Y Q，et al. Shearer memory cutting strategy research basing on GRNN. IEEE，2010.

［45］ 郭卫，薛红梅，王渊 . 基于 Elman 神经网络的采煤机自动调高控制策略研究 ［J］. 煤矿机械，2014，35（1）：50-52. DOI：10. 13436/j. mkjx. 201401023.

［46］ 朱志英 . 基于模糊 PID 算法的采煤机记忆截割路径自适应研究 ［J］. 中国煤炭，2015，（10）：79-82. DOI：10. 3969/j. issn. 1006-530X. 2015. 10. 019.

［47］ 罗成名，徐晗，杨海 . 模糊神经网络在采煤机记忆截割技术中的应用 . 制造业自动化，2014，36（4）：17-19.

［48］ Xin Zhou et al. A Novel Approach for Shearer Memory Cutting Based on Fuzzy Optimization Method ［J］. Advances in Mechanical Engineering，2019，5.

［49］ 采煤机漏电伤人事故分析 ［R］. 河南：中国平煤神马集团，2014.

［50］ 神华神东煤炭集团公司机电事故案例分析 ［R］. 陕西：神华神东煤炭集团公司，2012.

［51］ Castro，L. N. De，and J. Timmis . "An artificial immune network for multimodal function optimization." Conference on Genetic and evolutionary computation ACM，2005.

［52］ Serious accidents and high potential incidents ［R］. Australia：State of Queensland，Department of Natural Resources and Mines，2013.

［53］ Fatal machinery accident ［R］. Australia：United States，Department of Labor，Mine Safety and Health Dministration，2013.

［54］ Levitin G. Incorporating common-cause failures into no repairable multi-state series-parallel system analysis ［J］. IEEE Transactions on Reliability，50（4）：380-388，2001.

［55］ 王正，谢里阳 . 考虑失效相关的 k/n 系统动态可靠性模型 ［J］. 机械工程学报，44（6）：72-78，2008.

［56］ Kinilakodi H，Grayson R L. Citation-related reliability analysis for a pilot sample of underground coal mines ［J］. Accident Analysis & Prevention，43（3）：1015-1021，2011.

［57］ Balaba B，Ibrahim M Y，Gunawan I. Utilisation of data mining in mining industry：improvement of the shearer loader productivity in underground mines ［C］//Industrial Informatics（INDIN），2012 10th IEEE International Conference on. IEEE，1041-1046，2012.

［58］ Brînzan D. Fault analysis and operational reliability of longwall mining shearers ［J］. Environmental Engineering and Management Journal，11（7）：1241-1246，2012.

［59］　Hoseinie S H，Ahmadi A，Ghodrati B，et al. Reliability-centered maintenance for spray jets of coal shearer machine［J］. International Journal of Reliability，Quality and Safety Engineering，20（3）：134-140，2013.

［60］　Hoseinie S H，Ataei M，Khalokakaie R，et al. Reliability analysis of the cable system of drum shearer using the power law process model［J］. International Journal of Mining，Reclamation and Environment，26（4）：309-323，2012.

［61］　Hoseinie S H，Ataei M，Khalokakaie R，et al. Reliability analysis of drum shearer machine at mechanized longwall mines［J］. Journal of Quality in Maintenance Engineering，18（1）：98-119，2012.

［62］　Hoseinie S H，Khalokakaie R，Ataei M，et al. Monte Carlo reliability simulation of coal shearer machine［J］. International Journal of Performability Engineering，9（5）：487-494，2013.

［63］　Bofoz Ł. Unique project of single-cutting head longwall shearer used for thin coal seams exploitation［J］. Archives of Mining Sciences，58，2013.

［64］　Reid A W，McAree P R，Meehan P A，et al. Longwall shearer cutting force estimation［J］. Journal of Dynamic Systems，Measurement，and Control，136（3）：31-38，2014.

［65］　黄秋来，徐卫鹏，孙超，等. 基于 Relex 的电牵引采煤机行走轮可靠性分析［J］. 煤矿机械，32（9）：90-92，2011.

［66］　刘泽平. 滚筒采煤机机械系统可靠性工程方法研究［D］. 太原理工大学，2012.

［67］　赵丽娟，马联伟. 薄煤层采煤机可靠性分析与疲劳寿命预测［J］. 煤炭学报，38（7）：1287-1292，2013.

［68］　邹殿龙，李松阳，刘娜，等. 薄煤层采煤机摇臂减速器的可靠性研究［J］. 煤矿机械，36（3）：82-84，2015.

［69］　Ma X M，Xu M H. Fault diagnosis of coal electrical shearer based on quantum neural［J］. Applied Mechanics and Materials，574：452-456，2014.

［70］　EPler E P. Common mode failure considerations in the design of system for protection and control［J］. Nuclear Safety，10：38-45，1969.

［71］　Marshall A W，Olkin I. A multivariate exponential distribution［J］. Journal of the American Statistical Association，62（317）：30-44，1967.

［72］　Fleming K N. A reliability model for common cause failures in redundant safety systems［C］. Sixth annual Pittsburgh conference on modeling and simulation，Pittsburgh，1975.

［73］　Vaurio J K. Availability of redundant safety systems with common-mode and undetected failures［J］. Nuclear Engineering and Design，58（3）：415-424，1980.

［74］　Fleming K N，Mosleh A. Classification and analysis of reactor operating experience involving dependent events ［R］. Pickard，Lowe and Garrick，Inc.，Newport Beach，CA（USA），1985.

［75］ Mosleh A，Siu N O. A multi-parameter event-based common-cause failure model ［C］. Proceedings of the Ninth International Conference on Structural Mechanics in Reactor Technology，147-152，1987.

［76］ Ilavsky J，Rastocny K. Comprehensive technical safety analysis approach including common-cause failures ［C］//ELEKTRO，2012. IEEE 299-304，2012.

［77］ 陈延康，沈立山，and 丁凡. 采煤机牵引部控制系统动态特性的研究. 煤炭科学技术 3（1984）：7.

［78］ 雷玉勇，李晓红. 刀形截齿截割阻力的理论和试验研究. 煤矿机械 10（1999）：3.

［79］ 安伟光. 系统可靠性评定方法的研究 ［J］. 应用科技，4：24-29，1995.

［80］ 冷护基，李广安. 贮备冗余系统的模糊可靠性 ［J］. 机械工程学报，34（3）：26-32，1998.

［81］ 李铎，石铭德. 低温核供热站数字化保护系统的研究及其可靠性分析 ［J］. 核动力工程，20（3）：269-273，1999.

［82］ 王光远，谭东耀，王东炜. 失效相关工程系统的可靠度 ［J］. 地震工程与工程振动，12（1）：1-6，1992.

［83］ 谢里阳，周金宇，李翠玲，等. 系统共因失效分析及其概率预测的离散化建模方法 ［J］. 机械工程学报，42（1）：62-68，2006.

［84］ 谢里阳，李翠玲. 相关系统失效概率的次序统计量模型及共因失效原因分析 ［J］. 机械强度，27（1）：66-71，2005.

［85］ 苏长青，张义民，杜劲松. 具有相关失效模式转子系统的频率可靠性研究 ［J］. 机械工程学报，48（6）：175-179，2012.

［86］ 何富连，殷帅峰，李通达，等. 基于共因失效计算模型的支架液压系统可靠性分析 ［J］. 煤矿安全，44（11）：64-67，2013.

［87］ 贺理，陈杰，周继翔，等. 共因失效对平均失效概率计算结果的影响分析 ［J］. 核动力工程，35（6）：158-161，2014.

［88］ Benfratello S，Cirone L，Giambanco F. A multicriterion design of steel frames with shakedown constraints ［J］. Computers & structures，84（5）：269-282，2002.

［89］ E. Zio，Reliability engineering：Old problems and new challenges，Reliab. Eng. Syst. Saf. 94（2009）125-141.

［90］ He Li，Hongzhong Huang，Yanfeng Li，Jie Zhou，Jinhua Mi，Physics of failure-based reliability prediction of turbine blades using multi-source information fusion，Appl. Soft. Comput. 72（2018）624-635.

［91］ Jie Yu，A support vector clustering-based probabilistic method for unsupervised fault detection and classification of complex chemical processes using unlabeled data，Aiche

J. 59（2013）407-419.

[92] Beckera，S. A dynamic reliability theory based on Markov methods considering uncer-
tainty in discrete state transition points [J]. Palermo University，2006.

[93] Benjamín Castañeda，Cockburn J C，Shaaban M . Optimal and Non-Optimal Parallel
Implementations of the Sequential Minimal Optimization Algorithm for Support Vector
Machine Training. [J]. DBLP，2004.

[94] Darabi，Ahmad，Alfi，et al. Employing Adaptive Particle Swarm Optimization Algo-
rithm for Parameter Estimation of an Exciter Machine. [J]. Journal of Dynamic
Systems Measurement & Control，2012.

[95] Anwer J，Meisner S，Platzner M . Dynamic reliability management：Reconfiguring re-
liability-levels of hardware designs at runtime [J]. IEEE，2013.

[96] Do D M，Gao W，Song C，et al. Dynamic analysis and reliability assessment of struc-
tures with uncertain-but-bounded parameters under stochastic process excitations [J].
Reliability Engineering & System Safety，2014，132：46-59.

[97] Mengiste SA，Aertsen A，Kumar A. Effect of edge pruning on structural controllability
and observability of complex networks. Sci Rep. 2015，5：18145.

[98] 苏春，沈戈，许映秋 . 基于随机故障 Petri 网的液压系统可靠性建模与分析 [J]. 液压
与气动，2006，（06）：29-31.

[99] 蒋云鹏，陈茂银，周东华 . 一类非线性动态系统的一致性分散可靠性预测 [J]. 化工
学报，2010，61（08）：1988-1992.

[100] 马纪明，詹晓燕，曾声奎 . 随机因素作用下动态系统性能可靠性分析方法 [J]. 系统
工程与电子技术，2011，33（04）：943-948.

[101] 张永发，童节娟，周羽等 . 核电厂概率安全分析中动态可靠性方法综述 [J]. 原子能
科学技术，2012，46（04）：472-479.

[102] 周志刚，秦大同，杨军等 . 考虑失效相关性的风力发电机齿轮传动系统动态可靠性
分析 [J]. 太阳能学报，2013，34（07）：1212-1219.

[103] 赵婉芳，王慧芳，邱剑等 . 基于油色谱监测数据的变压器动态可靠性分析 [J]. 电力
系统自动化，2014，38（22）：38-42＋49.

[104] M. C. Moura，E. Zio，I. D. Lins，E. Droguett，Failure and reliability prediction by
support vector machines regression of time series data，Reliab. Eng. Syst. Saf. 96
（2011）1527-1534.

[105] Z. Wei，T. Tao，Z. S. Ding，et al.，A dynamic particle filter-support vector re-
gression method for reliability prediction，Reliab. Eng. Syst. Saf. 119 （2013）
109-116.

[106] Bryan M. O. Halloran，Christopher Hoyle，Irem Y. Tumer，Robert B. Stone，The
early design reliability prediction method，Res. Eng. Des. （2019）1-20，http：//

dx. doi. org/10. 1007/s00163-019-00314-8.

[107] U. Bhardwaj, A. P. Teixeira, C. Guedes Soares, Reliability prediction of an offshore wind turbine gearbox, Renew. Energy 141 (2019) 693-706.

[108] Bo Sun, Xuejun Fan, Willem van Driel, Chengqiang Cui, Guoqi Zhang, A stochastic process based reliability prediction method for LED driver, Reliab. Eng. Syst. Saf. 178 (2018) 140-146.

[109] V. Vapnik, S. E. Golowich, A. Smola, Support vector method for function approximation, regression estimation, and signal processing, Advances in neural information processing systems, in: Annual Conference on Neural Information Processing Systems, 1997, pp. 281-287.

[110] J. A. K. Suykenns, J. Vandewalle, Least squares support vector machine, Neural Process. Lett. 9 (1999) 293-300.

[111] Zhong Cheng, Xinggao Liu, Optimal online soft sensor for product quality monitoring in propylene polymerization process, Neurocomputing 149 (2015) 1216-1224.

[112] Wenchuan Wang, Xinggao Liu, Melt index prediction by least squares support vector machines with an adaptive mutation fruit fly optimization algorithm, Chemometr. Intell. Lab. Syst. 141 (2015) 79-87.

[113] Xuedong Wu, Zhiyu Zhu, Shaosheng Fan, Xunliang Su, Failure and reliability prediction of engine systems using iterated nonlinear filters based state-space least square support vector machine method, Optik 127 (2016) 1491-1496.

[114] J. A. K. Suykens, J. De Brabanter, L. Lukas, et al. , Weighted least squares support vector machines: robustness and sparse approximation, Neurocomputing 48 (2002) 85-105.

[115] Miao Zhang, Xinggao Liu, A real-time model based on optimized least squares support vector machine for industrial polypropylene met index prediction, J Chemometr. 30 (2016) 324-331.

[116] Shiming He, Xinggao Liu, Yalin Wang, Shenghu Xu, Jiangang Lu, Chunhua Yang, Shengwu Zhou, Youxian Sun, Weihua Gui, Weizhong Qin, An effective fault diagnosis approach based on optimal weighted least squares supprot vector machine, Can. J. Chem. Eng. 95 (2017) 2357-2366.

[117] Liang Ma, Xinggao Liu, A novel APSO-aided weighted LSSVM method for nonlinear hammerstein system identification, J. Frankl. Inst. Eng. Appl. Math. 354 (2017) 1892-1906.

[118] Mingming Zhang, Xinggao Liu, Melt index prediction by fuzzy functions and weighted least squares support vector machines optimized by particle swarm optimization, Chem. Eng. Technol. 36 (2013) 1577-1584.

［119］ M. Khatibinia，M. J. Fadaee，J. Salajegheh，E. Salajegheh，Seismic reliability assessment of RC structures including soil-structure interaction using wavelet weighted least squares support vector machine，Reliab. Eng. Syst. Saf. 110（2013）22-33.

［120］ P. F. Pai，System reliability forecasting by support vector machine with genetic algorithms，Math. Comput. Modelling 43（2006）262-274.

［121］ S. Ghambari，A. Rahati，An improved artificial bee colony algorithm and its application to reliability optimization problems，Appl. Soft Comput. 62（2018）736-767.

［122］ Miao Zhang，Beibei Zhao，Xinggao Liu，Predicting industrial polymer melt index via incorporating chaotic characters into Chou's general PseAAC，Chemometr. Intell. Lab. Syst. 146（2015）232-240.

［123］ Huaqin Jiang，Yundu Xiao，Jiubao Li，Xinggao Liu，Prediction of melt index based on relevance vector machine with modified particle swarm optimization and online correcting strategy，Chem. Eng. Technol. 35（2012）819-826.

［124］ Q. Song，H. Jiang，X. Zhao，et al.，An automatic decision approach to coal-rock recognition in top coal caving based on MF-Score，Pattern Anal. Appl. 20（4）（2017）1307-1315. doi：10. 1007/s10044-017-0618-7.

［125］ J. Li，J. H. Yue，Y. Yang，et al.，Multi-resolution feature fusion model for coal rock burst hazard recognition based on acoustic emission data，Measurement 100（2017）329-336. doi：10. 1016/j. measurement. 2017. 01. 010.

［126］ N. B. Zhang，C. Y. Liu，Radiation characteristics of natural gamma-ray from coal and gangue for recognition in top coal caving，Sci. Rep. 8（2018）190-198. doi：10. 1038/s41598-017-18625-y.

［127］ S. B. Thomas，L. P. Roy，Signal processing for coal layer thickness estimation using high-resolution time delay estimation methods，IET Sci. Meas. Technol. 11（8）（2017）1022-1031. doi：10. 1049/iet-smt. 2017. 0136.

［128］ L. Si，Z. B. Wang，X. H. Liu，et al.，Identification of shearer cutting patterns using vibration signals based on a least squares support vector machine with an improved fruit fly optimization algorithm，Sensors 16（2016）1-21. doi：10. 3390/s16010090.

［129］ W. L. Gong，Y. Y. Peng，M. C. He，X. Tian，S. J，Zhao，An overview of the thermography-based experimental studies on roadway excavation in stratified rock masses at CUMTB，Int. J. Min. Sci. Technol. 25（3）（2015）333-345. doi：10. 1016/j. ijmst. 2015. 03. 003.

［130］ Kennedy J，Eberhart R . Particle Swarm Optimization ［C］//Icnn95-international Conference on Neural Networks. IEEE，1995. DOI：10. 1109/ICNN. 1995. 488968.

［131］ Ruppel R F，Kenneth D . Tabular Values for the Logistic Curve ［J］. Bulletin of the

Entomological Society of America, 1978 (2): 149-152 (4) . DOI: Entomological Society of America.

[132] Wang Z, Sun X, Zhang D . A PSO-Based Classification Rule Mining Algorithm [J]. Springer-Verlag, 2009. DOI: 10. 1007/978-3-540-74205-0 _ 42.

[133] Babu, Senthil S, Vinayagam, et al. Surface roughness prediction model using adaptive particle swarm optimization (APSO) algorithm [J]. Journal of intelligent & fuzzy systems: Applications in Engineering and Technology, 2015.

[134] Zhijun X, Qunhui Z . The blind multiuser detector based on particle swarm optimization algorithm [J]. Application of Electronic Technique, 2012.

[135] S. Q. Lai, T. W. Chen, A method for pattern mining in multiple alarm flood sequences, Chem. Eng. Res. Des. 117 (2017) 831-839. doi: 10. 1016/j. cherd. 2015. 06. 019.

[136] J. Xu, Z. B. Wang, C. Tan, et al. , A cutting pattern recognition method for shearers based on improved ensemble empirical mode decomposition and a probabilistic neural network, Sensors 15 (11) (2015) 27721-27737. doi: 10. 3390/s151127721.

[137] Y. Li, G. Cheng, X. Chen, C. Liu, Coal-rock interface recognition based on permutation entropy of LMD and supervised Kohonen neural network, Curr. Sci. 116 (2019) 96-103. doi: 10. 18520/cs/v116/i1/96-103.

[138] G. X. Zhang, Z. C. Wang, L. Zhao, et al. , Coal-rock recognition in top coal caving using bimodal deep learning and Hilbert-Huang transform, Shock Vib. (7) (2017) 1-13. doi: 10. 1155/2017/3809525.

[139] Q. J. Song, H. Y. Jiang, Q. H. Song, et al. , Combination of minimum enclosing balls classifier with SVM in coal-rock recognition, PloS One, 12 (9) (2017) 1-19. doi: 10. 1371/journal. pone. 0184834.

[140] J. Li, J. H. Yue, Y. Yang, L. Zhao, Acoustic emissions waveform analysis for the recognition of coal rock stability, J. Balk. Tribol. Assoc. 22 (1) (2016) 220-226.

[141] Z. Zhang, J. Yang, Narrow density fraction prediction of coarse coal by image analysis and MIV-SVM, Int. J. OIL GAS COAL Technol. 11 (2016) 279-289. doi: 10. 1504/IJOGCT. 2016. 074768.

[142] M. E. Tipping, Sparse Bayesian learning and the relevance vector machine, J. Mach. Learn. Res. 1 (3) (2001) 211-244. doi: 10. 1162/15324430152748236.

[143] H. Karimi, K. B. McAuley, Bayesian estimation in stochastic differential equation models via laplace approximation, IFAC Pap. 49 (2016) 1109-1114. doi: 10. 1016/j. ifacol. 2016. 07. 351.

[144] H. Q. Jiang, Y. D. Xiao, J. B. Li, et al. , Prediction of the melt index based on the relevance vector machine with modified particle swarm optimization, Chem. Eng. Technol. 35 (5) (2012) 819-826. doi: 10. 1002/ceat. 201100437.

[145] Y. M. Sun，Y. L. Wang，X. G. Liu，et al.，A novel Bayesian inference soft sensor for real‐time statistic learning modeling for industrial polypropylene melt index prediction，J. Appl. Polym. Sci. 134（40）（2017）1-10. doi：10.1002/app. 45384.

[146] E. Rashedi，H. Nezamabadi-pour，S. Saryazdi，GSA：A Gravitational Search Algorithm，Inf. Sci.（Ny）.179（2009）2232-2248. doi：10.1016/j. ins. 2009.03.004.

[147] R. C. David，R. E. Precup，E. M. Petriu，et al.，Gravitational search algorithm-based design of fuzzy control systems with a reduced parametric sensitivity，Inf. Sci. 247（15）（2013）154-173. doi：10.1016/j. ins. 2013.05.035.

[148] M. Marzband，M. Ghadimi，A. Sumper，et al.，Experimental validation of a real-time energy management system using multi-period gravitational search algorithm for microgrids in islanded mode，Appl. Energy 128（3）（2014）164-174. doi：10.1016/j. apenergy. 2014.04.056.

[149] A. Ghasemi，H. Shayeghi，H. Alkhatib，Robust design of multimachine power system stabilizers using fuzzy gravitational search algorithm，Int. J. Electr. Power Energy Syst. 51（2013）190-200. doi：10.1016/j. ijepes. 2013.02.022.

[150] Y. M. Sun，X. G. Liu，Z. Y. Zhang，Quality prediction via semisupervised Bayesian regression with application to propylene polymerization，J. Chemom. 32（2018）1-13. doi：10.1002/cem. 3052.

[151] D. T. Liu，J. B. Zhou，D. W. Pan，et al.，Lithium-ion battery remaining useful life estimation with an optimized Relevance Vector Machine algorithm with incremental learning，Measurement 63（2015）143-151. doi：10.1016/j. measurement. 2014.11.031.

[152] C. Shen，Y. Shi，B. Buckham，Integrated path planning and tracking control of an AUV：a unified receding horizon optimization approach，IEEE-ASME Trans. Mechatron. 22（3）（2017）1163-1173. doi：10.1109/TMECH. 2016. 2612689.

[153] W. Luo，Y. Li，Benchmarking heuristic search and optimisation algorithms in Matlab，in：2016 22ND Int. Conf. Autom. Comput.（2016）250-255.

[154] C. S Li，J. Z. Zhou，Semi-supervised weighted kernel clustering based on gravitational search for fault diagnosis，ISA Trans. 53（5）（2014）1534-1543. DOI：10.1016/j. isatra. 2014.05.019.

[155] J. K. Liu，Z. T. Wei，Z. R. Lu，et al.，Structural damage identification using gravitational search algorithm，Struct. Eng. Mech. 60（4）（2016）729-747. doi：10.12989/sem. 2016. 60.4. 729.

[156] B. Gonzalez，F. Valdez，P. Melin，et al.，Fuzzy logic in the gravitational search algorithm for the optimization of modular neural networks in pattern recognition，Expert Syst. Appl. 42（14）（2015）5839-5847. doi：10.1016/j. eswa. 2015.03.034.

[157] M. Hussein，K. R. Mahmoud，M. F. O. Hameed，S. S. A. Obayya，Optimal design of

vertical silicon nanowires solar cell using hybrid optimization algorithm，J. Photon. Energy 8 （2） （2017) 1-14. doi：10. 1117/1. JPE. 8. 022502.

[158] M. Zhang，X. G. Liu，Z. Y. Zhang，A soft sensor for industrial melt index prediction based on evolutionary extreme learning machine，Chin. J. Chem. Eng. 24 （8） （2016) 1013-1019. doi：10. 1016/j. cjche. 2016. 05. 030.

[159] J. Xu，Z. B. Wang，J. B. Wang，et al.，Acoustic-based cutting pattern recognition for shearer through fuzzy C-means and a hybrid optimization algorithm，Appl. Sci. 6 （10） （2016) 1-17，doi：10. 3390/app61002944.

[160] L. Si，Z. B. Wang，C. Tan，et al.，Vibration-based signal analysis for shearer cutting status recognition based on local mean decomposition and fuzzy C-means clustering，Appl. Sci. 7 （2） （2017) 1-14. doi：10. 3390/app7020164.

[161] D. W. McKee，S. J. Clement，J. Almutairi，J. Xu，Survey of advances and challenges in intelligent autonomy for distributed cyber-physical systems, CAAI Trans. Intell. Technol. 3 （2018) 75-82. doi：10. 1049/trit. 2018. 0010.

[162] P. Shivakumara，D. Q. Tang，M. Asadzadehkaljahi，T. Lu，U. Pal，M. H. Anisi，CNN-RNN based method for license plate recognition，CAAI Trans. Intell. Technol. 3 （2018） 169-175. doi：10. 1049/trit. 2018. 1015.

[163] Z. H. Wu，N. E. Huang，A study of the characteristics of white noise，Proc. R. Soc. London A Math. Phys. Eng. Sci. 460 （2004) 1597-1611. doi：10. 1098/rspa. 2003. 122.

图索引

图 1-1　天然 γ 射线探测器 …………………………………… 006

图 1-2　射线发射器与接收器 ………………………………… 007

图 1-3　截齿应力传感器 ……………………………………… 008

图 1-4　机械振动法探测煤岩界面 …………………………… 009

图 1-5　雷达法探测煤岩界面 ………………………………… 010

图 1-6　红外线法探测煤岩界面 ……………………………… 011

图 2-1　采煤机基本结构 ……………………………………… 015

图 2-2　综采设备的三机配套 ………………………………… 017

图 2-3　中部进刀法的第一刀 ………………………………… 017

图 2-4　中部进刀法的第二刀 ………………………………… 018

图 2-5　中部进刀法的第三刀 ………………………………… 018

图 2-6　中部进刀法的第四刀 ………………………………… 018

图 2-7　采煤机自适应记忆截割控制流程 …………………… 020

图 2-8　采煤机自适应截割系统总体构架 …………………… 022

图 2-9　系统新增传感器 ……………………………………… 024

图 2-10　矿用隔爆光纤摄像仪 ……………………………… 025

图 2-11　本安型无线交换机 ………………………………… 025

图 2-12　隔爆操作台与隔爆视频矩阵 ……………………… 026

图 2-13　WinCC 监控平台 …………………………………… 027

图 2-14　截割路径参数化平台 ……………………………… 028

图 2-15　3DVR 远程监控平台 ……………………………… 029

图 2-16　工作面视频监视平台 ……………………………… 029

图 3-1　采煤机工作路径 ……………………………………… 033

图 3-2　采煤机机身定位坐标系 ……………………………… 034

图 3-3　三机定位策略 ………………………………………… 035

图 3-4　采煤机横向定位 ……………………………………… 036

图 3-5　采煤机纵向定位 ……………………………………… 038

图 3-6　摇臂在 xy 平面内的投影 …………………………… 039

图 4-1　记忆点的种类 ………………………………………… 046

图 4-2　截割路径中的常规记忆点 ……………………………… 046

图 4-3　截割路径中的关键记忆点 ……………………………… 047

图 4-4　截割路径中的特殊记忆点 ……………………………… 048

图 4-5　记忆点的数据结构 ……………………………………… 048

图 4-6　否定选择中检测集合的生成 …………………………… 053

图 4-7　新样本的否定选择检测 ………………………………… 053

图 4-8　克隆选择算法流程 ……………………………………… 054

图 4-9　基于人工免疫的记忆点评价流程 ……………………… 056

图 4-10　基于人工免疫的记忆点评价模型 …………………… 059

图 4-11　记忆点分布模型 ……………………………………… 060

图 5-1　截割路径的记忆点 ……………………………………… 064

图 5-2　基于多项式插值的跟踪路径 …………………………… 066

图 5-3　基于三次样条插值的跟踪路径 ………………………… 068

图 5-4　基于误差带的跟踪路径 ………………………………… 069

图 5-5　截割路径跟踪总体构架 ………………………………… 069

图 5-6　采煤机调高机构 ………………………………………… 070

图 5-7　截割路径状态修正流程 ………………………………… 073

图 5-8　状态修正前后的路径 …………………………………… 073

图 5-9　路径跟踪模拟曲线 ……………………………………… 079

图 6-1　采煤机截割部传动系统 ………………………………… 084

图 6-2　α-β 坐标系下异步电机的等效电路 ………………… 085

图 6-3　电机负载模拟试验台结构 ……………………………… 087

图 6-4　负载模拟信号的时域特性 ……………………………… 088

图 6-5　负载模拟信号的频域特性 ……………………………… 089

图 6-6　截割电机电流 RMS 信号的时域特性 ………………… 089

图 6-7　截割电机电流 RMS 信号的频域特性 ………………… 090

图 6-8　电流 RMS 信号及其小波分解后的各层系数 ………… 094

图 6-9　1～3 层的低频系数 …………………………………… 094

图 6-10　4～6 层的低频系数 …………………………………… 095

图 6-11　1～3 层的频域特性 …………………………………… 096

图 6-12　4～6 层的频域特性 …………………………………… 096

图 6-13　截割负载与小波重构信号的对应关系 ……………… 097

图 6-14　人工神经元模型 ···································· 098

图 6-15　前向网络结构 ····································· 099

图 6-16　具有反馈输出的前向网络结构 ·················· 099

图 6-17　有导师学习方法 ··································· 099

图 6-18　CPSO-SVM 算法流程图 ························ 108

图 7-1　串联系统的可靠性框图 ·························· 126

图 7-2　并联系统的可靠性框图 ·························· 127

图 7-3　串-并联系统的可靠性框图 ······················ 129

图 7-4　并-串联系统的可靠性框图 ······················ 129

图 7-5　$k/n(G)$ 系统可靠性框图 ······················ 130

图 7-6　2/3(G) 表决系统可靠性框图 ···················· 131

图 7-7　冷备用系统的可靠性框图 ························ 133

图 7-8　网络系统的可靠性框图 ·························· 134

图 7-9　牵引部传动箱结构 ································· 136

图 7-10　截割部传动系统结构 ···························· 137

图 7-11　液压系统结构 ····································· 138

图 7-12　主控制器结构 ····································· 139

图 7-13　支撑滑靴组件结构 ······························ 140

图 7-14　喷雾冷却系统结构 ······························ 140

图 7-15　拖缆装置结构 ····································· 141

图 7-16　破碎机构 ··· 142

图 7-17　牵引子系统可靠性框图 ························· 143

图 7-18　截割子系统可靠性框图 ························· 143

图 7-19　液压子系统可靠性框图 ························· 143

图 7-20　电控子系统可靠性框图 ························· 144

图 7-21　附属子系统可靠性框图 ························· 144

图 7-22　采煤机可靠性模型拟合框图 ···················· 147

图 7-23　采煤机无故障工作时间直方图 ················· 148

图 7-24　采煤机故障维修时间直方图 ···················· 148

图 8-1　采煤机可靠性数据分析流程 ····················· 161

图 8-2　采煤机系统结构划分 ····························· 162

图 8-3 采煤机各切削模式下工作载荷实时监测系统的功能模块组
成图 ……………………………………………………… 166

图 9-1 CMPSO-WLSSVM 流程图 …………………………… 183

图 9-2 OCS 的流程图 ………………………………………… 184

图 9-3 用 OCS-CMPSO-WLSSVM 模型预测汽车发动机故障间隔里
程的预测曲线，其中 $D_x = 14$ ……………………… 189

图 9-4 汽车发动机工况下 MPSO 和 CMPSO 的平均全局最优适应度
轨迹，其中 $D_x = 14$ ………………………………… 190

图 9-5 基于不同优化算法的汽车发动机故障间隔里程预测曲线 … 191

图 9-6 不同输入维 OCS-CMPSO-WLSSVM 模型在汽车发动机案例
下的预测结果 ………………………………………… 193

图 9-7 使用 OCS-CMPSO-WLSSVM 模型预测涡轮增压器可靠性的
预测曲线，其中 $D_x = 5$ …………………………… 194

图 9-8 MPSO 和 CMPSO 算法在涡轮增压器案例下的平均全局最优
适应度轨迹，$D_x = 5$ ………………………………… 195

图 9-9 涡轮增压器不同输入维 OCS-CMPSO-WLSSVM 模型预测
结果 …………………………………………………… 197

图 9-10 潜艇数据集 MPSO-WLSSVM 和 CMPSO-WLSSVM 的平均
全局最优适应度轨迹 ………………………………… 198

图 9-11 基于 OCS-CMPSO-WLSSVM 模型的潜艇数据集预测曲线
………………………………………………………… 199

图 10-1 采煤机先导试验设备的物理图 ……………………… 208

图 10-2 采煤机先导试验设备的电源网络 …………………… 209

图 10-3 变频器输出恒定时的实验数据 ……………………… 209

图 10-4 变频器输出正弦波时的实验数据 …………………… 209

图 10-5 变频器输出锯齿波时的实验数据 …………………… 210

图 10-6 识别结果 ……………………………………………… 212

图 10-7 GSA-RVM 和 CGSA-RVM 的平均适应度曲线 ……… 213

图 10-8 不同数量的元素的识别精度 ………………………… 213

图 11-1 实验室采煤机 1∶6 样机 …………………………… 217

图 11-2 实验室采煤机机载控制器 …………………………… 218

图 11-3 实验室采煤机模型监控平台 ………………………… 218

图 11-4　实验室实验方案 ·· 219

图 11-5　有累积误差时的定位精度 ································· 220

图 11-6　无累积误差时的定位精度 ································· 221

图 11-7　MG900/2210-WD 型电牵引采煤机 ···················· 221

图 11-8　MG900/2210-WD 型采煤机改造后的机载控制系统 ··· 222

图 11-9　MG900/2210-WD 型采煤机新增的机身倾角传感器 ··· 222

图 11-10　MG900/2210-WD 型采煤机新增的位置传感器 ······· 222

图 11-11　MG900/2210-WD 型采煤机新增的摇臂倾角传感器 ·· 223

图 11-12　MG900/2210-WD 型采煤机新增的调高油缸位移传感器

······································· 223

图 11-13　MG900/2210-WD 型采煤机新增的本安型无线交换机

······································· 223

图 11-14　电机加载装置 ··· 224

图 11-15　电机变频调速装置 ··· 224

图 11-16　神经网络训练误差曲线 ··································· 226

图 11-17　神经网络检测误差曲线 ··································· 227

图 11-18　转速-电流-负载的神经网络模型 ······················ 227

图 11-19　煤矿工作面现场实验硬件构建 ························· 228

图 11-20　工作面现场的 MG300/700-WD 型采煤机 ············ 229

图 11-21　工作面现场的位置传感器 ································ 229

图 11-22　工作面现场的摇臂倾角传感器 ························· 230

图 11-23　工作面现场的本安无线交换机 ························· 230

图 11-24　工作面现场人工示教时的滚筒高度 ·················· 231

图 11-25　工作面现场人工示教时的牵引速度 ·················· 232

图 11-26　工作面现场人工示教时的截割电流 ·················· 232

图 11-27　工作面现场截割路径的记忆点集 ····················· 232

图 11-28　工作面现场截割路径的跟踪点集 ····················· 234

图 11-29　工作面现场自适应截割时的滚筒高度 ··············· 235

图 11-30　工作面现场自适应截割时的牵引速度 ··············· 235

图 11-31　工作面现场自适应截割时的截割电流 ··············· 235

图 11-32　工作面现场自适应截割时的右滚筒高度绝对误差 ····· 236

图 11-33　电机负载模拟加载平台结构 ···························· 237

图 11-34　恒定速度加载实验数据 ……………………………………… 239

图 11-35　正弦速度加载实验数据 ……………………………………… 239

图 11-36　锯齿速度加载实验数据 ……………………………………… 239

图 11-37　POS-SVM 惩罚参数 c 与核函数参数 σ 的局部最优离散点
　　　　　………………………………………………………………… 241

图 11-38　粒子群体适应度对比 ………………………………………… 242

图 11-39　粒子群体适应度方差对比 …………………………………… 242

图 11-40　MG250/600-WD1 型采煤机 ………………………………… 245

图 11-41　采煤机可靠性分析模型的建立流程 ………………………… 246

图 11-42　c 和 σ 的局部最优值离散点 ……………………………… 247

图 11-43　相关算法在采煤机可靠性分析中的误差对比 ……………… 249

表索引

表 2-1 机载控制器硬件配置 ……………………………… 023

表 2-2 系统传感设备 ……………………………………… 024

表 4-1 截割路径记忆集合 ………………………………… 043

表 4-2 特殊记忆点分类 …………………………………… 047

表 4-3 电流压缩值 ………………………………………… 050

表 4-4 温度压缩值 ………………………………………… 050

表 4-5 人工免疫系统的主要应用领域 …………………… 055

表 4-6 人工免疫与记忆点评价的关系映射 ……………… 055

表 4-7 人工免疫模型的自体数据 ………………………… 059

表 4-8 人工免疫模型的检测数据 ………………………… 060

表 5-1 记忆点示例数据 …………………………………… 064

表 5-2 油缸位移量列表 …………………………………… 071

表 5-3 初始动作列表 ……………………………………… 072

表 5-4 最终动作列表 ……………………………………… 074

表 5-5 路径跟踪模拟数据 ………………………………… 078

表 5-6 跟踪路径与记忆路径的差序列 …………………… 079

表 5-7 跟踪路径与记忆路径的关联系数 ………………… 080

表 5-8 跟踪路径与记忆路径的灰色关联度 ……………… 081

表 7-1 采煤机故障原始数据 ……………………………… 144

表 7-2 采煤机故障处理数据 ……………………………… 145

表 7-3 采煤机无故障工作时间参数估计与假设检验 …… 149

表 7-4 采煤机故障维修时间参数估计与假设检验 ……… 149

表 7-5 采煤机各子系统故障统计表 ……………………… 150

表 8-1 基于人工智能算法的各切削模式可靠性预报准确率 …… 173

表 9-1 带 OCS 的在线智能各切削模式可靠性预报准确率 …… 186

表 9-2 与已有人工智能方法的准确率对比 ……………… 187

表 9-3 汽车发动机故障里程数据 ………………………… 187

表 9-4 利用不同的预测方法预测汽车发动机的故障间隔里程

……………………………………………………… 190

表 9-5　　不同优化算法对汽车发动机数据集可靠性预测结果的比较

　　　　　 ··· 190

表 9-6　　汽车发动机故障里程与已有文献模型的比较结果 ········ 192

表 9-7　　涡轮增压器的故障时间和可靠性数据 ····················· 193

表 9-8　　不同模型对涡轮增压器可靠性的预测结果 ··············· 195

表 9-9　　涡轮增压器可靠性与已有模型的比较结果 ··············· 196

表 9-10　 不同模型潜艇数据集可靠性预测结果比较 ··············· 198

表 9-11　 本书方法（OCS-CMPSO-LSSVM）与已有文献的性能比较

　　　　　 ··· 199

表 10-1　 CGSA-RVM 模型的训练步骤 ······························· 207

表 10-2　 测试集上的截割模式识别精度 ······························ 211

表 10-3　 当前工作与早期出版作品的比较 ··························· 214

表 11-1　 电机加载调速实验数据 ······································· 225

表 11-2　 工作面现场右截割滚筒的记忆点集 ······················· 233

表 11-3　 SVM 训练数据 ··· 240

表 11-4　 不同核函数下的 SVM 识别准确率 ························· 240

表 11-5　 基于 CPSO 优化算法的 SVM 优化结果 ·················· 242

表 11-6　 算法间的准确率对比 ·· 243

表 11-7　 采煤机 TTF 数据 ·· 245

表 11-8　 相关算法计算结果的误差对比 ······························ 249